普通高等教育规划教材

信息存储与检索

李四福　叶　玫　编著

机械工业出版社

本书是普通高等教育规划教材之一，是高等教育面向21世纪信息素质教育课程体系改革的研究成果。本书从信息素质的内涵、现代信息资源存储与检索的基本知识入手，全面系统地阐述了各种信息资源的特征和检索方法，国内外著名检索工具的适用领域和使用技巧，科学研究与学位论文写作过程中检索工具的利用等内容。全书分为“基础知识篇”、“信息检索篇”和“信息利用篇”3个部分共9章，并附有较多的实例和习题。

本书体例新颖，内容全面，实例丰富，适合作为高等教育信息存储与检索课程的教材，也可作为从事教学、科研、管理等工作的广大读者提高信息获取能力的参考书。

图书在版编目(CIP)数据

信息存储与检索/李四福，叶玫编著. —北京：机械工业出版社，2006.10（2015.8重印）
普通高等教育规划教材
ISBN 978-7-111-20229-5

Ⅰ.信… Ⅱ.①李… ②叶… Ⅲ.①信息存贮—高等学校—教材②情报检索—高等学校—教材 Ⅳ.TP333 ②G252.7

中国版本图书馆CIP数据核字（2006）第128252号

机械工业出版社(北京市百万庄大街22号 邮政编码100037)
责任编辑：易 敏 版式设计：霍永明 责任校对：李 婷
封面设计：陈 沛 责任印制：刘 岚
北京圣夫亚美印刷有限公司印刷
2015年8月第1版第6次印刷
169mm×239mm ·19.5印张·375千字
标准书号：ISBN 978-7-111-20229-5
定价：26.00元

凡购本书，如有缺页、倒页、脱页，由本社发行部调换

电话服务
社服务中心 :(010)88361066
销 售 一 部 :(010)68326294
销 售 二 部 :(010)88379649
读者购书热线:(010)88379203

网络服务
门户网:http://www.cmpbook.com
教材网:http://www.cmpedu.com
封面无防伪标均为盗版

前　言

伴随着现代信息技术的迅速发展、科学技术的日新月异，社会中的信息量急剧增加。特别是20世纪90年代以来，人们实际面对的正式出版物和各种非正式渠道传播的信息，几乎每过一年就要翻一番，信息环境发生着巨大变化，信息资源的组织、查询与利用方式随之发生了根本性的变革。

我国著名学者钱学森先生在“现代科学技术的发展”一文中描述了这样一种境况：“现在光浏览一下世界上有关化学的论文和著作，一个化学家如果每周看40个小时，也要读48年”。在互联网日益普及的今天，几乎每个人都知道可以到网上寻找自己想要的信息。然而，有时花了很大精力和时间，却没有任何收获。海量信息最初给人们的惊喜变成了一种令人无所适从、一种被淹没在信息海洋中的感觉。信息的无序和混杂，使人们不知道如何快速准确地选择对自己有用的、高质量的、正确的信息。

在社会信息化和信息全球化的今天，信息资源是人类学习、研究、知识创新、科学发现、技术发明、事业发展的基础和支撑，信息资源的开发和利用能力，越来越成为衡量一个专业人才综合素质的重要标准之一。特别是对于需要经常查找学术信息的科研教学人员、学者专家和青年学生来说，学习和掌握现代信息存储与检索的基本原理和技能显得尤为重要。

信息存储与检索（Information Storage and Retrieval）是一门关于信息资源存储、整序和查找的理论与方法的学问。它在传统文献检索的基础上，融合了计算机科学与技术、网络技术、光盘技术、通信技术等现代信息处理技术，是信息管理领域中最具活力的分支学科之一。

为适应新世纪信息存储与检索课程建设的发展趋势和要求，本书在作者多年从事信息存储与检索课程的教学和科研实践成果的基础上，借鉴了国内外最新研究成果和有关教材的精华。

全书总体设计按以“信息素质教育——检索技能训练——创新能力培养”为线索的课程改革思路展开，将“基础知识篇、信息检索篇、信息利用篇”三个板块的知识内容联系起来，在体现教材内容系统性的同时，也便于不同学科、不同层次专业按需要灵活组合。本书在涵盖信息存储与检索的基本概念、基本原理、基本方法等知识内容的同时，结合现代信息检索的特点，加强了计算机信息检索与利用的比重。本书的案例选材跨越学科界限，选取了许多源于生活、体现时代特色的知识素材，尽可能反映最新的信息检索工具的发展动态和信息检索理论研究的最新成果；创设“文献综述”，面向全体学生，激励个性发展，在注重学生获得间接经验的同时，把探究性学习活动置于重要地位，强调信息检索的应用价值、社会意义和方法论特征。

此外，为便于教师授课和学生自学，作者还制作了与教材配套的网络教学课件，详情可参见 http：//course. cug. edu. cn。需要说明的是，网络教学课件的制作于2001年得到了中国地质大学教学研究专项基金资助，该书的编写与出版也于2004年得到了中国地质大学“211工程”专项出版基金的资助，在此表示衷心的感谢。

全书的编写大纲由中国地质大学李四福拟定，并编写第一、二、三、四、五、八、九章，叶玫编写第六、七章。研究生陈江涛、翁美春参加了部分资料的整理和全书的校对，李四福、叶玫最后对书稿全部内容进行了统稿与修订。

全书分三篇共九章：

“基础知识篇”包括第一、二章，主要从信息素质、信息素质教育的内涵入手，介绍了以下内容：信息检索的意义和作用；现代信息资源的类型和特征；现代信息检索研究的主要内容及趋势；信息存储与检索的基本原理，信息检索的途径和方法，手工检索与计算机检索的联系和区别；检索工具或检索系统的组成类型及其功能；检索语言和国内外著名词表；计算机检索提问式的制定方法，常用算符的应用技巧；检索策略以及制定检索策略的方法、步骤，原始文献的获取，检索效果的评价等。

“信息检索篇”包括第三、四、五、六、七章，主要包括以下内容：计算机信息检索的三种方式，即联机检索、光盘检索和网络信息检索；中国国内常用的文献信息检索系统，如CNKI中国期刊全文数据库、维普数据库、万方数据库、人大《复印报刊资料》、中国科学引文数据库CSCI、中文社会科学引文索引CSSCI等；国外著名的综合型检索工具，如美国著名的三大引文索引SCI、SSCI和A&HCI，《工程索引》Ei，《科学文摘》INSPEC，《剑桥科学文摘》数据库CSA，《化学文摘》CA，以及国外一些常用的全文数据库等；五种特种文献（科技报告、会议文献、专利文献、学位论文、标准文献）的检索方法与途径；数据与事实型信息检索，如各类字典、词（辞）典、百科全书、年鉴、手册、名录、法规和统计资料等。

“信息利用篇”包括第八、九章，从科学研究与开发的含义及类型入手，内容包括：科学研究与开发中的信息用户及信息需求；继实验发现模式、理论发现模式之后的又一种新的科学发现模式——基于文献的科学发现模式，包括基本原理和方法、研究与进展等；科技查新及查新新颖性的界定，查新过程中的文献信息检索与查新报告的内容；学位论文选题的基本原则和方法；资料搜集的范围、途径与资料选择；文献综述的格式与写法；资料搜集和文献综述过程中检索工具的综合利用；学位论文的写作与修改，包括论文的基本构型和要素等。

在本书的编写过程中，直接或间接参考、借鉴了国内外许多相关专著、教材、论文、网站的有关观点与信息，在此恕不一一注明，谨向有关单位、作者致以诚挚的谢意。

限于作者的水平，对于书中的疏漏，甚至错误，恳请同行专家、学者和广大读者批评指正。

编　著　者

2006年7月于中国地质大学（武汉）

目　录

【信息利用篇】

基础知识篇

- 信息检索的意义和作用
- 现代信息资源的类型和特征
- 现代信息检索研究的主要内容及趋势
- 信息存储与检索的基本原理
- 检索工具或检索系统的组成类型及其功能
- 检索语言和词表
- 检索提问式的制定方法，常用算符的应用技巧
- 原始文献的获取方法、途径及步骤

第一章

绪　论

【内容提要】

本章从信息素质的内涵及其发展入手，阐述了信息素质教育的主要内容，以及信息检索在信息素质教育、创新人才培养、科学研究、信息资源开发和科学决策等方面的意义及作用。重点介绍了信息、知识、情报、文献的基本概念，各种信息资源（文献信息源、电子信息源、实物及口头信息源）的特征。并从信息检索理论、信息检索策略与方法、网络信息检索技术与工具、信息检索系统、智能信息检索、多媒体信息检索6个方面讨论了现代信息检索研究的内容和趋势。

第一节　信息素质与信息检索

一、信息素质的内涵

以信息技术和知识经济为主要特征的21世纪是一个全球充满竞争和挑战的时代，知识和信息是经济发展和社会进步最根本的动力，科技发展程度是一个国家综合实力的重要标志，而国民的信息获取、分析、应用和创新能力是一个国家科技发展水平的重要保证。创新的关键是人才，有创新能力的人才需具有广博的知识和良好的知识结构，这些广博的知识和知识的增值，则是通过信息素质获得的。

信息素质（Information Literacy）这一概念最早是由美国信息产业协会主席保罗·泽考斯基（Paul Zurkowski）于1974年在给美国政府的报告中提出来的，并被概括为“利用大量的信息工具及主要信息源使问题得到解答的技术和技能”；后来又被解释为“人们在解决问题时利用信息的技能”。1983年，美国信息学家霍顿（Horton）认为教育部门应开展信息素质教育，以提高人们对联机数据库、通信服务、电子邮件、数据分析以及图书馆网络的运用能力。

目前有关信息素质的定义较多，各种信息素质标准的制定或修订还在如火如荼地进行。如美国大学与研究图书馆协会（ACRL）认为，信息素质是一系列有关个人能意识到信息需要并能找到、评价和有效利用所需信息的能力。

国外对于信息素质的界定主要是从其功能的角度出发，把信息素质界定为一种能力。这种能力体现在人们解决问题时，通过感官利用大量的信息工具和信息源使问题得到解决或解答。随着信息工具的创新以及信息技术的迅速发展，人们的信息技能也得到了迅速提高，这时信息素质被认为是人们在问题处理和决策过程中，利用计算机信息处理系统对所需信息进行标识、存取等方面提供知识的水平。

由于中国信息化的发展进程晚于西方一些发达国家，所以中国知识界对信息素质这一问题的重视和探讨较西方发达国家晚，学术界的认识和研究也经历了一个渐进的过程。经过各种观点的深入探讨，学术界普遍认为：信息素质是在信息化社会中个体成员所具有的各种信息品质，具体内容应包括信息意识、信息能力和信息道德等。广义的信息素质概念应该是指人们在有目的地捕捉、选择、储存、加工利用信息的过程中所具备的一种综合素养。从结构上讲，它应该包括信息心理因素（包括智力因素和非智力因素）、信息知识因素（包括信息专业的知识和非信息专业的知识）、信息技能因素（包括手工技能、仪器和计算机的操作技能）。

由此可见，信息素质是每一个学习者必须具备的素养，特别是在大学生的全面发展过程中，信息素质将起到至关重要的作用。随着信息化的不断发展和研究的深入，人们对信息素质的认识还会有新的提高。

有关信息素质研究的最新状况可参见“信息素质在线资源指南”（Directory of Online Resources for Information Literacy），URL 为 http：//www. cas. usf. edu/lis/il/。

二、信息素质教育

高等学校信息素质教育是一种旨在培养和提高大学生的信息意识、信息道德、信息能力等所开展的一系列教育活动，是文化素质教育的有机组成部分，是完善大学生素质结构的需要，也是大学生终身学习的需要。

（一）信息意识教育

信息意识是信息素质的灵魂，是指人们对信息需求的自我感悟，即人们对信息的捕捉、分析、判断和吸收的自觉程度。信息意识包括信息主体意识、信息获取意识、信息传播意识、信息保密意识、信息守法意识、信息更新意识等多种意识因素，它们都是个体适应环境、实现自我发展的重要基础，是信息素质的最重要组成部分。

加强信息意识教育，一方面要培养受教育者对信息应有的科学、全面、深入的认识，比如信息的内涵、特征、结构、功能以及在社会、经济发展中的作用，信息源的类型、特点，信息交流的形式、类型、模式，信息整序的理论和基本方法等；另一方面是培养主体信息需求的自我意识，即作为行为主体，能意识到自身的潜在信息需求，并随时转化为明确的信息需求，进而充分、正确地表达出来。具体到教学实践来说，就是要善于关注相关专业学科或交叉学科的最新动态和发展趋向，将社会信息与专业信息密切联系，达到启迪思维智慧的目的。

（二）信息能力教育

信息能力主要是指通过对信息的收集、整序、利用和评价进而创造新信息和新知识的能力，包括信息的收集能力、整序能力、利用能力、创新能力等。

现代科学技术正以 5 ~ 10 年为周期加速更新。要适应学习型社会的需要，必须提高每个人的实践学习能力。信息能力则是终身学习的基础和保证。据美国工程教育协会统计，美国大学毕业生科技人员所具有的知识，87.5% 是在大学阶段获得的，而12.5%则来自工作实践中的不断学习和积累。因此，重视培养大学生的信息能力教育，使他们不仅在校内，而且在未来的工作岗位上，都能够有效地搜集、组织综合利用不同形式、不同内容和不同来源的信息，从而不断补充新的知识。

信息能力教育首先应该注重的是信息收集能力的培养。人们要想在繁杂的文献中迅速、准确地检索到自己所需要的文献，就必须具备广泛的文献信息知识。特别是机读型文献检索，要求检索用户必须掌握计算机文献检索的基本原理、检索功能和策略、网络信息检索工具、检索步骤与方法等。如何通过网络来满足自己的信息需求、传递自己的思想、收集所需信息，就涉及信息的观察能力、检索能力和信息的提取能力。

信息的整序能力，是指将收集到的信息按照特定的目的进行筛选剔除、分类排序、分析综合、抽象概括，以提高信息使用价值的能力；信息的利用能力，是指能利用已掌握的信息特别是决策信息以解决实际问题的能力，目的是让信息发挥最大的社会和经济效益；信息的创新能力，是指在对信息进行分析判断、加工整合的基础上，创造新信息和新知识的能力。

信息能力教育是信息素质教育中最重要的内容之一。

（三）信息道德教育

信息道德是指整个信息活动中的道德，它是调节信息创造者、信息传递者及信息使用者之间相互关系的行为规范的总和。其内容包括：信息交流与传递目标应与社会整体目标协调一致；应承担相应的社会责任和义务；遵循信息法律法规，抵制各种各样的违法、淫秽、迷信信息和虚假信息；尊重知识产权；尊重个人隐私等。

随着国际互联网的开通，不良信息的泛滥、信息侵权、信息犯罪时有发生。信息道德教育，应该重视正确的人生观和价值观，提高人们对信息的识别能力，以及面对诱惑的自控、自律能力、自我调节能力等，以时代的信息道德准则来规范自身的信息行为与活动。

三、信息检索的意义和作用

在社会信息化和经济全球化的21世纪，无论是素质教育的实施、创新人才的培养、科学研究、信息资源开发，还是科学决策，都离不开信息检索技术。信息检索知识已经构成现代人知识体系中一个不可缺少的部分。信息检索的作用及意义在未来的社会中将日益显现。

第一，通过信息检索知识的系统学习，明确潜在信息需求，才能对特定信息具有敏感的心理反应。只有提高信息的查询、获取效率及分析和应用能力，才能自如地对信息进行去伪存真、去粗取精，才能较好地解决知识的无限性与个人能力有限性、教育时滞性与社会发展的多变性、书本的陈迹性与生活的现实性、上学的短时性与工作的长期性之间的矛盾。

第二，信息检索是创新人才必备的基本技能。创新就是创新主体运用新思想、新方法进行开拓性劳动，并取得成果的过程。科学技术发展的大量事实证明，一个人的知识既来源于个人对客观世界的观察和探索，又来源于其他个体（包括前人）的知识。没有知识就无法创新，没有继承和借鉴就没有提高。为此，必须阅读科学文献，掌握有关的思想、事实、理论和方法等信息，在此基础上进一步分析、综合和研究，才能在前人不曾涉及的领域有所建树和突破。而高效获取大量有价值信息的前提是必须掌握信息检索的技术与方法。

第三，信息检索是科学研究的重要环节。科技工作者在科学研究中，从选题、立项、试验、撰写研究报告、研究成果鉴定到申报奖项，每一环节都离不开信息检索。据统计，科研人员在整个研究过程中，查阅文献信息的时间要占全部科研时间的40%～50%，约95%以上的问题是在检索中受到启发。只有大量搜集、整理、分析与利用信息，才能弄清楚古今中外进行过哪些研究，运用什么理论，采用何种方法，取得了什么成果，达到了何种水平，哪些研究领域还没有涉及，哪些研究项目具有可行性、重要性和发展前景。研究人员由此可以发现许多过去不知道然而却非常重要的信息，从而产生许多新的创见与发现，把自己的研究工作建立在一个较高的起点上。高效地获取信息，能为科研工作赢得大量宝贵时间，缩短科研周期，加速科研进程，创造出更多有高附加值的成果。

第四，信息检索是开发信息资源的有效途径。随着人类进入信息经济时代，信息越来越成为社会生产所需要的中心资源，社会中的信息量在急剧递增。据有关专家估计，人类的知识与信息，在19世纪大约每隔50年增加1倍，至20世纪初30年增加1倍，到了20世纪末20个月就增加1倍。现在，《纽约时报》一天的信息量比17世纪一个人一生所获得的信息量还要大。面对信息的汪洋大海，如果不掌握信息检索技术、方法与途径，人们就会陷入要么找不到、要么读不完的矛盾境地。

第五，信息检索是科学决策的前提。管理工作的成败，取决于能否作出有效的决策，而决策的有效性在很大程度上取决于信息的质和量。正确的决策受多种因素的影响和制约，其决定因素在于决策者对决策对象是否有确切的了解和把握，对未来的行动和后果是否有正确的判断。正确、及时、适量的信息是减少不确定性因素的根本所在。因此，如何快速、准确地获取所需的信息显得尤为重要，信息检索则是科学决策的必要前提。

第二节 各种信息源及其特征

我们所处的时代是一个不断产生、传递和利用信息的时代。因此，有人称我们的时代为信息时代。那么，究竟什么是信息，它与知识、情报、文献之间有何关系？我们获取信息的来源有哪些？它们有何特征呢？

一、信息源的相关概念

（一）信息、知识、情报、文献及其关系

1. 信息的概念与特征

信息（Information）的概念十分宽泛，围绕信息而出现的信息资源、信息技术、信息系统、信息产业、信息化社会和社会信息化等相关术语不胜枚举。而关于信息的定义，目前总量已超过100种，由于人们研究信息的角度与目的不同，解释也五花八门。例如，哲学家认为信息是人类认识世界的依据；数学家认为信息是一种概率；物理学家认为信息是“熵”；通信学家认为信息是“不定度”的描述；图书信息领域的专家认为信息是可以以各种形式进行传播、记录、出版及发行的观念、事实及论著等。

本书采用这样的定义：信息是生物以及具有自动控制功能的系统，通过感觉器官和相应的设备与外界进行交换的一切内容。

时至今日，信息呈现的类型多样，包括文字、图片、图形、广播、电视、电话通话、语音、音乐、影视、数据库等。信息具有时效性、传递性、可扩散

性、可扩充性、可替代性和共享性。

（1）时效性：是指信息发出、收到、利用的时间间隔及其效率，也包括信息本身更新的速度。时效性是信息的重要特征。如果信息传递很慢，那么再有用的信息也会失去其应有的价值。

（2）传递性：信息借助于物质载体才能进行传递，其间有编码和译码两个过程。编码把要传递的信息用语言、文字、图形、公式、代码、符号、音频、视频等表达形式形成可传递的信息；译码把传递的信息转换成可接收的信息（符号）。

（3）可扩散性：信息的传递性决定了信息的可扩散性。信息网络的发展促进了信息的扩散。

（4）可扩充性：人们对信息的感知和获取是不断增长的，因此信息资源的扩充与积累也是无限的。人们对信息处理能力越强，信息扩充得就越快。

（5）可替代性：信息的物质形态是可以互相转移变换的。

（6）共享性：信息可共享。在信息的扩散和用户分享过程中，信息载体本身的信息量并不因此而减少，各用户分享的信息份额不因分享的人数多少而受影响。

2. 知识

知识（Knowledge）是以某种方式把一个或多个信息关联在一起的信息结构，是对信息的理解和认识，是客观世界规律性的总结。从广义上讲，知识是一种用符号表示的信息，其中信息是知识的内涵与实体，而数据是信息的外延与形式。

根据1996年经济合作与发展组织（OECD）的《以知识为基础的经济》报告，知识包括四大类：“知道是什么”（know - what，关于事实方面的）；“知道为什么”（know - why，事物的客观原理和规律性，属于科学方面的）；“知道怎样做”（know - how，技巧、技艺、能力，关于技术方面的）；“知道是谁”（know - who，特定的社会关系、社会分工和对象的特长与水平，属于经验与判断方面的）。由此可见，知识的概念比信息的概念要广泛得多。信息仅限于“知道是什么”、“知道为什么”，即是记录于一定物质载体上的知识，我们称之为“显性知识”。而“知道怎样做”、“知道是谁”，是存储于人们大脑中的经历、经验、技巧、诀窍、体会、感悟等尚未公开的秘密知识，或者只可意会而难于表达的知识，我们称之为“隐性知识”。这些隐性知识不属于信息的范畴。

其次，知识是有用的信息。信息分为正确信息和虚假信息、有用信息和无用信息，而知识都是正确的、有用的信息。

3. 情报

情报是一种动态的、活化的信息和知识，它能被利用、被活化，否则它仍然是知识、信息的客观存在。信息要成为情报，一般要经过选择、综合、分析和研究加工过程，即经过知识的阶段才能成为情报。因此，它必须具有3种基本要素：知识，传递和效益。知识是情报的实体，传递是情报的表现形式，效益是情报的结果。

情报按服务对象不同，可分为军事情报、科技情报等；按传递媒介可分为文字情报、实物情报、声像情报；按传递范围分为大众情报和专门情报；按传递内容分为科技情报、市场情报和政治情报。

4. 文献

人们在生产活动、社会实践和科学实验中积累了丰富的知识与经验，为了保存和传播这些知识，用文字、图形、符号、声频、视频等手段记录在各种载体上。载体有两类：一类是通用的载体，包括人脑、语言、文字、符号、电磁波；另一类为文献载体，如古代将知识记录在龟背上，春秋时记录在竹板上，造纸术发明后，记录在纸张上。随着科技的发展，载体也发展到胶卷、胶片、磁带、磁盘、光盘。用一定方式记录在一定载体上的知识都称为文献。

文献具有3个基本属性，即文献的知识性、记录性和物质性。它具有存储知识、传递和交流信息的功能。可见信息、知识、情报是文献的实质性内容。

（二）信息源及其层次划分

信息源，顾名思义，就是信息的来源。由于信息的含义十分宽泛，信息源的定义也因学科领域的不同而有不同的解释，侧重点不同而已。简而言之，信息源可看作是产生、持有和传递信息的一切物体、人员和机构。

依据信息源的层次及其加工和集约程度，信息源可分4种：

（1）所有物质均为一次信息源，也称本体论信息源。从一次信息源中提取信息是信息资源生产者的任务。

（2）二次信息源也称为感知信息源，主要储存于人的大脑中。传播、信息咨询、决策等领域所研究的主要是二次信息源。

（3）三次信息源又称再生信息源，主要包括口头信息源、体语信息源、文献信息源和实物信息源4个类型，其中又以文献信息源（包括印刷型和电子型文献信息源）最重要。

（4）四次信息源也称集约信息源，是文献信息源和实物信息源的集约化和系统化，前者如档案馆、图书馆、数据库，后者如博物馆、样品室、展览馆、标本室等。

二、文献信息源

文献的种类繁多，各具特色，不同类型文献所记载的信息内容也各有侧重。

（一）文献的等级

依据文献传递知识、信息的质和量的不同以及加工层次的不同，人们将文献分为4个等级，分别称为零次文献、一次文献、二次文献、三次文献。

（1）零次文献是一种特殊形式的情报信息源，主要包括两个方面的内容：一是形成一次文献以前的知识信息，即未经记录，未形成文字材料，是人们的“出你之口，入我之耳”的口头交谈，是直接作用于人的感觉器官的非文献型的情报信息；二是未经正式发表的原始文献或各种资料，如书信、手稿、记录、笔记，以及正式的订购途径所不能获得的内部书刊资料。

零次文献一般是通过口头交谈、参观展览、参加报告会等途径获取，不仅在内容上有一定的价值，而且能克服了一般公开文献从信息的客观形成到公开传播之间费时甚多的弊病。

（2）一次文献（Primary Document）是人们直接以自己的生产、科研、社会活动等实践经验为依据，经公开发表或交流后的文献，也常被称为原始文献（或叫一级文献），如期刊论文、专利文献、科技报告、会议录、学位论文等。其所记载的知识、信息比较新颖、具体、详尽，有观点、有事实、有结论。

一次文献在整个文献中数量最大、种类最多、使用最广、影响最大，能直接在科研、教学、生产、设计中起到参考和借鉴作用，是科技交流中主要的信息源。

（3）二次文献（Secondary Document）也称二级文献，是将大量分散、零乱、无序的一次文献进行整理、浓缩、提炼，并按照一定的逻辑顺序和科学体系加以编排存储，使之系统化，便于检索利用。其主要类型有目录、索引等，如《中文科技资料目录》、《中国科技期刊数据库》等。

二次文献具有明显的汇集性、系统性和可检索性。它汇集的不是一次文献本身，而是某个特定范围的一次文献线索。它的重要性在于查找一次文献所花费的时间大大减少，是检索一次文献的检索工具。

（4）三次文献（Tertiary Document）也称三级文献，是在一次文献、二次文献的基础上，经过综合、分析、研究而编写出来的文献。它通常是围绕某个专题，利用二次文献检索搜集大量相关资料，对其内容进行深度加工而成，是我们短时间内了解某一领域研究历史、发展动态和水平的重要信息源，具有较高的实用价值。属于这类文献的有综述、评论、评述、进展、动态，以及数据手册、百科全书、年鉴等。

从以上分析我们可知，零次文献和一次文献是最基本的文献信息源，是文献信息检索和利用的主要对象；二次文献以“篇”或“本”为单位对一次文献进行集中提炼和有序化，是检索一次文献的工具；三次文献按照专题或知识的门类归纳了较多的一次文献内容，能直接提供检索答案。

从一次文献到二次文献、三次文献，每个环节都不断融入了著者及文献工作者的创造性劳动，使文献信息得到鉴别、提纯，不断满足人们的各种需求。文献信息经过加工、整理、浓缩，从一次文献到三次文献的变化，是文献信息由博而约、由分散到集中、由无序到有序化的过程；文献信息内容随层次的上升逐步老化，但其可检性、易检性及可获得性在不断递增。

（二）文献的主要类型

文献的类型有很多，分类方法也多种多样。这里主要介绍按照文献外在形态（信息的存储载体）划分的文献类型。

（1）印刷型（Printed Form）。印刷型文献是以纸质材料为载体，以印刷为记录手段而形成的文献形式，是目前整个文献中的主体，也是有着悠久历史的传统文献形式。它的特点是不需要特殊设备，可以随身携带，随处随时阅读；但存储密度小，体积大，不便于保存。

（2）缩微型（Micro Form）。缩微型文献是以印刷型文献为母体、以感光材料为载体、以照相为记录手段而形成的一种文献形式，包括缩微胶卷、缩微平片、缩微卡片等。目前在整个文献中所占数量较少，在一般图书馆的入藏量也较少。

（3）声像型（Audio-Visual Form）。声像型文献是以磁性和感光材料为介质记录声音、图像等信息的一种文献形式。其优点是存取快捷，可闻其声、见其形，易理解。

（4）电子型（Electronic Form）。其前身称为机读型。它采用高技术手段，将信息存储在磁带、磁盘或光盘等媒体中。它通过计算机对电子格式的信息进行存取和处理，形成多种类型的电子出版物。人们通过计算机来书写、编辑、生产电子文献，又通过计算机来检索、阅读、交流。它具有文献存储容量大，检索快捷、灵活，使用方便等特点。目前文献的媒体形式正在朝数字化和多媒体方向发展。

（三）几种主要的一次文献

一次文献是文献信息检索的主要对象，主要包括12类文献：图书，期刊，报纸，专利文献，标准文献，产品样本，会议文献，“灰色文献”，档案文献，科技报告，政府出版物，学位论文。

（1）图书（Book）。图书是记录和保存知识、表达思想、传播信息的最古老、最主要的文献。它的信息承载量大，便于存放、携带，可不受空间、时间和设备限制。这些优点使图书过去、现在和将来都是人类社会最主要的信息交流媒介之一。

图书作为一种重要的文献信息源的特点首先体现在保存和传播知识方面。通过它可以了解某个专门问题的研究或对实践经验的系统论述。如果要全面、系统地了解某些问题或不熟悉的领域，阅读有关图书是个较好的办法。但出版周期长、内容更新慢是图书的缺陷。近年来，电子图书种类和数量在迅速增长。

（2）期刊（Journal or Periodicals or Magazine）。期刊是一种有固定名称、定期或按宣布的期限出版，并计划无限期出版的连续出版物。与图书相比，期刊最突出的特点是出版迅速、内容新颖，能迅速反映科学技术研究成果的新信息。期刊连续性的特点，为报道不断发展着的知识提供了良好的条件，成为人们寻找研究上的新发现、新思想、新见解、新问题的首要信息源。有些新发明、新创造、新观点在诞生之初并不成熟，它们往往不被图书接纳，却被期刊采用，这也正是期刊被称为当代文献骨干的重要原因。

期刊作为重要的文献信息源，还体现在世界上所有主要检索工具都以期刊为主要收录对象（约占90%以上），可以比图书更快、更方便地查到所需资料。

（3）报纸（Newspaper）。报纸是出版周期最短的定期连续出版物。报纸的基本特点是内容新、涉及面广、读者多，是影响面比较广的文献信息源。

人们从报纸上可以得知即将发生的事（预测）、正在发生的事（报道），直到对最后结束的反馈信息（综述），以及发生的事意味着什么（分析、评论）。这种对动态信息的掌握是图书所不及的。

（4）专利文献（Patent Document）。专利文献是记录有关发明创造信息的文献，蕴含着技术信息、法律信息和经济信息。它通常包括专利申请书、专利说明书、专利公报和专利检索工具，以及其他与专利有关的一切资料。

专利文献反映的发明都是在此之前不曾发表过的知识，在技术上有独到之处并具实用价值。此外，专利文献还具有详尽、内容广泛、专利说明书既是技术文件又是法律文件等特点。全世界已有130多个国家建立了专利制度，每年公布专利说明书100万件，反映约30万~35万项新发明，并以每年9万件的速度递增。

（5）标准文献（Standard Literature）。标准是对工农业产品和工程建设的质量、规格、检验、包装及储运等方面所制定的技术规定，是从事生产、建设工作的共同技术依据。

标准文献是在标准化过程中产生的、具有标准意义的文件所组成的一个技术文献体系。它以科学技术和实践经验的综合成果为依据，按照规定程序编制，经过权威机构批准，在一定范围内广泛、多次使用，作为大家共同遵守的准则和依据。

（6）产品样本（Company & Products Data）。产品样本是厂商为向客户宣传和推销其产品而印发的介绍产品情况的文献。产品样本包括产品目录、单项产品样本、产品说明书、企业介绍和广告性刊物。

（7）会议文献（Conference Document/Conference Paper）。会议文献是在各种

会议上宣读和交流的论文、报告和其他有关资料。传统会议文献多数以会议录（Proceedings）的形式出现。会议文献的特点是专业性强、内容新、学术水平高、出版发行较快。其内容大部分是本学科领域内的新成果、新理论、新方法，且经过会议主办者审查、推荐，经过专家学者提问、讨论、评价、鉴定，再由本人修改后出版，故可靠性较高。会议文献是了解学科领域新动向、新发现的重要信息源。

（8）“灰色文献”（Gray Literature）。“灰色文献”是国外趋向比较一致、且为大多数人所接受的称谓，是对一组特殊类型文献（非公开出版物）的总称。这些文献有的是非印刷方式（打印件、油印件、复印件），有的是限于对某些特殊读者对象发行，有的是涉及军事、经济、商业、科研机密或知识产权，或著者不愿意将自己的论著公诸于世，从而不公开出版。“灰色文献”中的技术资料，包括调研、设计、试验方案、记录、计划、图样等是重要的技术和竞争情报。

（9）档案文献（Records Literature）。档案是国家机构、社会组织以及个人从事政治、军事、经济、科学、技术、文化、宗教等活动直接形成的具有保存价值的各种文字、图表、声像等不同形式的历史记录，是完成了传达、执行、使用或记录现行使命以备留查考的文件材料。

档案以其集记录性和原始性于一体的特点而区别于遗留下来的实物，又因其可靠性和稀有性而区别于一次文献，这就使相当一部分档案在一定时间内是受到保护的，在利用上有特殊的要求和价值。

（10）科技报告（Science & Technical Report）。科技报告是政府部门或科研生产机构关于某个研究项目和开发调查工作的成果总结，或者是研究过程中每个阶段的进展记录。科技报告详细记录了科学研究的设想、方法、数据、结论以及技术手段，既有成功的经验，也有失败的教训，具有较高的参考价值。它包括政策报告、考察报告、实验报告以及技术报告等类型。

（11）政府出版物（Government Publication）。政府出版物是由政府机构制作出版，或由政府机构编辑并授权指定出版商出版的文献。政府出版物大致上可分两类：一类是行政性文献（包括宪法、司法文献），主要涉及政府法律、经济方面的记录、议案、决议、司法资料、听证记录、法律、法令、规章制度、政策、调查统计资料等；另一类是科学技术文献，主要是指政府部门出版的科技报告、标准、专利文献、科技政策文件，公开后的科技档案、经济规划、气象资料等。后者约占政府文献的30% ~40%。

政府出版物的形式很多，常见的有报告、公报、通报、通讯、文件汇编、会议录、统计资料、图表、地名词典、官员名录、国家机关指南、工作手册、地图集以及传统的图书、期刊、小册子，也包括缩微、视听等其他载体的非书资料。政府出版物是了解一个国家方针、政策、科学技术和经济、生活现状的权威性信息来源。

(12) 学位论文（Dissertation/Thesis）。学位论文是高等院校或研究机构的学生为取得各级学位，在导师指导下完成的科学研究、科学试验的书面报告。有价值的学位论文，尤其是较高层次的学位论文，能表明求取学位者对某学科的理论知识的掌握程度、概括能力和独立从事科学研究的能力。求取学位者在研究大量资料的基础上提出自己的研究成果、实验创造和论文见解，具有独创性、新颖性、科学性的特色，其质量要经过学位或学术委员会的考核。

三、电子信息源

(一) 电子信息源的概念和特点

电子信息资源是信息资源的重要组成部分，是电子化了的信息资源。它是以数字化的形式，把文字、图形、图像、声音、动画等多种形式的信息存放在光、磁等非印刷型介质上，以电信号、光信号的形式传输，并通过计算机、通信设备及其他外部设备再现出来的一种信息资源。

与传统的印刷型文献信息源相比，电子信息源具有以下显著特点：

(1) 是数字化的信息资源。将传统纸张上的文字变成磁性介质上的电磁信号或光介质上的光信号，使信息的存储、传递和查询更加方便，而且所存储的信息密度高，容量大，可以无损耗地被重复使用。

(2) 以网络为传播媒介。传统的信息存储载体为纸张、磁盘、磁带，而在网络时代，信息的存在是以网络为载体的。

(3) 内容丰富多样。电子信息源可包括图形、图像、声音等多种信息，涉及的领域非常广阔，包含的文献类型也多种多样。

(4) 信息资源数量巨大，影响面广。

(5) 数据结构具有通用性、开放性和标准化的特点。在网络环境下，数据可以被多人同时访问，是一种共享性的信息资源，使得数字信息资源更易于实现资源的扩充。

(6) 动态性。网络环境下，信息传递和反馈快速灵敏，信息具有动态性、实时性的特点。

(7) 信息源复杂，灰色信息较多。由于网络的共享性与开放性，人人都可以在互联网上索取和存放信息，这些信息没有经过严格编辑和整理，良莠不齐，各种不良和无用的信息大量充斥在网络上，形成了一个纷繁复杂的信息世界。这就要求信息管理机构建立一套科学高效的信息过滤体系，区分出有价值的信息并加以利用。

互联网传播的信息具有动态传播、自由传播和交互的特点。这是一般传媒所不具备的优点，是知识经济时代最有发展潜力的大众传播方式。由于数字信息资源存储在计算机能够识别的介质上，因此随着计算机软件的更新与性能的提高，用户逐渐具有更多的主动性。他们不仅是数字信息资源的利用者，还是数字信息资源的开发者。

从以上的分析可以看出，网络信息资源是电子信息资源的主体。

（二）电子信息资源的类型

电子信息资源的范围非常广泛，其类型多种多样，划分标准也很多。

1. 按电子信息资源的性质和功能划分

借用印刷型文献信息资源的划分标准和名称可将电子信息资源分为一次文献、二次文献、三次文献。

一次文献如事实数据库、电子期刊、电子图书、发布一次文献的学术网站等。用户可从一次文献中直接获取自己所需的原始文献。

二次文献如参考数据库、网络资源学术导航、搜索引擎/分类指南等。

三次文献如专门用于检索搜索引擎的搜索工具，比较典型的 WebCrawler，被称为“搜索引擎之搜索引擎”（Search Engine of Search Engine），即“元搜索引擎”，当用户进行检索时，反映出来的结果是各搜索引擎的检索结果。

2. 按电子信息资源的生产途径和发布范围划分

（1）商用电子信息资源。它也称正式电子出版物，由正式出版机构或出版商/数据库商出版发行，在电子学术信息资源中所占比例最大，包括各类数据库、电子期刊和电子图书等。其特点是：学术信息含量高；具备检索系统，便于检索利用；出版成本高，必须购买使用权才可使用，因此并非面向公众免费开放。

（2）网络公开学术资源。各种学术团体、行业协会、政府机构、商业部门、教育机构等在网上正式发布的网页及其信息，也属于一次文献类型。使用这部分信息主要依靠搜索引擎/分类指南、网络学术资源学科导航等二次文献资源。用于提供使用图书馆印刷型馆藏的联机公共目录（OPAC）也属于这部分范畴。

（3）特色资源。它又称为半公开出版物，主要基于各教育机构、政府机关、图书馆的一些特色收藏，在一定范围内分不同层次发行，不完全面向公众发行，有时需要特别申请。如教师的教学课件（CAI）只在校园网内使用。

（4）其他资源。如 FTP 资源、新闻组、BBS、电子邮件等属于非正式出版物。

1）FTP 信息资源。FTP（File Transfer Protocol，文件传输协议）是 Internet 上的一个重要的应用。Internet 上有大量的文件服务器，存放众多文件。在传输协议支持下，用户可以请求服务器将其文件传输复制到本地机上来，称下载（Download）。

FTP 传输的文件有两类：ASCII 码和二进制码（Binary）文件。

2）电子论坛、网络新闻和电子公告牌。电子论坛（Mailing List）、新闻论坛（USENET）和电子公告牌 BBS（Bulletin Board System）是在 E-mail 基础上的应用拓展，它们是交流信息的大平台。

3）Gopher、Archie、WAIS。Gopher 是一种基于多种菜单的交互式检索工具，最大优点在于信息资源的存放地址和存储方式对用户完全透明。它是以树型结构进行管理的，是一个分布式客户/服务器系统。世界上许多 Gopher 服务器分布在大学、公司或其他组织机构内，每个 Gopher 服务器都存放有本部门或本地区用户感兴趣的信息。Gopher 提供与 WWW、FTP、WAIS、Archie 的连接。Archie 是一种利用关键字查找信息源的工具。它提供有关文件所在的主机 IP 地址、文件目录和文件名。Archie 经常性地收集 FTP 服务器中文件的存储位置等信息（公开的），并保存在数据库中，故查找速度较快。如果把匿名 FTP 的世界比喻成一个不断变化的巨大的世界图书馆，就可以认为 Archie 服务器是目录。

WAIS 广域信息服务（Wais-Wide Area Information Service）是查找散布于整个 Internet 上信息的另一种方法。WAIS 能在用户指定的数据库中检索所含关键词的文章，检索结果是文章的题录，并用菜单形式把最确切的题录显示出来。根据这个题录，就可以要求 WAIS 显示出所需要的文章。

如上所述，Gopher 搜索的是菜单和目录；Archie 查询的是文件名；WAIS 是寻找在独立文档全文中所包含的信息，即在包含索引文档的数据库中进行全文的检索。

3. 按数据库所含信息的内容划分

（1）文献书目数据库（Bibliographic Databases）。文献书目数据库是存储某个领域原始文献的书目，即二次文献数据库，记录内容包括文献的题目、著者、原文出处、文摘、主题词等。它们大多数是印刷本检索工具的机读版，如美国工程索引数据库（Ei Compendex），英国科学文摘数据库（INSPEC），美国化学文摘数据库（CA Search）等。

（2）数据与事实数据库（Dictionary Databases）。数据与事实型数据库属源数据库。与书目数据库相比，该类数据库能直接提供所需的数据信息，不必转查其他信息源。数据数据库主要记录科学研究中试验、测量、计算、工程设计、经济分析和工业规划等方面的数据。事实数据库主要是记录一些机构、人物、产品、项目简述等事实数据，通过该类数据库可以查到公司、机构的地址、电话、产品目录、研究项目或名人简历等信息。

（3）全文数据库（Complete Text Databases）。全文数据库是存储文献内容全文或其中主要部分的数据库，简称全文库。它是将经典著作、学术期刊、重要的会议录、法律法规、新闻报道以及百科全书、手册、年鉴等的全部文字和非文字内容转换成计算机可读形式。全文数据库可以解决用户获取一次文献所遇到的困难，能向用户提供一步到位的查找原始文献的信息服务。

近年来，全文数据库发展很快。据统计，在美国，全文数据库从1985年的28%增加到1995年的52%，其数量是书目型数据库的一倍，而书目型数据库则从57%下降到24%。此外，随着超文本、多媒体和光盘驱动器技术的发展和普及，将图形、图像、文字、动画、声音等多媒体数据结构合为一体并统一进行存取、管理和应用的多媒体数据库已经问世，并受到人们的普遍欢迎。特别是Internet的逐渐成熟和网络资源大量涌现，Internet已成为人们进行科学研究、商业活动和共享信息的重要手段，成为各种数据库的总数据库，可以称得上世界上最大的电子信息资源库。

四、实物及口头信息源

（一）实物信息源

实物，包括自然实物和人工实物（人类文化的创造物如文物、产品等），内含大量科技文化信息，它具有文献所不具备的一些优点，如：

（1）直观性强。以样品为例，在造型、外观、包装等方面直观、形象，通过拆卸——还原过程，可以了解其工作原理、功能、工艺情况等，看得见，摸得着，全部信息和盘托出，容易理解。有的实物可当场操作演示，其作用可马上表现出来，对技术、材料和使用的要求一般当场就可以判断出来。这比花钱买技术资料或去情报单位查资料更方便，因为文献所传递的信息要经过对文字符号的理解、组合和思维才能吸收。

（2）客观性强。实物样品是具体的东西，实实在在，真实可靠，信息直达受者，不需经文字、图片等中间媒介转达，可以避免人为因素造成的信息扭曲和损耗。

（3）实用性强。实物是现实的商品，除了本身的信息价值外，还具有商品价值（转让）和使用价值。实物一旦不作为信息载体使用（陈列、展览），即可投入流通或作为一般物品发挥它本身的使用价值，并在使用中继续发挥其信息功能，这也是其他信息载体所不及的。

（二）口头信息源

实物和文献在传递信息时也都有各自的局限性。实物作为信息载体的主要功能是表现，也就是说如果未发现实物就无法从中提取信息；文献虽比实物更易携带，但作为一种固态品，它保存和传播信息的功能也受到时间、空间和各种人为因素的影响。人们在从事研究时往往感叹资料的缺失，其实，“缺”只不过是很多信息并没有以文献的形式反映出来。而搜集口头信息是解决这个问题的最好途径。

口头信息是指通过交谈、讨论、报告等方式交流传播的信息。人的大脑能存储大量信息。当外界的信息摄入大脑后，有机体就出现了认识和记忆。这种认识，包括思考、见解、看法、观点，是推动研究的最初起源。它们的形成常常缺乏完整性和系统性，因此初始阶段难以通过文献公诸于世，但可以通过口头交流来了解。处在这一阶段的口头信息的特点是出现早、传递快、偶发性强。当然，这种认识有的恰如思想火花，转瞬即逝；有的经过加工整理形成文字，附载于各种文献中；有的成为长期记忆存储于大脑之中。

人类的记忆是一个巨大的信息源，其中一部分可通过个人采访而获得，称为口述回忆，另一部分借助口口相传而保存下来，称为口碑传说（Oral Tradition）。

第三节　现代信息检索研究的内容及趋势

信息存储与检索（Information Storage and Retrieval）是一门关于信息资源存储、整序和查找的理论与方法的学科。它是在传统的文献检索基础上，以计算机科学与技术、网络技术、光盘技术、通信技术等现代信息技术在信息存储与检索中的应用为基础，融合了最新信息存储与检索技术，全面探讨适应现代信息处理的信息描述、信息存储、信息检索和信息提供的理论、技术、方法的交叉学科。

信息检索作为一门发展中的学科，其研究内容正处于不断丰富和完善之中，研究对象和范围不断扩大，信息检索的研究也从传统的联机信息检索向网络化方向演进，研究规模也从个别的、浅层次的研究逐渐向纵深化、学科化的方向发展。概括起来，其发展主要反映在信息检索理论研究、信息检索策略和方法研究、网络信息检索技术与工具研究、信息检索系统研究、智能信息检索研究和多媒体信息检索研究等方面。

一、信息检索理论研究

1. 信息检索语言

检索语言是信息检索系统中信息存储与检索用语，是用户与检索系统交流、互动的媒介，它在很大程度上影响着检索系统的效率。一种检索语言的优劣，主要由其检索效率来衡量。总的来看，检索语言经历了以受控语言（分类法、主题法）为主、受控语言和自然语言结合以及以自然语言为主 3 个阶段。

目前，对于自然语言检索的研究十分活跃，受控语言的自然化已成为信息检索语言发展的一个必然趋势，探讨检索语言与自然语言的结合，发展多样化、一体化、兼容化、易用化模式，将是21世纪检索语言发展的趋势。

2. 信息检索模型

信息检索发展到今天，已经提出了多种情报检索数学模型，其中被广泛认可的有布尔检索模型、概率检索模型、向量检索模型、相似性检索模型和模糊检索模型等。这些模型是信息检索基础理论的重要组成部分。

对于这些模型的研究，目前主要集中于对它们的评价、完善和修正上。另外，新的检索模型的引入与创新也是近些年来信息检索模型研究的一个方向，如基于模态逻辑的信息检索模型、基于映象的信息检索模型、基于近似理论的信息检索模型等。此外，基于机器学习的知识检索模型、分布式信息检索模型以及语义检索模型也预示了信息检索模型研究的新方向。

二、信息检索策略和方法研究

检索策略是为实现检索目标而制定的全盘计划和方案，是对整个检索过程的谋划和指导。它实际上是检索技巧的集成，因此检索策略的好坏将直接影响到检索结果的优劣。

1. 检索式的构造

检索式的构造需要深入分析检索课题，在明确检索要求的基础上，根据相应的研究课题和要求选择检索词。近年来运用最多的检索式是布尔逻辑检索式，但布尔逻辑算符组配和编制的检索式也存在着一些弊端。为此，关于改进布尔逻辑检索的研究相继提出，如法定数检索法、概率检索法、扩展布尔检索法等。但就目前来看，尚没有一种检索式能代替布尔检索已有的地位。

2. 检索工具的选择和使用

相对来说，网络环境下搜索引擎的选择和使用策略是检索策略研究的一个重点，反映在网络信息检索中的方向性、细节性、具体性及可能性问题的检索策略方面。除了通用型信息检索策略以外，特定系统、特定信息以及特定课题的检索策略也是研究的一大重点，具体表现为某一系统、某一数据库检索策略以及某一类型课题检索策略。

特别是近年来出现的各种应用智能技术、信息挖掘技术、智能代理技术的搜索引擎，信息分类与聚类，信息的可视化等，都在不同程度上丰富了检索策略的内涵，提高了信息检索的效率。

三、网络信息检索技术与工具研究

1. 网络搜索引擎

网络搜索引擎是目前网络信息资源的最主要的一种检索工具。最初出现的搜索引擎主要是独立搜索引擎，它只能在自己搜集的信息或数据库中查找用户的资料和信息，如 Yahoo！等。其检索范围狭窄，无法利用别的工具搜索信息。元搜索引擎作为一种基于搜索引擎的搜索引擎，可以较好地解决这一问题。由于它能实现对分布于网络的多种检索工具的全局控制，能较好地将信息资源加以整合，因此对于元搜索引擎的研究是近年来搜索引擎研究的一个主要方向。

除此之外，还有较多的工作集中在以下几个方面：对搜索引擎发展现状、原理及特点的介绍；对已有网络搜索引擎技术的分析、效果的评价；基于概念的智能化、个性化、多媒体搜索引擎的设计等。

2. Web 数据挖掘技术

数据挖掘（Data Mining）就是从大量的、不完全的、模糊的、随机的数据中，提取隐含在其中的、人们事先不知道的、但又是潜在有用的信息和知识的过程。数据挖掘是近年来在信息检索技术基础上发展起来的一门技术，是信息检索技术的一个重要分支。还有很多和这一术语相近似的术语，如从数据库中发现知识（KDD）、数据分析、数据融合（Data Fusion）等。

将数据挖掘技术引入到网络资源的开发中来，能加快智能检索的发展。数据挖掘的结果是实现智能检索的基础，智能检索的结果可为数据挖掘提供指南和线索。

3. 信息推送技术

信息推送技术（Push）是在网络信息资源急剧膨胀的情况下诞生的，它不同于传统的 Internet 信息浏览方式，即用户发出请求到 Web，然后 Web 将信息送回用户端。Push 技术只需要用户在初次使用时设定所需的信息，此后，定制好的信息将通过 Web 自动发送给用户。

在网上资源急剧膨胀的今天，Push 技术为 Internet 带来了重大的变革，改变了传统的信息获取方式，使用户避免了繁琐的查找与等待，网络效率得到成倍提高。目前，国外已研制出大量的采用该技术开发的检索软件，并已经得到了广泛的应用，我国也有不少研究者着力于这方面的研究工作。

四、信息检索系统研究

1. 光盘信息检索系统

光盘检索与联机检索、网络检索互相补充，共同构成了信息资源检索的统一体。随着计算机网络和通信技术的发展，光盘数据库检索与网络信息检索系统也呈现出逐渐融合的趋势。光盘网络系统由于投资少、见效快，通常是首选的网络建设设施之一，并成为提供网络服务的主要信息源。

2. 联机检索系统及网络检索系统

联机检索系统具有检索效率高、速度快、质量好的特点，一直是一种重要的检索系统形式和研究的一个重点。对于网络检索系统的研究主要以全文检索以及多媒体、智能化、个性化检索系统的实现和开发为主。

目前我国对于全文检索系统的研究又主要集中在超文本全文检索系统研究、汉字全文检索系统的索引机制研究、全文后控索引系统研究几个方面。总的来说，未来的网络检索系统将以融合多媒体检索技术和超文本检索技术为一体的新型智能化、个性化、可视化、简单化的全文检索系统为发展方向。

五、智能信息检索研究

所谓智能信息检索，即把现代人工智能的技术与方法引入检索系统，从而使检索系统具有一定程度的智能特征，在更高的层次上完成其功能。

1. 智能代理技术

代理（Agent）是人工智能领域内研究的课题，智能检索代理作为网络信息的供应者和需求者之间的中介，它不但可以根据用户的需求或意愿，代替用户寻找或主动推荐用户所需信息，起到智能导航的作用，还能综合运用知识检索、智能搜索、机器学习和知识集成等方法，向用户提供高质量的信息与知识，从而达到真正意义上的知识检索。此外，它可以自动获取用户知识，为每个用户建立用户模型档案和目录，实现个性化信息检索服务。

目前对于智能信息检索的研究也已逐渐向智能代理系统的设计与实现方向转移，智能代理已成为计算机科学及信息检索科学交叉领域研究的热点。特别是近来 MA（移动代理）及 MAS（多代理系统）技术的出现，将为信息检索提供更准确和及时的服务，为实现分布式信息资源的智能化管理开拓新的途径。

2. 信息检索可视化

信息检索可视化是数据可视化技术在信息检索领域的应用。信息用户通过图形界面与网络信息检索系统进行交互，评价检索过程中每次检索结果，优化提问或查询，从而提高查全率和查准率。信息检索可视化不仅用图形、图像来显示多维的非空间数据，使用户加深对数据含义及数据间关系的理解，而且用形象直观的图形、图像来指引检索过程，加快检索速度。

由于可视化技术与整个计算机信息处理的世界潮流相适应，可以较好地实现信息检索的人机互动，对网络条件下信息检索系统的发展产生重大影响，因此是信息检索的重要发展方向之一。该项技术从诞生之日起，就引起了美国、日本以及欧洲各国等信息处理技术发达国家的重视，目前世界上已推出了几十种各类计算机信息检索可视化工具或理论。

3. 信息检索中的自然语言理解

目前的检索系统，尤其是搜索引擎，主要使用关键词技术，没有较好地引入自然语言理解，每次搜索时只是按照关键词进行匹配，返回的大量信息和链接，很大部分是垃圾信息或者不是用户需要的信息，往往导致用户无所适从。而一个理想的检索系统应该是用户能自由地表达信息需求，系统能理解用户询问中内在的、复杂和微妙的含义，这也是信息检索实现智能化、人性化服务追求的目标所在。

自然语言理解是信息检索智能化的一个极富挑战性的课题，其任务是建立一种能够像人那样理解、分析并回答自然语言的计算机模型，较好地实现人机会话、语义理解或自动文摘等语言信息处理功能。该方面的研究主要集中在语义网络、汉语分词、句法分析、同义词处理等语言理解技术的实现上。

六、多媒体信息检索研究

随着计算机技术的发展，多媒体信息越来越多地应用于信息的存储与表示。但是与传统信息相比，多媒体信息具有非结构化、内容多义性的特点，因此，多媒体信息的检索也逐渐开始成为信息检索的一个专门课题，引起广大研究者的关注。

目前，多媒体信息检索主要有基于文本和基于内容特征的两种检索方式。基于文本的多媒体检索（Text Based Retrieval）主要是以关键词的形式来反映多媒体物理特征和内容特征，即对描述多媒体的关键词进行检索。这种检索方式带有较强的主观性，而且关键词不能有效地表示视频数据的时序特征，也不支持语义关系，无法充分揭示多媒体信息的内涵，影响检索效果。因此，克服了这一缺陷的基于内容的多媒体检索是目前多媒体信息检索的主要研究热点和发展方向。基于内容的多媒体检索又可分为基于内容的图像检索、基于内容的音频检索、基于内容的视频检索等。

习　题

1. 名词解释：信息，知识，情报，文献，零次文献，一次文献，二次文献，三次文献。
2. 面对社会信息化的竞争挑战，我们应该具备哪些信息素质？
3. 论述信息素质与创新能力的关系。
4. 谈谈如何发挥信息检索在科学研究中的作用。
5. 简述信息、知识、情报与文献之间的关系。
6. 怎样识别常见的一次文献？
7. 何谓“灰色文献”？它有哪些具体的形式？
8. FTP、新闻组、BBS、电子邮件属于何种信息源？有何特点？

9. Gopher、Archie、WAIS 是什么？它们之间有何关系？

10. 按数据库所含信息的内容不同，电子信息源有哪些？

11. 简述实物及口头信息源的价值。

12. 现代信息检索研究的热点问题有哪些？其发展趋势或方向怎样？

第二章

信息存储与检索基础

【内容提要】

本章涉及信息存储与检索的基本知识，是掌握现代信息检索技术的基础。本章分四个部分详细阐述了信息存储与检索的基本原理（包括信息检索的广义和狭义概念、信息存储过程、信息检索过程、手工检索与计算机检索的异同），信息检索工具和检索系统的组成类型及其功能；着重介绍了信息检索常用的检索语言（体系分类与和主体语言）以及国内外著名词表；通过大量实例介绍了计算机检索中检索提问式的制定方法与技巧；最后讨论了信息检索策略的制定步骤，以及信息检索效果的评价指标等。

第一节 信息存储与检索原理

一、信息检索的概念

从信息的概念和特征，我们知道信息具有共享性。为了分享人类共同的知识财富、研究成果，人们必须通过一种科学的方法从取之不尽的信息源中去识别和获取所需要的那部分信息，这个过程就是检索（Searching）。同时，信息具有可扩充性，人们对信息的处理能力越强，信息扩充得就越快。信息的检索、利用和创造是一个循环增值的过程。人们通过检索工具获得信息，经过处理筛选出需要的部分，在利用信息的过程中又创出新的信息，这些信息经过核准后又被标引、组织进入检索工具，再提供给人们使用。信息在这个循环过程中不断得到扩充，它的增长是无穷无尽的。因此，检索在信息处理和增值中具有重要意义。

信息检索作为人类社会活动不可分割的一部分，有着悠久的历史，我国古代西汉时期的古文经学家、目录学家刘歆撰写了我国第一部综合型的书目检索工具——《七略》。但作为一个学科，信息检索的研究始于20世纪40年代末，只有半个多世纪的历史。1949年，穆尔斯（Calvin W. Mooers）首次提出了这个术语，原文为“Information Retrieval”。美国的肯特（A. Kent）曾经给信息检索作了一个说明：“所谓信息检索，是指机械化的检索”。这个论断更接近于现代的计算机检索。

关于信息检索，目前尚无公认一致的定义，但在人们的共识中，信息检索是指信息用户为处理解决各种问题而查找、识别、获取相关的事实、数据、知识的活动及过程。信息检索的概念有狭义和广义之分。广义的信息检索包括信息的存储和检索两个过程（Storage and Retrieval），全称又叫“信息存储与检索”（Information Storage and Retrieval）。其基本原理如图2-1所示。

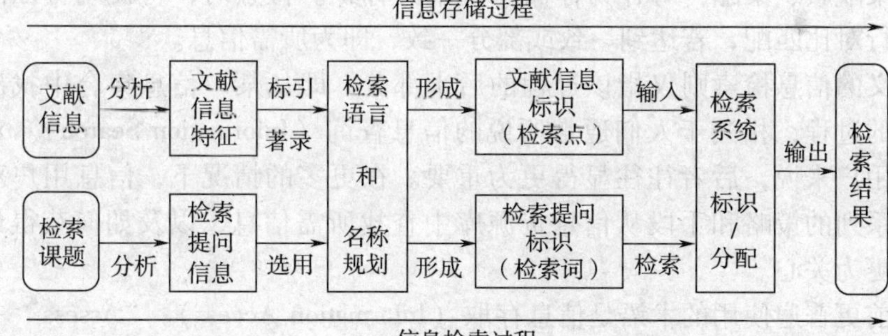

图2-1　信息存储与检索原理

（一）信息存储过程

为了促进信息资源的充分交流和有效利用，使用户在信息集合中快速、精确、全面地获得特定需要的信息资源，必须首先对大量、分散、无序的信息集中起来，根据信息源的外表特征和内容特征，经过整理、分类、浓缩、标引等处理，使其系统化、有序化，并按一定的技术要求建成一个具有检索功能的检索系统（如手工检索工具、计算机检索系统与搜索引擎）供人们检索和利用，这就是信息存储过程。

（二）信息检索过程

信息检索是指用户根据检索课题的需要，将信息需求转变为系统所能识别的检索式，再与检索系统中表征信息资源的标识进行逐一的相符性匹配与比较，查找出满足用户要求的特定信息。检索结果可能是用户需要的最终信息（一次文献），也可能是用户需要的信息线索（二次文献），用户可依此线索进一步查找最终信息。

存储是检索的基础，检索是存储的反过程。信息检索的实质是将描述特定用户所需信息的提问特征与信息存储的检索标识进行比较，从中找出与提问特征一致或基本一致的信息。

所谓提问特征，是对信息的需求进行分析，从中选择出能代表信息需求的主题词、分类号或其他符号。例如，要查找关于“硅藻土在塑料工业中的应用”方面的信息，根据信息需求的范围和深度，可选择“硅藻土”和“塑料”为第一层面的提问特征，“硅藻土”和“通用塑料、工程塑料、特种塑料”为第二层面的提问特征，“硅藻土”、“聚氯乙烯、聚乙烯、聚丙烯、聚酰胺、聚酰亚胺、聚酯、玻璃钢”等塑料品种名称为第三层面的提问特征。

所谓检索标识，是指信息存储时，对信息内容进行分析提出能代表信息内容实质的主题词、分类号或其他符号。例如，在分析、标引、存储有关“硅藻土在塑料工业中的应用”方面的信息时，可选择“硅藻土”和“塑料”或“聚烯烃、聚酰胺、聚酯”等作为存储和检索的标识。检索时，将提问特征同检索标识进行对比匹配，若达到一致或部分一致，即为所需信息。

狭义的信息检索则仅指该过程的后半部分，即从某一信息集合中找出所需的信息的过程，相当于人们通常所说的信息查询（Information Search）。对于广大信息用户来说，后者往往显得更为重要。在更多的情况下，信息用户对如何采用一系列的策略和手段从信息资源库中查找所需信息，以及如何获得最佳检索结果更为关心。

当前更普遍使用的术语是信息存取（Information Access）。“Assess”一词源于计算机学科领域，是指计算机访问文档或数据集的方式。将其引入信息检索范畴，则从本质上拓宽了检索的内涵及其应用。信息存取将所有信息的组织、检索活动及其先进的技术手段融合在一起。如果检索的对象是文献，那么就属于文献检索。

二、手工检索与计算机检索

从目前信息的存储载体和信息检索的主要技术手段上来看，主要有手工检索（手检）和计算机检索（机检）。

（一）手工检索

手工检索（Manual Retrieval）始于19世纪末。专业化的信息检索产生于参考咨询工作。1876年召开的美国图书馆协会第一届大会上提出了正规的参考咨询工作概念。

手工检索使用的多为印刷型或书本型检索（Paper-based Retrieval）工具，早些有检索卡片，现在使用最多的是检索刊，它们定期地将最新收集到的信息、文献加以汇总、组织和报道。手工检索的技术要求不高，以人的劳动为本，由人来翻阅，由人来进行比较、选择，完成匹配。

【例2-1】 检索课题：燃料电池的组堆技术（手工检索）。

从课题的字面意义上讲应选取“燃料电池”和“组堆”作为关键词进行检索。在手检过程中我们可以边检索边分析检索结果，结果发现燃料电池的组堆技术主要应处理好气路控制、电路、水汽循环系统和密封技术等几个问题，于是改变查找目标，注重查找“密封”、“电路”等几个重要问题的解决方案。

从上例可以看出，手工检索过程中，直接执行查找任务的是人，在查找过程中，人的思维一直起着主导作用，检索者可以在检索过程中结合检索的结果不断明确自己的信息需求和不断修改自己的检索提问。在检索过程中，检索提问标识与检索系统中文献特征标识的组配完全可以做到内容、概念和形式上的一致，而无须严格的字面的组配，因此所得到的信息一般能符合检索者的信息需求。

然而，在这个知识爆炸的时代，如此多的信息我们不可能都采用手工检索。手工检索不仅费时、费力，而且检索工具能提供的检索点十分有限，检索结果往往不尽人意。当前许多经典的印刷型工具都有其对应的电子数据格式、数据库，印刷工具则成了电子数据加工输出的“副产品”，许多新生的数据库不再与印刷型工具有缘，仅有电子版本。

（二）计算机检索

计算机检索（Computer-based Retrieval）起源于20世纪50年代初。1954年美国海军兵器中心图书馆利用IBM701机开发计算机信息检索系统，它标志着计算机信息检索阶段的开始。

计算机检索技术含量高，它是通过数据库系统来实现的。计算机检索过程是在人与机器的合作、协同下完成的，通过实时的（Real Time）、交互的（Interactive）的方式从计算机存储的大量数据中自动分拣出用户所需要的信息。计算、比较、选择的匹配任务是由机器来执行的，而人则是整个检索方案的设计者和操纵者。这里，检索的本质没有变，变化的是信息的媒体形式、表示方式、存储结构、存取方式。

计算机信息检索的实质是“匹配运算”，是将检索提问标识与系统中的存储文献的特征标识进行比较，并输出命中文献，即字符串匹配和逻辑运算的过程，与手工检索的基本原理相同。只是手工检索时的检索提问无须“提出”，只在自己的意识之中，用手翻阅检索工具，利用眼看和大脑思维来对检索工具中的文献款目进行“扫描”、“匹配”，找出命中的文献。

图2-2给出了计算机信息检索的流程图。

【例2-2】 检索课题：非线性光学材料的制备（计算机检索）。

若以“非线性光学材料”作为检索词输入计算机进行检索，则检索结果中可能包含“非线性光学材料制备光学元器件”，显然与检索课题无关，但是计算机不会自动屏蔽掉无关结果。因此，机检时的主题分析、找出与课题相关的概

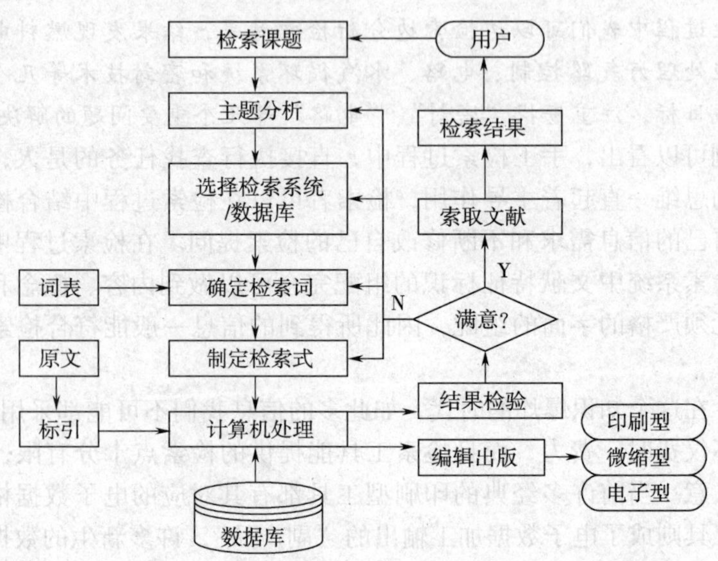

图 2-2　计算机信息检索流程

念和属性，以防误检和漏检，就显得相当重要。

从上例可以看出，在计算机信息检索过程中，计算机不具备人脑的思维能力，因此，检索提问标识一经输入检索系统，便无法结合系统检索的具体情况不断明确用户的信息需求和修改用户的检索提问标识。同时，在计算机信息检索系统中，检索提问与文献特征标识的组配完全是一种字面组配，即计算机将两种“标识”完全作为“字符串”来进行类比运算，因此必须要求检索提问标识在形式上与文献特征标识保持完全一致才能“匹配”。这种字面上的组配，使检索出的文献记录只在字面上与检索提问标识保持一致，而在内容上或概念上就不一定符合用户的信息需求。

关于制定检索提问式的方法和技巧，本章第四节将作详细讨论。

计算机检索需要一定的技术设施，主要包括计算机主机设备、外部存储器、输入输出设备、终端设备、通信设备等硬件设施，以及软件系统（如通信软件、操作系统、应用程序等），以实现对数据库的信息存取。

从计算机检索发展的历程来看，计算机检索的类型包括联机检索、光盘检索和网络信息检索。详见第三章相关内容。

（三）手工检索与计算机检索的比较

尽管计算机检索是检索历史的高级发展阶段，但手工检索的许多原理和规律都渗透在计算机检索中。由于查找的直接执行者不同，计算机检索的组配和手工检索的组配存在一定的差别。表 2-1 从 6 个方面对它们进行了比较。

表 2-1　手工检索与计算机检索的差别

项　目	手 工 检 索	计算机检索
总体特征	手翻、眼看、大脑判断	策略、查看、机器匹配
标引及索引特点	检索点较少	检索点较多
检索时间	较慢	较快
检索要求	专业知识、外语知识、检索工具知识	专业知识、外语知识、机检系统知识
查全查准率	查准率较高	查全率较高
综合效率	较低	较高

三、信息检索的方法

检索前需要制定查找文献信息的方法，在“战略”上力求全面，减少漏检，“战术”上力求准确，避免误检。在具体实践中，人们往往根据不同的检索需要和信息环境采用不同的检索方法。如基础理论研究侧重查期刊论文与技术报告；应用技术研究侧重查专利标准、样本；教学方面侧重查教科书、专著、评论杂志等；想知道某一个事物的进展或趋势则应侧重查阅有关学科的专业年鉴或综合年鉴的有关学科部分。

文献信息检索总是根据一定课题进行的，每个研究课题都有一些要解决的关键问题。无论是计算机检索还是手工检索，常用法、引文法、综合法是科技人员以及在校大学生和研究生最常用的几种检索方法。

（一）常规法

所谓常规法，就是利用常规检索工具查找有关文献的方法，是信息时代应掌握的最基本的信息查找方法。常规法可分为顺查法、逆查法和抽查法。

（1）顺查法。顺查法是以课题研究的起始年代为出发点，利用选定的检索工具，如书目、索引、文摘，由远及近地逐年查找。

（2）逆查法。与顺查法相反，研究年代是由近及远地查找，直至合适的时间为止。

顺查法和逆查法都是利用检索工具，逐年逐卷地查找，遗漏重要文献的可能性小，查全率比引文法高。两种方法适用于研究范围广、研究历史较悠久、课题较大的咨询。

逐年查找的缺点是费时费力，检索工作量大，因此可以利用抽查法。

（3）抽查法。由于学科发展具有阶段性或学科进程在区域上的发展不平衡，学科发展的高潮期研究热点竞相争鸣、文献量大；或者学科研究处于领先的国家、地区研究程度高、相关信息丰富，可采取对某一阶段或某一地区抽查，付出较少的时间可获得较为满意的检索结果。这是一种效率较高的查法，但前提是必须熟悉学科或研究专题的发展历史。

（二）引文法（跟踪法）

文献之间的引证和被引证关系揭示了文献之间某种内在联系，引文法（也有称为跟踪法）就是利用文献后所附的参考文献、相关书目、推荐文章和引文注释查找相关文献的方法。这些材料指明了与用户需求最密切的文献线索，往往包含了相似的观点、思路、方法，具有启发意义。循着这些线索查找，不仅利用了前人的劳动成果，省却了很多时间和精力，而且可能在原来的基础上有新的发现。

引文法又可分为两种：

（1）由远及近地搜寻。即找到一篇有价值的论文后进一步查找该论文被哪些其他文献引用过，以便了解后人对该论文的评论、是否有人对此作过进一步研究、实践结果如何、最新的进展怎样等。由远及近地追寻，越查资料越新，研究也就越深入。

（2）由近及远地追溯。通过由一变十，由十变百发散性地获取更多相关文献，直到满足要求为止。这种方法适合于历史研究或对背景资料的查询，其缺点是越查材料越旧，追溯得到的文献与现在的研究专题越来越疏远。因此，最好是选择综述、评论和质量较高的专著作为起点，它们所附的参考文献筛选严格，有时还附有评论。

引文法的缺点是作者个人收集文献数量有限，不可能列出有关专题的全部文献。这一不足可用常规法来弥补。

（三）综合法

综合法又称循环法、分段法或交替法，是把常规法和引文法结合起来查找文献的方法，即先利用常规检索工具找出一批有用文献，利用这些文献所附的引文进行追溯，由此获得更多文献。这一方法是针对单纯用引文法所获得的情报价值越来越小的缺点提出来的。按照引文规律，有价值的文献在发表后最初几年（例如5年）内被引用的次数较多，随后趋于减少。因此，追溯的年期应予限制。

（四）其他方法

随着 Internet 的发展，信息资源在深度和广度上同传统的信息资源相比正在发生重大变化，由此出现了一些新的检索方法，如排除、限定和合取法，拉网法等。

1. 排除、限定和合取法

该方法将信息加工的方法融入检索之中。

（1）排除法。排除是指对查找对象的产生和存在的状态在时间和空间上加以否定，即在时间或空间上收缩检索范围。如要查中国网络资源建设的文章，确定 1994 年以前 Internet 未进入中国，则可排除 1994 年以前的报刊资料。

(2) 限定法。限定法是相对于排除法而言的，是指对查找对象在时间和空间上给予肯定。排除的结果必然是限定，反之亦然。

(3) 合取法。完整、满意的答案往往不能记录在某一篇文献中。把不同资料中涉及所需信息的记载都截取下来，汇集在一起，经过去粗取精、去伪存真的加工，构成一个完整的答案，这就是合取法。采用这一方法，不仅要对各类工具书触类旁通，灵活运用，还要学会分析来自各方面的庞杂的材料。

采用上述方法进行检索时，特别是碰到复杂的难题或大课题时，需要注意：

- 善于综合利用各种类、各文种的参考工具书，注意比较它们各自的特点，有步骤、按次序地进行查找。
- 不仅要利用二次文献，还要注意利用一次文献和三次文献。
- 不仅要利用文字资料，还要注意利用图像资料。
- 不仅要利用电子信息，也要考虑缩微资料、印刷品和档案材料。
- 不仅要注意参考工具书的正文，还要充分利用其附录。

2. “拉网法”

在不知晓某一专题信息的 URL 地址时，可从提供信息总目的 Web 页面开始浏览，沿着专题链接层层查找，直至找到有关的内容为止。然后用“书签”保存这个页面的 URL，转向另一个分支。这种方法可以迅速获得较多的相关地址，然后进行筛选。就使用引擎而言，建议先用链接页面多、响应快的引擎。

需要注意的是，上述方法各有优缺点，查找时要结合检索条件、时间、人手等限制因素综合考虑。

四、信息检索点（途径）

检索点（Access Point）即信息检索的出发点，以前常用“检索途径”（Approach）这一术语。每件文献均有内容特征和外部特征，从文献的特征出发，将其特征值与检索系统中标目数据进行比较，通过匹配达到检索目的。

（一）文献的内容特征

文献的内容特征是文献所论及的事物、提出的问题、涉及的基本概念（即主题）以及问题内容所属的学科范围。反映文献信息内容特征的有分类检索和主题检索。

1. 分类检索

分类检索是从文献内容所属的学科类别来检索，它依据的是一个可参照的分类体系（Classification System）。分类体系按文献内容特征的相互关系加以组织，并以一定的标记（类号）作排序工具，能反映类目之间的内在联系，包括从属、并列、交替、相关等。

不同检索工具使用不同规则的分类表。广泛用于图书资料的是图书分类法。图书分类法的作用是指示用户根据学科内容检索图书资料，指导用户从开架书库（Open Shelf）中按类号找到指定的图书及其内容相关的资料。权威的图书分类法有：

（1）中国图书馆图书分类法（简称中图法）。

（2）美国国会图书馆分类法（Library of Congress Classification）。

（3）杜威十进分类法（Dewey Decimal Classification System）。

2. 主题检索

主题检索是从反映文献内容的有关主题词来检索文献，主题是检索点，它对应文献主题概念。检索按主题词的音或形的字顺进行，如查字典、词典。

主题词有多种类型：规范词和自由词，单元词和多元词，先组结构和后组结构等。主题词的合理选择与使用对检索结果的优劣直接相关。这将在本章检索语言部分、检索提问式部分作进一步讨论。

（二）文献外部特征

反映文献外部特征的有作者、名称和号码等。

1. 作者检索

作者（Author）检索是从文献的作者姓名出发来检索其文献。“作者”应包括汇编者（Compiler）、编者（Editor）、主办者（Sponsoring Body）、译者（Translator）等，此外，还有代表机构、单位的团体作者（Corporate Author），包括作者所在单位（Author's Affiliation）。

检索按作者姓名或机构名称字顺进行。如果查个人，对于西方作者通常也是按姓氏（Family name）查找，表达方式可将姓氏放在前，而名字（Given Name）在后，形成倒叙形式。这时姓名中间往往插入一个逗号，如：Berger, P. R.，首先检索姓氏 Berger。

2. 名称检索

名称（Title）检索点是从各种事物的名称来检索。这些名称包括书名、刊名、资料名、出版物名、出版社名、会议名、物质名称等，也包括人名和机构名。检索的对象既包括对应的文献，也包括有关的信息、事项等。

如书名目录、馆藏目录普遍使用书名、刊名等出版物名称作为其检索点，检索按名称字顺进行。

3. 号码检索

号码包括文献的编号（Number）、代码（Code）等，它们是文献信息的一些特有的外部标识。号码检索点以号码特征来检索文献信息。号码多种多样，通常用数字、字母或组合形式或以分段的方式来表示其各部分的含义。

如科技报告有报告号、合同号、拨款号等，专利文献有专利号、入藏号、公司代码等。它们各自按号码顺序，或数序、字序、混合序列检索。

检索图书和期刊时常用到两个号码：国际标准书号 ISBN（International Standard Book Number）及国际标准刊号 ISSN（International Standard Serial Number），它们分别是一种图书和一种期刊的唯一标号。

4. 其他检索

由于文献加工的细化、计算机标引的介入、新型电子文献出现等情况，形成了更多的检索点，比如文献类型、文献属性、参考文献、语种、出版年份等，提供了更多检索途径。

第二节 检索工具和检索系统

一、概述

无论是图书、期刊还是科技报告、专利文献、学位论文、会议文献等，它们都是一次文献，也就是说，它们都是著者的原始研究成果的记录。我们要查找文献，就是要查找到这些一次文献。但是，同一主题的一次文献分布广、收藏单位多、查找难，特别是随着科技文献数量的不断增加，文献管理和利用变得越来越困难。

通过长期的实践和摸索，人们研究出一些行之有效的管理方法。其中很重要的一种就是将繁杂的一次文献序化，压缩成二次文献，再编制成文献检索工具或建立文献检索系统，可满足不同用户、不同层次的检索需求。

（一）检索工具

所谓检索工具，是指用以报导、存储和查找文献线索的工具，是附有检索标识的某一范围文献条目的集合，属二次文献。

检索工具通常以书本或卡片集合形式出现，用自然语言或准自然语言描述信息特征，采用手工方式进行检索。各类检索分别由其对应的检索工具来完成，包括事实检索工具、书目检索工具和文摘索引工具。如检索期刊、书目、索引、卡片目录等。

检索工具的结构较简单，以纸质为记录材料和存储设备，检索功能也相对较弱，依靠手工检索进行信息的比较选择。

（二）检索系统

检索系统由一定的检索设备、经加工整理并存储于相应载体上的文献集合及必要设备共同构成，具有存储和检索功能。

检索系统以非纸质介质存储检索文档，用机器语言或机器可读语言表示信息，依靠某种匹配机制来筛选相关信息，功能强弱与构造和设备的先进性密切相关。检索系统由多个子系统或模块构成，需借助计算机进行检索，是在手工检索基础上逐步发展而成的，是信息检索自动化的必然产物。

与检索工具分别对应的计算机检索系统的数据库包括事实数据库、书目数据库和文摘索引数据库。事实检索数据库一般属源数据库（Source Database），而目录和文摘索引数据库则属参考数据库（Reference Database）。

我们通常所说的检索工具或检索系统，它们的基本作用没有严格区别，都能起到文献信息的存储和检索作用。

二、检索工具的功能

按文献信息检索的内容，检索工具的功能包括事实检索、目录检索、文摘索引检索。事实检索给出直接、确定的检索结果；目录、文摘索引检索是间接的、相关检索，指引原始文献的线索。文献检索的最终目的通常是获取原始文献，各类检索在检索流程各个环节上起自己的作用。

（一）事实检索

事实检索是对包括事实（Fact）、数值（Numeric Data）与全文（Full - Text）的检索，提供原始信息，给出直接、确定的答案。它回答的问题诸如：

"我国最近一年在《SCI》上被收录的文献量是多少？"

"有哪些海外华人得过诺贝尔奖？"

事实检索的书本型工具称作参考工具书，它们有字词典（Dictionary）、百科全书（Encyclopedia）、年鉴（Annual，Yearbook，Almanac）、手册（Handbook，Manual）、名录（Biography）及书目指南（Directory）等。详细介绍参见第七章第二节。

事实数据库强调具体数据和原始资料的自足性。源数据库类型多、结构各异、动态性强、检索方便、使用频繁，是当今发展最快的一类数据库。

（二）目录检索

目录形式多种多样，可进行如下划分：

（1）按性质划分：登记书目（反映出版、馆藏情况），科学通报书目，推荐书目，书目之书目等。

（2）按其涉及的学科范围划分：综合书目，专科书目、专题书目等。

（3）按其涉及的时间范围划分：回溯书目、在版书目、新书书目等。

（4）按其收录的文献类型划分：图书目录、报刊目录、资料来源目录等。

（5）按其涉及的地域划分：国家书目、地方文献书目、联合目录和馆藏目录等。

（6）按媒体划分：卡片目录、书本目录、磁带目录和机读目录等。

信息用户经常使用的目录有馆藏目录、联合目录、机读目录等。

1. 馆藏目录

馆藏目录是为揭示图书馆所收藏的文献而编制的。馆藏目录能提供文献的馆藏地点、馆藏状况、可借阅情况等馆藏（Collection，Holding）信息。这是用户最终获得原始文献（一次文献）的关键数据。

2. 联合目录

联合目录（Union Catalog）是多个图书馆或信息中心合作出版的馆藏目录，反映这些合作、参与单位的收藏情况。如我国出版的《中国西文连续出版物联合目录》是较早收集和报道我国主要图书馆收藏的西文期刊的联合目录。

3. 机读目录

书本型的卡片目录正在消亡，而被机读目录 MARC（Machine Readable Catalog）取代，直接面向广大用户的网络版书目是联机公共检索目录 OPAC（Online Public Access Catalog）。在网络环境下，世界上许许多多图书馆被连接起来，用户在联网的一个计算机终端登录就能直接检索到这些图书馆的馆藏情况。

（三）文摘索引检索

文摘索引检索提供相关参考文献的线索，包括文献来源出处（Source），也常带有文献的内容摘要。文摘索引检索工具有：

（1）按报道的学科范围有综合性和专业性检索工具。

（2）按取材范围有多种出版物类型和单一出版物类型的检索工具。

（3）按著录方式有题录型和文摘型检索工具。

（4）按媒体有书本型、电子型检索工具等。

文献条目中的来源出处中有刊名及其卷、期序号，或有会议（录）名及其出版信息等，据此来获取期刊论文、会议论文等全文。这是一个多环节的溯源过程。

三、检索工具的类型

按照不同的标准，文献检索工具可分为不同的类型，其中最重要的分法是按文献著录的特点划分。著录是对文献的外部特征和内容特征进行分析、处理和记录的过程，根据著录条目的内容和揭示文献的深度不同有四种检索工具：目录，题录，文摘和索引。

（一）目录

目录（Catalogue）也称书目，是最早的一种检索工具。通常以完整的出版单位或收藏单位为著录的基本单位，以“本”、“种”或“件”（Item）为报道单位，如一种图书、一件科技报告。对一批相关文献外部特征的揭示和报道，是有序的文献清单（List）。

目录对文献的描述较简单，只记录文献的外部特征，如名称、著者和出版事项等，按分类或字顺编排。例如《全国新书目》、《全国总书目》、《全国报刊简明目录》等都属于目录型检索工具。

（二）题录

题录（Title）报道和揭示单篇文献的外部特征，是在目录的基础上发展起来的一种检索工具。题录与目录的区别在于著录的对象不同。目录的著录对象是机构出版物，而题录的著录对象是单篇文献，一般是内容上独立的文献单元，如一篇文章或书中某一部分、某一章节。美国《化学题录》、《全国报刊索引》、《中文期刊数据库》就属于题录型检索工具。

题录在揭示文献内容的深度方面比目录做得深入一些，但比文摘款目浅。其特点是报道速度快，覆盖面较大，多用于查找最新文献，常作为文摘型检索工具的先导和补充。

（三）文摘

文摘（Abstracts）不仅描述文献的外部特征，而且揭示文献的内容特征。它比题录多了文摘内容。

按文摘的目的、用途、长短划分，文摘有以下几种：

（1）报道性文摘（Information Abstract）：原文内容的浓缩，包括原文的主要观点、结论、重要数据，从某个层面上可替代阅读原文。

（2）指示性文摘（Indicative Abstract）：介绍作者的写作目的、讨论的主题，不引述具体的事实、结论，指引读者阅读原文。

（3）评论性文摘（Critical Abstract）：由评论员对文献内容进行简短的分析与评介。

（四）索引

索引（Index）是对一组信息集合有系统的指引（Systematic Guide），一般只起指引特定信息内容及其存储地址的作用，是一种附属性的检索工具，通常称为辅助索引。它具有便于检索，揭示事物比较深入、全面、明细等优点。

索引按不同标准可划分为许多不同的类型，常见的索引是主题索引和著者索引。主题索引又可细分为主题索引、分类索引、关键词索引、引文索引。

在手工检索工具中，索引通常由3部分组成：标目（Heading），说明语（Modification），存储地址（Location）。其中，标目和存储地址是必有成分。

（1）标目（标识）/索引词：标目是索引条目所指示的文献的某方面特征，按其属性值即关键字（Key）大小排序，其属性值如作者姓名、主题词等。

（2）说明语：说明或注释标目含义。其形式有：文献名或经过压缩改写的文献名，根据文献内容编写的短语、关键词、术语等。它们对文献内容作简明的介绍，放在索引条目的中间部分。通过索引所指示的地址，可以找到相关文献条目。

(3) 存储地址：属性值对应的特定信息内容在文献集合中的地址。手工检索工具中，存储地址很多是文摘号、页码或流水号等，也可能用文献信息的某个特征成分，比如《SCI》中的作者名。

不同的标目系统构成不同的索引，比如主题词作标目的就是主题索引，作者名作标目的就是作者索引。

索引在检索系统中占有重要位置，手工检索工具中索引补充了正文以外的检索点，常有若干个。而现代计算机检索系统则是通过各种索引来实现检索的。在计算机检索系统中，索引由倒排文档通过连接来实现。

四、检索工具的结构

（一）手工检索工具

手工检索工具又称传统检索系统或印刷型手工检索工具。其主要类型有各种书本式的目录、题录、文摘和各种参考工具书等。检索人员可与之直接“对话”，具有方便、灵活、判断准确、可随时根据需求修改检索策略、查准率高的特点。但由于全凭人的手工操作，检索速度受到限制，也不便于实现多元概念的检索。

尽管手检工具内容千差万别，种类繁多，结构各异，复杂性也各不相同，但在基本组成方面则一致。典型的手工检索系统由说明、主体、辅助索引和附录四部分组成，详见第七章第一节。

（二）计算机检索系统

计算机检索系统是由计算机技术、电子技术、远程通信技术、光盘技术、网络技术等构成的存储和检索信息的系统。存储时，将大量的各种信息以一定的格式输入到系统中，加工处理成可供检索的数据库。检索时，将符合检索需求的提问式输入计算机，在选定的数据库中进行匹配运算，然后将符合提问式的检索结果按要求的格式输出。

现代意义上的数字图书馆系统就是典型的计算机检索系统，它包含了信息的采集、加工、组织、存储、管理、发布和检索等诸多方面及其相应设备。其主要特点是：检索速度快，能大大提高检索效率，节省人力和时间；采用灵活的逻辑运算和后组式组配方式，便于进行多元概念检索；能提供远程检索。

对于计算机检索系统来说，它同样拥有手工检索工具的说明、正文部分、辅助索引和附录4项，而且它的辅助索引部分要比手工检索系统多得多。文献数据库出现较早，数据结构比较简单，记录格式比较固定一致。书目型数据库由字段、记录、文档等构成。表2-2从结构上将手检工具和机读数据库进行了对比。

下面以文献书目数据库的基本结构为例进行介绍。

1. 字段

字段（Field）是书目数据库中的基本数据单位，用于描述事物的某一属性。字段与文献记录中的著录项相对应，包括文献号字段、题名字段、作者字段、会议字段、出版字段、语种字段、文摘字段、主题词字段、分类名（号）字段等。各字段有其自己特殊的标识符，其内容称作字段值（Field Value）或属性值（Attribute Value）。

表 2-2　手工检索工具与计算机检索系统的结构对比

内容组成 \ 系统	手工检索工具（印刷型出版物）	计算机检索系统（机检数据库）
使用指南	说明、样例：正文前部分（内容、范围、适用对象、出版情况）	Help、F1、Tip 等提示
正文部分	正文部分：篇名、著者、来源出处、文摘等	主文档（顺排文档）：记录、字段
索引部分	辅助索引：正文后部分（主题索引、著者索引、分类索引等）	索引倒排文档：基本索引文档、辅助索引文档
主题词表 分类表	主题词表 分类表	主题索引 分类索引
其他	附录：正文后部分	附表

2. 记录

记录（Record）由若干个字段组成，它是机器可存取的基本单位。顺序记录在磁带上供计算机去读的书目数据是格式化的，称作磁带格式或记录格式，用于数据资源的交换与共享。因为格式规范，程序便能准确地识别每条记录及其数据著录项内容。记录包括头标（Leader）、目次（Directory）、数据区（Data Field）及记录分隔符。

记录有逻辑记录（Logical Record）和物理记录（Physical Record）之分。逻辑记录与存储环境无关，它是把一些在逻辑上相关的数据组织到一起的数据集合，是面向用户的记录，相对于手检工具中的一个条目。物理记录则是指硬件设备上的一个基本存储单位，是计算机内存与外存间进行数据交换的基本单位。

3. 文档

文档（File）也称文件，是由大量性质相同的记录组成的集合。它是书目数据库和文献检索系统中数据组织的基本形式，包括顺序文档和倒排文档。

（1）顺序文档（Sequential File）。顺序文档中的全部记录按录入顺序存放，记录间的逻辑顺序和物理顺序一致，为线性文档（Linear File）。顺序文档的存取根据记录的序号或相对位置进行。

顺序文档构成数据库的主体部分，是书目数据库中的主文档（Master File）。主文档与手工检索工具的正文部分相当，但它不提供检索点，主题词等特征标识呈无序状态，需有辅助索引配合。

（2）倒排文档（Inverted File）。倒排文档把顺排文档中各个记录的某些字段分别提取，按某种顺序重新组织，制成各种辅助索引表。倒排文档是以文献的属性为处理和检索单元。

不同类型的字段组成不同的倒排档，如作者倒排档、主题词倒排档，如同手工检索工具的作者索引、主题索引这样一些辅助索引。地址指针（Address Pointer）相当于地址号码，指向主文档，以检出相关记录。

4. 主题词表、分类表及其索引

按主题词字顺排序的倒排文档即主题倒排档，也称词典文档。在计算机检索中，可借助对应的手检工具的主题词表、分类表，或者直接使用主题词索引（Subject Term Index）或分类号索引（Classification Code Index）文档。主题词索引本身就包括了主题词表的全部内容，分类（号）索引同样包含了分类表的全部。

5. 使用指南

在计算机系统中为指导用户正确执行检索操作，常用“帮助”（Help）命令或 F1 等功能键，及 Tip，Hint，Example 等连接提供使用说明及检索样例。它的作用与手检工具的用户使用指南是同样的，随时提供及时有效的帮助。

第三节 检索语言与检索词表

人们在社会生活中必然要学习运用自然语言，学计算机必须掌握各种程序设计语言，同理，学信息检索就必须对“检索语言”有较为深入的理解。

一、检索语言的类型、特点和作用

信息检索语言（Information Retrieval Language）是应文献信息的加工、存储和检索的共同需要而编制的人工语言，用来描述文献主题概念和检索课题概念，沟通检索系统内从信息存储到信息检索的整个过程，是组织、交流和利用文献信息的工具。

检索语言在信息检索中起着极其重要的作用，它是沟通信息存储与信息检索两个过程的桥梁。在存储过程中，用它来描述信息的内容和外表特征，形成检索标识。在检索过程中，用它来描述检索提问，形成提问标识。当提问标识与检索标识完全匹配或部分匹配时，结果即为命中文献。因此，掌握检索语言是掌握检索技能的基础。

（一）**检索语言的类型**

检索语言的种类很多，不同的检索语言构成不同的标目及其索引系统，提供各种检索点。

1. 按文献信息的特征分类

检索语言按文献信息的特征可分为描述信息内容特征的语言和描述信息外部特征的语言，如图 2-3 所示。

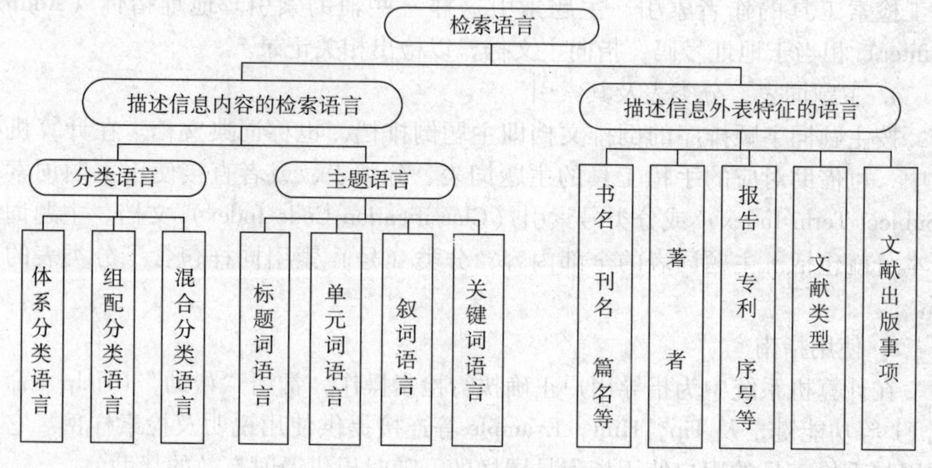

图 2-3　检索语言分类

文献信息的内容特征是指表征文献实质意义的特征。与外表特征语言相比较，描述文献信息内容特征的检索语言在揭示文献特征与表达检索提问方面更具深度。

文献信息的外表特征一般不反映文献实质意义。表达文献外部特征的检索语言主要是指文献的篇名（题目）、作者姓名、出版者、报告号、专利号等。

2. 按检索语言规范的情况分类

检索语言按检索语言规范的情况可分为自然语言（非规范化语言）和人工语言（规范化语言）两类。

（1）自然语言。自然语言未经加工整理和规范，即我们平常采用的关键词、任意词、自由词作为检索词。自然语言是取其自然形态，使用非规范词（Uncontrolled Term）或称自由词（Free Term）。自然语言极其丰富、复杂和多样，存在着一词多义、多词一义及词义交叉的现象。常见的有同义词、近义词、同型异义词等，如：高校、高等学校；英语演讲、演讲英语。

自由词有较大的灵活性，使用随意，专指性强，查准率高。它能及时地反映最新出现的词汇，在全文检索中独领风骚。大容量、高速、高性能的计算机检索系统的自动标引，使得自由词的全文检索，即自由文本检索（Free-Text Search）占的比例越来越高。自然语言的缺点是由于它不规范，缺乏对词汇的控制能力，也无法指示概念之间的关系，影响检索效率。

（2）人工语言。人工语言经过规范化处理，规定一词一义，如标题词语言、叙词语言等。

人工语言的规范处理重在两个方面：一是规范同义多形，即同义词、近义词的优选，使一个概念选择一个词汇表达，避免多词一义；二是规范同形异义，即对多义词限制说明，使一个标引词表达一个概念，排除一词多义。此时需要附带必要的限定和注释。比如“飞机”这一概念，英语词汇有 plane，airplane，aero plane，aircraft 等同义词，规范就是选定其中最适合的一个词汇来标引这一概念。如果选定 aircraft 一词，则其余词均为非规范词，在使用 aircraft 规范词来检索时，其结果将包含所有有关飞机这一概念的文献，而不管这些文献中是否出现 aircraft 这个词。

规范词语言采用特定词汇来网罗、指示宽度适当的概念，供检索选择。用户在检索时可省略对其概念的全部同义词或近义词的考虑，也避免了这些词在输入时的麻烦和出错，它提供了一种高效、避免漏检、误检的查找。在检索中普遍使用规范语言及其词表。凡有规范词表的检索工具，在主题检索时首选规范词检索。

3. 按检索语言的词汇组配方式分类

按检索语言按词汇组配方式可分为先组式语言和后组式语言。

（1）先组式（Pre-Coordination）语言。先组式语言是指在检索实施前已事先组配好的一种检索语言，用户只能用这种已经固定好的检索词组形式去完成检索，比如标题词语言。它有较好的直接性和专指性，但灵活度差。

（2）后组式（Post-Coordination）语言。后组式语言是指在检索实施前未事先组配好的、以单元词等形式出现的一种检索语言。检索时将它们临时组配起来，表达一定的概念，来完成检索。后组方式更灵活，在计算机检索中得到了广泛应用。

（二）检索语言的特点

检索语言与其他语言相比，突出的特点是：

（1）具有必要的语义和语法规则，能准确地表达科学技术领域中的任何标引和提问的中心内容和主题。

（2）具有表达概念的唯一性，即同一概念不允许有多种表达方式，不能模棱两可。

（3）具有检索标识和提问特征进行比较和识别的方便性。

（4）适用于手工检索和计算机检索。

（三）检索语言的作用

检索语言的作用主要体现在如下几个方面：

（1）标引文献信息内容及其外表特征，保证不同标引人员表征文献的一致性。

（2）对内容相同及相关的文献信息加以集中，或揭示其相关性。

（3）使文献信息的存储集中化、系统化、组织化，便于检索者按照一定的排列次序进行有序化检索。

（4）便于将标引用语和检索用语进行相符性比较，保证不同检索人员表述相同文献内容的一致性，以及检索人员与标引人员对相同文献内容表述的一致性。

（5）保证检索者按不同需要检索文献时，都能获得较高的查全率和查准率。

二、体系分类语言和主题语言

在信息的标引存储和检索应用过程中，目前应用得最广的是体系分类语言、叙词语言和关键词语言。

（一）体系分类语言

体系分类语言是用分类法来表达各种文献的概念，并将各种概念按照学科、专业性质进行分类和系统排列，并以分类表来标引、存储和检索信息。

1. 体系分类语言的优点

（1）具有学科的系统性，能达到较高的查全率。

（2）具有等级结构，能形象、准确地反映事物的平行、隶属和派生关系，符合人们认识事物的习惯，有利于从学科或专业的角度进行族性检索，又便于扩大或缩小检索范围。

（3）既适用于组织检索工具和检索系统的目录，又适用于组织图书资料的分类排架。

（4）用分类号检索，不受文种限制。

2. 体系分类语言的缺点

（1）具有相对稳定性，难以及时增设新兴学科的类目，不能及时反映新学科、新技术、新理论方面的信息，对检索结果的查全率和查准率有一定的影响。

（2）分类表属直线性序列和层垒制结构，难以反映因科学技术交叉渗透而产生的多维性知识空间。

（3）从分类途径检索时，必须了解学科门类。

尽管如此，体系分类语言仍然广泛地应用于信息的存储与检索。目前，国际上通用的体系分类表有《国际十进分类法》（简称 UDC），国内通用的体系分类表有《中国图书馆图书分类法》（简称《中图法》）。

3.《中图法》第 4 版分类体系组成及结构

该分类法 1975 年问世，不仅广泛应用于图书分类，而且还被用于编制目录、索引、文摘、百科全书、专科词典等工具书。《中图法》由基本部类和基本大类、简表、详表、通用复分表组成。

基本部类，又称基本序列，由五大部类组成。基本大类，又称大纲，是在基本部类的基础上展开的第一级类目，由 22 个大类组成，见表 2-3。

表 2-3　《中图法》基本部类和基本大类表

基本部类	基本大类
1. 马克思主义、列宁主义、毛泽东思想	A. 马克思主义、列宁主义、毛泽东思想、邓小平理论
2. 哲学	B. 哲学、宗教
3. 社会科学	C. 社会科学总论　D. 政治、法律　E. 军事　F. 经济　G. 文化、科学、教育、体育　H. 语言　I. 文字　J. 艺术　K. 历史、地理
4. 自然科学总论	N. 自然科学总论　O. 数理科学和化学　P. 天文学、地球科学　Q. 生物科学　R. 医药、卫生　S. 农业科学　T. 工业技术　U. 交通运输　V. 航空、航天　X. 环境科学、安全科学
5. 综合性图书	Z. 综合性图书

简表是在基本大类上展开的二级类目表，通过简表可了解分类概貌。“工业技术”大类的简表见表 2-4。

表 2-4　《中图法》T 工业技术大类简表（二级类目表）

TB 一般工业技术	TL 原子能技术
TD 矿业工程	TM 电工技术
TE 石油、天然气工业	TN 无线电电子学、电信技术
TF 冶金工业	TP 自动化技术、计算机技术
TG 金属学与金属工艺	TQ 化学工业
TH 机械、仪表工业	TS 轻工业、手工业
TJ 武器工业	TU 建筑科学
TK 能源与动力工程	TV 水利工程

详表是分类表的主体，它依次详细列出类号、类目和注释。此处以 TP 类

"自动化技术、计算机技术"——TP3"计算技术、计算机技术"——……——"网络浏览器"说明其类号、类目展开示例，见表2-5。

表2-5 "网络浏览器"类号、类目展开示例

TP 3 计算技术、计算机技术
……
TP 39 计算机的应用
……
TP 393 计算机网络
……
TP 393.0 一般性问题
……
TP 393.09 计算机网络应用程序
……
TP 393.092 网络浏览器
网址资源、WWW、Netscape、主页制作等

复分表是对主表中列举的类目进行细分，以辅助详表中的不足。通用复分表由总论复分表、世界地区表、中国地区表、国际时代表、中国时代表、世界种族与民族表、中国民族表和通用时间、地点表组成，附在详表之后。

4. 国外主要分类法简介

国外文献分类法的种类很多，但至今还在使用并有很大影响的，主要有以下两种：

（1）杜威十进分类法（Dewey Decimal Classification，DDC）。1876年美国人维尔·杜威创立了十进分类法，该种分类法由大类、门、纲、目、子目等组成。它把所有学科归纳成10大类，每个大类都用3位阿拉伯数字来标记。每一个大类下再分为10门，每门下设有10纲，纲以下还可以再分为目，目下可分子目，依此可无限细分下去。

（2）国际十进分类法（Universal Decimal Classification，UDC）。国际十进分类法是在杜威十进分类法的基础上发展起来的，是当前世界分类法中列类最为详细的一个分类体系，为世界各国分类科技文献所通用，也是当今国外图书情报界流行或影响较大的分类法。

UDC把人类的全部知识划分为10大门类，每一类下，按照从整体到部分、从一般到特殊的原则逐级细分为大纲、纲下划分为目、目下划分为分目。UDC采用阿拉伯数字为主表符号，同时也采用多种符号和数字组成复分号和辅助号。号码配制原则是尽可能地用号码的级位反映类目的隶属关系，一级类目1位数字，二级类目2位数，三级类目3位数，依此类推。

此外，还有美国国会图书馆图书分类法、冒号分类法、中国人民大学图书分类法、中国科学院图书馆图书分类法等。

（二）主题语言

文献检索中所说的主题是指文献作者要传达给读者的思想或概念。所谓主题语言，就是利用自然语言的词语来表达文献的主题概念，并按词语字顺排列组织文献的一种检索语言。

用来描述主题概念的词语称为主题词，把主题词按照一种便于检索的方式编排起来，就是主题词表。它避免了检索提问中的有可能出现的同义词、近义词、反义词之间的语义关系，展示了同一族系中各主题词的语义等级结构，限定了较含糊主题词的含义或确定其意义与范围。一部主题词表通常包括字顺表、范畴表、词族表等几个部分。

主题语言分为关键词语言、单元词语言、标题词语言、叙词语言等，它们有不同的主题词表。主题词表达概念时，在主题词表中通过参照系统来指示词汇之间的关系。

1. 关键词语言

关键词（Keyword）语言是自然语言，直接取自文献的题名、文摘或全文。除了禁用词（Stop-Term），如冠词、介词、副词或连词外，凡在概念上有意义的词都可用作关键词，它确保检索用词与文献记录中的词汇完全一致。

关键词有词表，一般按字顺排序，由关键词作索引标目的就是关键词索引。这些关键词也可以组配，比如《科学引文索引》中的“轮排主题索引”，就是由文献题名中提取的关键词两两组合而形成的标引语言。

2. 单元词语言

单元词（Unit-Term）语言是规范语言，它是一种最基本的、不能再细分的单位词语言。单元词也称元词，它能独立表达某一概念。元词语言属后组语言，它将一些元词在检索执行时组合起来使用。比如“科技”和“文献”分别表达两个独立的概念，它们组合成“科技文献”而又形成一个复合概念。元词强调单元化词的组配，仅限字面组配。

单元词表比较简单，简单的单元词表只有一个字顺表，较完备的单元词表则由一个字顺词表和一个分类词表组成。单元词字顺表包括全部单元词和大量非单元词，非单元词列在单元词条目下，或有参照指向。单元词检索具有灵活、自由的组配方式。

3. 标题词语言

它以规范化的自然语义作为标识，来表达文献论及或涉及的主题，并将全部标识按字母顺序排列。表达主题的词语称为标题词（Subject Heading）。收集、汇总、编排标题词的工具书，称为“标题词表”。标题词表是标引文献和检索文献的共同依据。如美国《工程索引》（The Engineering Index）就是一种使用标题词标引文献概念的检索工具。

4. 叙词语言

叙词语言是在前面几种检索语言的基础上发展起来的一种后组式规范语言，它克服了元词与标题词的缺陷而又吸取了体系分类语言的优点。

（1）叙词语言中的词族表，具有体系分类语言的等级关系。

（2）叙词（Descriptor）和元词一样都有组配原理，但前者为概念组配，后者为字面组配。例如用“数学”、“力学”与“物理学”可组配成“数理科学”。概念组配在计算机检索中常用“布尔逻辑提问式”来表达，即通过逻辑关系式符号将有关叙词组配成逻辑积、逻辑和、逻辑非等提问式，以表达检索的主题内容。详细内容和使用方法见本章第四节。

（3）有关键词语言的轮排作用。

（4）具有标题词语言的规范化处理方法和参照系统，一词一义，词与词之间含有逻辑关系，形成语义网络。该网络经有序排列构成叙词表。

三、国内外著名词表

中外几种主要的检索词表包括：《INSPEC 叙词表》、《Ei 叙词表》、《工程标题词表》、《美国国会图书馆标题词表》、《汉语主题词表》、《中国分类主题词表》等。关于词表，本课程的先导课程“信息组织”已进行了详细阐述，下面对它们作一简要介绍。

（一）《INSPEC 叙词表》

《INSPEC 叙词表》（INSPEC Thesaurus）是《科学文摘》（Science Abstracts）检索工具配套使用的规范词表，它由英国电气工程师协会编辑出版。书本型词表的全表分为字顺表和等级表两部分。在 INSPEC 数据库中可获得对应的电子版字顺表。

字顺表（Alphabetic Display of Thesaurus Terms）按其所收录的词汇的字母顺序编排，表中叙词为黑体字，每个叙词下有若干可参照的相关词汇，有专门的参照项标识来表示它们的关系，这些参照项均采用大写黑体缩略形式。

等级表（Hierarchical List of Thesaurus Terms）按族首词的字顺排列，每个族首词由上而下逐级列出其下位、下下位词，级别由增加点数来表示。

（二）《Ei 叙词表》

《Ei 叙词表》（Ei thesaurus）的结构格式和《INSPEC 词表》类似。

（三）《工程标题词表》

《工程标题词表》（The Engineering Index，SHE）由美国工程信息公司编辑出版，它是和《工程索引》（Ei）检索工具配套使用的规范词表。在 1987 年修改补充的基础上，1990 年又作了新的修订，之后定名为《Ei Vocabulary》。

其标题词由两级构成：主标题词（Main Heading，Heading）及副标题词（Subhead），它们有主从关系。主标题词全部大写，副标题词首字母大写。

1. 主标题词

主标题词表达概念、产品、过程、特征、材料等主题内容，使用名词、动名词，以单元词或复合词的形式出现。如：MANOMETERS（名词），BORING（动名词），ROCKETS AND MISSILES（并列式），SUGAR FACTORIES（复合式），PLASTICS，REINFORCED（倒置式）。

（1）叙式标题词：有名词、动名词、并列、复合词组构成，各自独立但互相又有联系的事物、概念用“and”组合起来，构成并列式标题词。

（2）倒置式（Inverted Word Order）标题词：是把修辞放到主题词之后，中间用逗号分隔，形成一种与常规表达相倒置的形式。这样做是便于同类概念（词素）的词汇相对集中。如上例中的“PLASTICS，REINFORCED”一词，我们知道塑料有多种品种，倒置就使各种类型的塑料集中组织到词表的一个地方，不至于因为按字顺排序而被不同的修辞分散到词表的各处去。

2. 副标题词

副标题词起对主标题词进行限定和修饰的作用，表达主题的某一方面的特征，比如应用、现象、环境、制作、性能、地理位置等。除了专用副标题词外，SHE 有通用副标题词表，包括：

“General Use Subheadings Arranged Alphabetically”（按字顺排）

“General Use Subheadings Arranged by Category”（按类目排）

这些通用副标题词不再出现在 SHE 主词表中，只要合适，它们可以和主词表中的任一词配合使用，体现其通用特性。比如：control，models，research，testing 等词有明显的通用性。另外，国家名称也可作副标题词。

SHE 词表中全部标题词按字顺编排，标题词下的副标题词再按它们的字顺排序。

从 Ei 数据库可获得相关的电子版词表，其主副关系用“ - ”号连接，倒置式关系词两两中间有逗号。

（四）《美国国会图书馆标题词表》

《美国国会图书馆标题词表》（Library of Congress Subject Headings，LCSH）是较通用的规范词表，每年修订，有若干分册，最后一个分册是索引。它按规范词和非规范词的字顺排列，综合有标题词表与叙词表的特征，既使用采用参照项表示与主题词有语义关联的关系词，又使用主副标题词结构形式。

（五）《汉语主题词表》

《汉语主题词表》是通用的汉语叙词表，分为自然科学和社会科学两个部分。自然科学部分在1996年作了修订，它有5个分册，共收录8万多主题词条目，包括正式和非正式主题词。它由主表和附表组成。

《汉语主题词表》一、二分册是其主体部分，称主表。它将全部正式（规范）与非正式（非规范）主题词按汉语拼音顺序排列。该表是标引和检索汉语文献、组织目录的主要工具。主题词条目的结构中，条目主题词的参照项是根据词之间的关系（如等同、分属、相关等）建立的。

第三、四、五分册为附表部分，包括词族索引、范畴索引、英汉对照表、轮排索引。

（六）《中国分类主题词表》

《中国分类主题词表》由华艺出版社于1994年6月出版。它是一部大型综合性的分类语言和主题语言兼容的文献标引工具，是一种新型的情报检索语言。

词表共收录分类法类目5万多个，主题词（串）21万多条，包括社会科学和自然科学各学科领域的主题概念。词表共分2卷、6个分册，第一卷有个两个分册，是“分类号－主题词对应表”，第二卷有4个分册，是“主题词－分类号对应表”。

（1）“分类号—主题词对应表”部分以《中国图书馆图书分类法》（第3版）为主体，在类目下列出对应的《汉语主题词表》的主题词。

（2）“主题词－分类号词表”部分以《汉语主题词表》的字顺表为主体，并增加大量主题词串，在主题词（串）下列出相关的《中国图书馆图书分类法》的分类号。

《中国分类主题词表》将中国图书馆图书分类法类名和汉语主题词对应起来，提供文献标引和检索的便利。

第四节　检索提问式的制定

检索提问式（Query Formula Profile Statement，简称检索式）是指计算机信息检索中表达用户检索提问的逻辑表达式，由检索词和布尔逻辑算符、位置算符、截词算符、检索字段符以及系统规定的其他连接组配符号组成。提问检索式是一个既能反映检索课题内容，又能被计算机识别的式子，是计算机检索的依据和检索策略的具体体现。

制定检索提问式的首要任务是：研究、分析课题所包含的学科、专业、概念、事物及其相互关系，注意捕捉隐含的概念和相关事物，排除无关的概念。正确、全面地分析课题是检索成功的基础。把课题中分析出来的概念、语词或符号以检索词的形式表达出来，用适当的逻辑算符、位置算符、截词算符以及检索字段符等组成合适的检索式。

本节通过大量实例，从检索词的确定、常用算符的使用、检索式的构造等方面，详细介绍计算机检索中制定检索提问式的技巧。

一、检索词的确定

检索词用于描述信息系统中的内容特征、外表特征和表达用户信息提问，是构成检索提问式的最基本的单元。不论机检还是手检中，选择合适的检索词至关重要，是保证文献查全率和查准率的基础。

选择检索词要注意题目中隐含的概念和相关事物，不要只对检索词进行字面上的组配，要对选定的检索词进行概念组配，才能准确地体现题目的内涵。

例如，检索有关“计算机容错技术”方面的文献，要完整地表达它的意思就要同时用容错技术、计算机、软件 3 个概念，其检索式为“fault ( ) tolerance * computer * software”或“容错技术 * 计算机 * 软件”。

再如，检索有关“药溶仪自动取样器”方面的文献，该题目中的药溶仪是用来测定药物在一定时间内在水中溶解度大小的，描述该题目完整的意思要由自动取样器、药物和溶解 3 个检索词来表达，其检索式应为（autosampler ?? + automated ( ) sampling ( ) apparatua ??) * (dissolution + solution) * (pharmaceutical + pharmic)。

在计算机检索中，时常出现同一课题、同一数据库，因检索词不同导致检索结果大相径庭的情况。

（一）检索词的类型

计算机检索用词可分为主题词、半主题词、自由词。

(1) 主题词通过主题词表控制，它们在各种主题词典中可以查到。

(2) 自由词属于自然语言，是论文题目、文摘、正文中出现的词。

(3) 半主题词介于两者之间。它们在主题词典中没有位置，不是规范化的。

如用“YH－80 steel”在英国“科学文摘”数据库中检索，可查得文献 12 篇。在该库主题词表中查不到这个词，但在文献著录项目第 13 项“IDENTR”中可以找到。

有的检索系统，可以使用主题词检索，也可以使用自由词检索，如美国 DIALOG 系统、北京文献服务处情报检索系统。有的数据库使用主题词检索，如美国“政府研究报告索引”、“世界专利索引”等；有的数据库使用主题词和半主题词检索，如英国“科学文摘”等；有的数据库使用自由词检索，如“中国专利索引”、“美国军用标准”等。使用主题词检索时，主题词典和数据库要相互对应。如“世界专利索引”数据库使用《世界专利索引——规范化主题词表》，英国“科学文摘”数据库使用《INSPEC 主题词典》，中国国防科技信息中心馆藏库使用《国防科学技术主题词典》等。

（二）隐性主题的选择

隐性主题就是在文章或题目、文摘中没有文字表达，经过分析、推理得到的有检索价值的概念。

例如，有关“人力泵”的检索。人力泵是题目中已有的词，称显性主题。表达人力泵的概念还有手摇泵、脚踏泵等。这里手摇泵、脚踏泵就是隐性主题。它们具有相同的检索价值。该题如果不引入隐性主题，直接检索：man power pump（人力泵）检索结果命中文献0篇，引入隐性主题“hand，pump-feet * pump（手，泵+脚，泵）”查到文献12篇。这充分说明隐性主题在该检索中的效果是很明显的。

隐性主题获得方法有：

1. 从主题词表中获得

主题词表是文献标引和文献检索共同使用的、由自然语言向人工控制语言过渡的专用工具书。主题词表不但能把自然语言主题概念转换成检索用主题词，而且也能提示引导我们选择有关隐性主题词。主题词表是我们获得隐性主题的主要途径和常用工具。

主题词表可分为两类：

第一类是比较系统的词表，如《INSPEC主题词典》、《国防科学技术主题词典》、《汉词主题词表》等。这类词典或词表一般有字顺表、词族表、索引等。在字顺表中，每个主题词款目中列出了各种词间关系——属、分、参等。词族表和词间关系是查找隐性主题的重要组成部分。

例如，检索“耐热合金”方面的文献。在《国防科学技术主题词典》中，在查得heat resistant alloys（耐热合金）的同时，又查到了该词的下位词heat resistant steels（耐热钢），nimonic alloys（镍铬钦耐热合金），molybdenum alloys（铝合金）；上位词heat resistant materials（耐热材料）。这些词共同参与检索，可有效地提高文献查全率。

第二类主题词表如“GRA主题词表”、“世界专利索引—规范化主题词表”，只有字顺表，也没有列出词间关系。这些词表不能扩大选词范围。

2. 通过课题讨论或向专家咨询

有的重要技术内容在题目和摘要中没有披露，有时可通过课题讨论或向专家咨询来发现，常体现在科技查新过程中。

例如“飞机应急救生呼吸用固体化学氧气发生器”检索课题。向专家咨询得知，氯酸钠是该氧气发生器的主要化学成分，是重要隐性主题。用氯酸钠（sodium chlorates）和其他词组配检索，查得美国NASA报告“飞机应急用氯酸钠氧气系统”和AD报告“氯酸钠化学氧气发生器”等多篇相关文献。

3. 内容概念转化

有的课题需要进行内容概念转化，才能取得较好的检索效果。如“隐身材料”可转化成“能吸收雷达波的材料”，“锉推进系统”可转化成“水下推进系统”或“鱼雷推进系统”。

关于内容概念转化可从以下几方面考虑：

(1) 相反转化。有的课题正面检索效果不理想，检索其反面内容，效果很好。

例如“喷涂环境的净化”检索课题。采用检索式：“spray coating * environment * clean”（喷涂 * 环境 * 净化），没有查到有关文献。若改变检索策略，检索“喷涂环境的污染”，改用检索式“Spray coating * ollution”，可查到 18 篇文献，其中 11 篇涉及消除污染的方法和措施。净化与污染是一种事物的两个方面，它们具有对立统一的性质。可以看出，利用相反内容概念转化解决检索中难题，是合情合理的。

(2) 相似转化。这是指在内容和条件近似的概念之间进行转化。

例如“航天器载计算机”检索课题。除检索直接内容外，还可以检索“导弹载计算机”，因为导弹计算机和航天器计算机有很多共同点，都要求重量轻、体积小、可靠性高、耐冲击和震动。

(3) 整体向部分转化。有的课题检索范围太大，效果不理想，可适当缩小范围进行检索，这就是所谓的整体向部分转化。

例如，某一情报检索单位在为用户检索“喷气发动机焊接”文献资料时，用户提出检索式“jet engines * welding”，结果检索命中文献 0 篇。当他们与用户进行了充分讨论后，得知检索意图不是喷气发动机整体焊接，而是发动机叶片的焊接，按此意检索查得文献 12 篇。后来又进一步了解到，发动机叶片的材料由镍合金组成。他们建议再检索“镍合金焊接”，获得文献 68 篇，用户反映其中 20 篇有参考价值，一篇与课题密切相关，用户十分满意。这是一个“整体—部分—成分”转化的典型案例。

(4) 部分向整体转化。与整体向部分转化相反，为了扩大检索范围，提高检索效果，有时需要检索整体的内容，以便满足要求。

例如，某一情报检索单位在为用户检索“头锥顶尖红外辐射”文献资料时，按用户提出的检索式“nose tips * infrared radiation”查得文献 1 篇。他们认为命中文献太少，建议再检索“导弹红外辐射”，结果命中文献 8 篇，用户反映其中 4 篇有较大参考价值。头锥顶尖实际就是导弹头部的局部。这是部分向整体转化的实例。

从上述几种案例分析可知，内容概念转化的实现主要依靠两点：其一是检索人员必须具有广泛的专业知识；其二是了解检索对象的全面情况和真实内容。

（三）同义词和近义词的选择

同一事物有不同的名称，在汉语中有，在英语中也有。有的是习惯语，有的是科学用语，还有的是别名等。同一事物在不同文章中的名称不同，检索时如果只选择一种名称，采用其他名称的文章则会漏检，影响查全。所以，我们必须尽一切可能把同义词和近义词查全。

如有毒检测（checkout）、检查（examination）、检验（inspection）等。此外，有的词拼写不同，如颜色（colour，color）。一般情况是，英国的数据库如“科学文摘”使用英国拼法，美国的数据库如“政府研究报告索引”使用美国拼法，有时混合使用。为避免漏检，最好各种拼法全选。

例如，检索“核电厂防爆安全用氢分析器”。该课题曾在某一情报所检索，没有查到有关文献。他们的检索式为：

A. hydrogen　　氢
B. analyzers　　分析器
C. nuclear power plants　　核电厂
com A * B * C　　… 命中文献 0 篇。

由于没有查到有关文献，不可能进行分析对比，申请发明奖励被驳回，故而请求另一情报所重新检索。为了扩大检索线索，该情报所在认真分析课题的基础上，对有关主题的同义词、近义词、参见词等进行了全面分析与选择。最后选用的检索词及其组配方案如下：

A. hydrogen　　氢
　A1. air　　空气
　A2. gas　　气体
B. analyzer　　分析器
　B1. analysis　　分析
　B2. monitors　　监测器
　B3. alarm　　报警器
　B4. measurement　　测量
　B5. detection　　探测
C. nuclear power plants　　核电厂
　C1. nuclear reactors　　反应堆
com（A + A1 + A2） *（B + B1 + B2 + B3 + B4 + B5） *（C + C1）

采用上述检索式，查得文献 30 篇。其中 3 篇与课题内容密切相关，它们的中文译题是：“反应堆氢安全监测系统”，“反应堆废气系统爆炸气体混合物控制——氢和氧浓度测量仪”，“反应堆氢探测器评估”。该情报所对 3 篇文献的技术要点和课题进行了全面分析对比，其检索报告的结果如下：

(1) 文献与课题研究目的和用途相同。

(2) 采用的技术手段不同。课题采用氢光谱敏感材料为主要元件，这种方法在文献中未见报道，所以课题具有新颖性。(后来，该课题获得国家发明奖。)

将两个情报所的检索策略进行分析对比，我们可以发现：

两者的主题分析相同，都把检索概念分为 3 个要素：A * B * C（氢 * 分析器 * 核电厂），三者都是基本主题。题目中的"防爆安全"不是关键性的概念，选词时不予考虑。对此，两个检索机构完全相同。

两者的不同点是：前一情报所只考虑了基本主题，没有考虑同义词和近义词。后一情报所在考虑基本主题的同时，更重视同义词和近义词。其中 A1、A2，B1、B2、B3、B4、B5，C1 都是同义词或近义词。

(四) 上位词及下位词的选择

为了提高文献查全率，除了选择恰当主题词外，还应该选择比恰当主题词内容范围更广或更窄的主题词参加检索，否则有的文献会漏掉。

例如，"液体火箭发动机"在 GRA 数据库中检索。

不考虑上下位主题词的检索（方法 1）为：

Liquid propellant rocket engines　　液体火箭发动机，命中 838 篇

考虑上下位主题词检索（方法 2）为：

A. Liquid propellant rocket engines　　液体火箭发动机
B. hydrogen oxygen engines　　氢氧发动机
C. hydrazine engines　　肼发动机
D. rocket engines　　火箭发动机
E. solid propellant rocket engines　　固体火箭发动机
com A + B + C + (D – E)　　… 命中 2534 篇

对比分析两种检索结果，方法 1 检索查得文献 838 篇，方法 2 检索查得文献 2534 篇，获得文献篇数约为前者的 3 倍。检索式中，氢氧发动机和肼发动机都属于液体火箭发动机，是液体火箭发动机的下位主题词。火箭发动机是液体火箭发动机的上位主题词。从火箭发动机减去固体火箭发动机，余下部分就是液体火箭发动机。

可见，采用上下位主题词检索是提高文献查全率的又一重要方法。

二、常用算符的应用技巧

算符（Operator）即组配符，它们连接检索词组成检索式，表达检索策略。常用的算符有布尔逻辑算符、位置算符、截词符、检索字段符等。

(一) 布尔逻辑算符

布尔逻辑算符是由若干个单独的检索词或词组构成的逻辑组配，由逻辑与、

逻辑或和逻辑非 3 个算符组成。布尔逻辑算符主要用于把能表达主题的各个概念，按照查全率和查准率的要求，用逻辑算符连接起来，形成检索提问式，对算符两侧的检索词没有位置限定。

检索时计算机处理布尔逻辑算符的运算次序为：( ) →NOT→AND→OR

1. 逻辑与算符

“与”用“AND”或“*”表示，检索式为：A AND B 或 A * B。意思是检索出既含有检索词 A 又含有检索词 B 的文献，这是表示概念交叉和限定关系的一种组配，用来缩小检索范围，减少输出的文献量，提高查准率。中文检索时只用“*”算符表示。

例如，检索有关“计算机数控机床”方面的文献。该题目同时涉及计算机数据控制和机床两个概念，因此在检索式中必须用逻辑与算符，检索式应为：

(CNC + computer ( ) numerical ( ) control) * (lathe?? + turning ( ) machine???)

其中，CNC 是大家一致认同的计算机数控的英文缩写，这种情况可直接使用缩写。

2. 逻辑非算符

用“NOT”或“-”表示，检索式为：A NOT B 或 A - B，意思是检索出含有检索词 A 同时不含检索词 B 的文献。这是具有不包含某种概念关系的一种组配，用来缩小检索范围，在实际检索时要慎重使用。

在英文检索时要慎重使用“-”符号，否则计算机会认为是连字符；而在中文检索时一般只用减号“-”。

例如，检索有关“能量但不包括核能”方面的文献，其检索式为：

能量 - 核能，或 Energy-Nuclear，或 Energy NOT Nuclear。

3. 逻辑或算符

用“OR”或“+”表示，检索式为 A OR B 或 A + B，意思是检索出含有检索词 A 或 B 或同时含有检索词 A、B 的文献。这是表示概念并列关系的一种组配，用来扩大检索范围或保证查全率。

中文检索时，逻辑或只用“+”表示。这个算符在检索时一般多用于以下情况：

(1) 缩写与全称。例如，检索“超导磁体在核磁共振成像中的应用”方面的文献，核磁共振这个词组的缩写是 NMR，其全称为 Nuclear Magnetic Resonance。为了保证查全率，必须输入检索式：

Superconducing Magnetics * (NMR + Nuclear ( ) Magnetic ( ) Resonance) * Imaging

(2) 同义词。为了保证查全率，防止漏检，对一些同义词要用逻辑或算符。

例如，要查“太阳能建筑物内热量的储藏和分布”，检索式为：solar（1w）（building?? +house??）* heat（lw）（storage + distribution）。其中，建筑物在英文中有两个同义词。

（3）化学中化合物的分子式与全称、物质的俗名与学名、元素符号与元素全称等。由于化合物的分子式等简单易记，人们就喜欢直接用分子式、俗名、元素符号来代替化合物、物质、元素，那么在制定检索式时就要注意运用逻辑或算符。

例如，检索有关“沼气”方面的文献，其检索式应为“CH_4 + methane”或“甲烷 + 沼气”；如检索有关“蓝矾”方面的文献，其检索式应为“蓝矾 + 胆矾 + 五水硫酸铜”；再如检索有关“金属锰”的文献，其检索式应为“Mn + Manganese”。

（二）位置算符

位置算符用来限定算符两侧检索词在文献记录中出现的位置关系。

1.（w）或（）

表示在此算符两侧的检索词必须按原顺序邻接，两个检索词之间不允许有其他词或字母，但允许有空格或连字符。

例如，自动取样器的检索式“automated（）sampling（）apparatus??”表示检索出的文献中含有 automated sampling apparatus 词组；柴油机的检索式“diesel（）engine”表示检索出的文献中含有 diesel engine 词组。

（*n*w）表示此算符两侧的检索词之间允许插入 0 ~ *n* 个词，顺序不能颠倒。

例如，inoculant（2w）irons 表示检索出的文献中可含有 inoculant of gray irons或 inoculant of irons 类的词组。

2.（N）算符

表示在此算符两侧的检索词的顺序可以颠倒，但必须彼此邻接，中间不能插入其他词。

例如，design（N）tool 检索式表示检索出的文献中含有 design tool 或 tool design 词组。

（*n*N）表示在此算符两侧的检索词的顺序可以颠倒，且中间可插入 0 ~ *n* 个其他词。

注意：在一个词组中出现（）或（N）算符的次数不能过多，否则限制多而命中率过低；在（*n*W）或（*n*N）中 *n* 的数不能太大，否则降低查准率，常用的是（lw）（1N）或（2w）（2N）。此外，检索式中用到（*n*W）或（*n*N）时 *n* 不能省略。

（三）截词符

由于文献来源不同，导致检索词的拼写及单复数的使用规定也不同，往往造成漏检。用截词的方法，保留检索词中相同的部分，用响应截词符代替可变化部分，既节省了输入字符的时间，又达到了查全的目的。

截词符（Truncation Operator）用来对检索词（干）进行扩展，在 Dialog 系统中用 ? 号表示。? 号加在不完整的词或词干之后，或是插在一个词的中间来表示词后或词中可添加的随机字符。截词方式有非限定性截词、限定性截词和中间截词等。

1. 非限定性截词

非限定性截词表示在其后可添加任意多个字符，这些字符都被作为检索词进行检索。

例如，smok? 将对若干词进行检索，包括：smoke，smoky，smoked，smoker，smokes，smokers，smoking，smokeless 等。

2. 限定性截词

限定性截词是在一个词尾加有限个?，n 个? 表示其后可添加的字符数少于等于 n 个。

例如，smok?? 将对 smoke、smoky、smoked、smoker、smokes 等进行检索。

对于最多允许添加一个字符的情况，则用？ ？的形式表示。如 smok? ? 将只对 smoke，smoky 进行检索。

注意：词尾后面的截断符之间有一个空格，空格前面的问号是截断符，有几个就表示允许截去几个字母，或表示有几个字母允许变化，空格后面那个问号是终止符（最后那个?）。输入时，这个空格不能缺省。

3. 中间截词

在一词中间出现若干个? 号，表示可插入若干个字符。例如，ioni? ation 将对 ionisation 和 ionization 进行检索。cent?? line 将对 centerline 和 centreline 进行检索。

（四）检索字段符

检索字段符（Range Searching）又称字段限制，是对检索词出现的字段范围进行限定，执行时，机器只对指定的字段进行检索。检索字段符经常应用于检索结果的调整。

检索字段符分作两类：后缀式和前缀式。

1. 后缀式

后缀式（Suffix Code）对应基本索引（Basic Index），反映文献的主题内容。是将字段代码放在检索词之后，并用/号连接。常用的后缀代码见表 2-6。

表 2-6　常用后缀代码

后缀代码
/TI 表示 Title（篇名）
/AB 表示 Abstract（文摘）
/DE 表示 Descriptor（叙词，规范词）
/ID 表示 Identifier（标识词，专用词）

例如，“information/TI”表示 information 一词须出现在篇名字段，“information /TI，AB”表示 information 一词须出现在篇名或文摘字段。

另外，还有一些限定性参数（limiting）也用后缀方式，如：

/ENG	英语出版物
/NONENG	非英语出版物
/MAJ	/前面的词为主叙词，出现在规范词字段，有 * 号标志
/1998	1998 年的出版物
/1995：1999	1995 年至 1999 年的出版物

2. 前缀式

前缀式（Prefix Code）对应辅助索引（Additional Index），反映文献的外部特征。它往往是用于表达文献外部特征的字段，即一些辅助性检索字段，将前缀代码放在检索词之前，用 = 号连接。常见的前缀代码见表 2-7。

表 2-7　常用前缀代码

代　码	字段名称	表示方式
AU =	Author（著者）	AU = NI，BING - HUA
CC =	Classification Code（分类号）	CC = 921
CO =	Company（公司）	CO = FORD MOTOR CO
CS =	Corporate Source（著者机构）	CS = XIAN PETROLEUM INST
JN =	Journal Name（刊名）	JN =（XIAN SHIYOU XUEYUAN XUEBAO）
LA =	Language（语种）	LA = CHINESE
PU =	Publisher（出版者）	PU = SCIENCE PRESS
PY =	Publication Year（出版年）	PY = 1990：1999
SO =	Source Publication（来源出版物）	SO = ENERGY
SP =	Conference Sponsor（会议主办单位）	SP = SPE

三、制定检索提问式实例分析

制定检索式时，首先检索课题中最核心的词或专指度高的概念组配，然后按检索词或概念组配的专指程度依次检索，能化简的检索式必须化简。

【例 2-3】 检索“用电子扫描显微镜研究铸铁中石墨的形态”。

（1）检索用的主题词：电子扫描显微镜 scanning electron microscopy，铸铁 iron，石墨形态 graphite morphology。可见，该题目有三个核心概念。

（2）选用合适的算符制定检索式：graphite（）morphology * iron * scanning（）electron（）microscopy。

（3）分析：题目的 3 个概念由 * 号组配起来；graphite（）morphology 和 scanning（）electron（）microscopy 分别是词组。

【例 2-4】 汽车制造厂的计算机集成生产系统

（1）主题词：计算机集成生产系统 computer integrated manufacturing，computer integrated production 和 CIM；汽车：car，autobus，autocar，autotruck，automobile 及其复数形式。可见，该题目有两个核心概念。

（2）检索提问式：（CIM + computer（）integrated）（manufacturing + production）*（car? ? + auto??? ? + autotruck? ? + automobile? ?）。

（3）分析：上述检索式是已化简了的形式；CIM 与 computer integrated manufacturing 的关系是缩写与全称的关系，production 与 manufacturing 及 car 与 autobus、autocar、autotruck、automobile 是同义词关系；computer integrated manufacturing 及 computer integrated production 是两个词组，体现课题的两个概念由 * 号组配起来。

第五节　信息检索的策略与技巧

执行一个课题的检索是有过程、分步完成的，检索步骤的科学安排称为检索策略（Retrieval Strategy），它是为实现检索目标而制定的全盘计划或方案。特别是在计算机检索中，必须不断调整策略，才能提高检索效率，全面、准确、快速、低成本地找到所需信息。

一、制定检索策略的步骤

完成一个课题的检索通常要经过分析检索课题、制定检索策略、实施检索策略、索取原文等步骤。

（一）分析检索课题

分析检索课题，明确检索目的、要求和检索的范围，是制定检索策略的基础和前提。任何一个检索都是根据已知去查找未知，明确的已知线索越多，查获所需信息的可能性就越大。

1. 明确检索目的

（1）科研攻关型。如果是要解决研究或生产中的一些技术难题，如某一理论、方法、设备、过程等的具体问题，就要强调一个“准”字。

（2）课题普查型。针对某一课题收集系统详尽的资料，如要了解一个全过程、写综述、作鉴定、报成果，就要回溯大量文献，要求检索的全面、详尽、系统，强调一个“全”字。

（3）研究探索型。要了解科技的最新动态、学科的进展、了解前沿、探索未知，则要强调一个“新”字。

2. 明确检索要求与范围

主要应弄清检索课题所涉及的学科、专业范围，检索的主题概念，用以表达的名词术语，所需文献类型或具体的数据、事实；对检出文献的类型、语种、出版时间、地域范围等方面的具体要求；是否还有其他的已知线索，如文献名称、有关人名、机构名称、文献号码（专利号、标准号、报告号）等。

（二）制定检索策略

检索策略（Information Retrieval Strategy）是指为实现检索目标而制定的全盘计划或方案，是对整个检索过程的谋划与指导。具体包括：

1. 确定查找范围

根据第一步对检索的时间、地域、语种以及文献类型等的分析，确定一个合理的检索范围。

2. 选择检索手段

检索手段有手工检索和计算机检索两种方式，计算机检索又分为联机检索、光盘检索和网络检索。选择检索手段一定要根据待查项目的内容、性质来确定，选择的检索工具要注意学科专业范围、语种及文献类型等。在选择中，要以专业性检索工具为主，配合综合型检索工具。如果一种检索工具同时具有机读数据库和刊物两种形式，应以检索数据库为主，不仅可以提高检索效率，还能在查准和查全的矛盾中把握好两者的度。此外，为了避免检索工具在编辑出版过程中的滞后性，还应该在必要时补充查找若干主要相关期刊的现刊，防止漏检。

3. 选择检索系统

选择检索系统主要是指选择检索工具/数据库，要根据检索课题的内容范围和要求来决定。一个计算机检索系统往往包括若干数据库，进入系统后，常会有主题分类目录供用户选择。一些内容相同的数据库也经常出现在不同的检索系统中。一张光盘所容纳的一般是单一的数据库。

数据库的选择直接影响到检索的成败。如果检索的课题是工业废水的处理，选择的数据库应是 INSPEC 或 SCI，否则无论你如何编制检索提问式，也无论你的检索策略是多么的优化，检索结果依然会为零。涉及化学方面的课题应以 CA（美国化学文摘数据库）作为首选数据库，同时，还要根据课题所涉及的范围选择几个辅助或扩充备用数据库；有关物理、电子和计算机方面的课题应选择 INSPEC 数据库；工程、机械、电子/电气、核能方面的课题应选择 EI 数据库；金属、冶金方面的课题应选择 METADEX 数据库；医学方面的文献应查阅 MEDLINE 数据库。因此，在进行检索之前一定要明确检索课题所要到达的目的，然后方能确定选择何种数据库。

数据库选择原则可概括成 4 个 C。“4C” 原则由 4 个 C 打头的英语术语构成。

（1）Content：数据库的内容，涉及它的学科范围、科技含量、数据库类型（如数值、事实、文摘、全文等）、数据来源（如期刊论文、会议论文、专利文献、科技报告等）。

（2）Coverage：数据库的规模，涉及它的时间范围、地理范围、机构来源、文献量等。

（3）Currency：数据库更新的及时性，体现为更新的频率、周期。

（4）Cost：数据库的费用，各种数据库、各种检索输出方式和格式的收费是不一样的。

4. 确定检索途径（检索点）和检索词

检索途径主要根据分析课题时确定的已知条件以及所选定的检索工具能够提供的检索途径来决定。常用的检索途径有著者、分类、主题、文献题名、文献号、代码（如分子式、产品型号）、引文等，还有文献类型、出版时间、语种等。每种途径都必须根据已知的特定信息进行查找。

检索词与检索途径相对应，是检索途径的具体化。确定检索词就是将检索课题中包含的各个要素及检索要求转换成检索工具/数据库中允许使用的检索标识。即用所选定的检索工具/数据库的词表（如主题词表、分类表）把检索提问的主题概念表达出来，形成主题词或分类号等，也可以是关键词（视检索系统而定）、人物姓名、地名、文献名等。

5. 构造检索式

检索式是机检中用来表达检索提问的一种逻辑运算式，又称检索表达式或检索提问式。它由检索词和检索系统允许使用的各种运算符组合而成，是检索策略的具体体现。

构造检索式就是把已经确定的检索词和分析检索课题时确定的检索要求用

检索系统所支持的各种运算符连接起来，形成检索式。

6. 调整检索方案

为了得到比较满意的最终结果，检索往往需要经过多次判断、多次修改，哪一步不恰当就返回到上一步去重新执行。尤其是计算机检索的实时性和互动性，给用户及时分析检索结果、调整检索方案带来了便利。

应该说，检索策略的掌握不是朝夕可得，要在不断的实践中学习、钻研才能逐步掌握。因此，在制定检索策略时一定要深思熟虑，同时要不断根据检索结果修改检索策略。

（三）实施检索策略

查找（Searching）就是实施检索策略、搜寻所得文献信息的过程。对于同一个问题，3 个检索者可能有 3 种不同的查找方法。这在主观上受到他们的实际经验、知识结构、对检索工具了解的广度和深度、认识问题的方法、心理品质等因素的影响；在客观上，又受制于检索工具的完善与否、检索时间充足与否以及物理环境等因素的影响。

（四）索取原文

由于书目检索结果得到的只是文献线索，检索结束后，还要根据所获得的文献线索索取原文。在索取原文过程中，要注意以下问题：

1. 识别文献类型

不同类型的文献收藏地点不同，在索取原文时首先就要区别文献的类型。不同类型的文献，其外表特征不同，据此可以区别不同类型的文献。

2. 将缩写刊名恢复全称

检索工具中在文献来源项的著录中，常常将期刊名称按一定的缩写规则进行缩写，例如把 Journal of Mathematics Physics 缩写成 J. Math. Phys.。因此，索取原文时，首先要将刊名的缩写恢复成全称，然后才能根据刊名全称及年、卷、期查得原文。缩写刊名还原方法主要有：利用检索工具所附的来源期刊表，根据刊名缩写规则或利用有关的工具书查找。

3. 识别不同语系文字的音译

在西文检索工具中，俄文、中文、日文等的文献作者、出版物名称通常采用音译法转换成英文进行著录。故索取原文前，要将这些音译的人名、出版物名称还原成原来的语种。

4. 利用各种收藏目录

在索取原始文献过程中，要根据不同类型的文献查找不同的联合目录、馆藏目录、联机公共目录等，查知其原文的收藏单位，再进行借阅。例如要借英文图书，可利用西文图书联合目录；要借中文期刊，可利用中文期刊馆藏目录；要借阅英文期刊，可利用西文期刊联合目录、馆藏目录等，查出所需文献的入藏单位及其索取号，便可以借阅或复制原文。

5. 利用文献传递服务，获取远程文献

许多大型检索系统提供文献传递服务，可以根据检索结果，在线提出索取全文的申请，通过 E-mail、传真等方式获得原文。

二、检索效果评价

在实际检索时，我们总是希望将检索系统中所需的相关信息全部都检出，同时这些记录均有参考价值，为我所需，这就涉及检索效果的问题。

所谓检索效果（Retrieval Effectiveness）是指检索系统（或检索工具）的检索有效程度，它反映检索系统的能力，包括技术效果和经济效果。技术效果是指检索系统在检索时满足检索要求的有效程度。经济效果主要是指检索系统完成检索服务的成本及时间，其因素比较复杂。

评价检索效果最常用的指标是查全率（Recall Ratio）和查准率（Precision Ratio）。

$$\text{查全率} = \frac{\text{检出相关文献量}}{\text{文献库内相关文献总量}} \times 100\%$$

$$\text{查准率} = \frac{\text{检出相关文献量}}{\text{检出文献总量}} \times 100\%$$

查全率反映该系统文献库中实有的相关文献量在多大程度上被检索出来。

查准率反映每次从该系统文献库中实际检出的全部文献中有多少是相关的。

查准率和查全率结合起来，描述了系统的检索成功率。

习 题

1. 名词解释：信息检索，情报检索，文献检索，提问特征，检索标识，目录，题录，文摘，索引，倒排文档，体系分类语言，叙词语言，关键词语言，检索提问式，算符。

2. 试举例说明计算机检索与手工检索的异同。

3. 对于研究范围广、研究历史较悠久、课题较大的检索问题，应采用哪种检索方法比较合适？

4. 针对文献内容特征和外表特征的检索点有哪些？写出其名称。

5. 通过什么途径可以了解某一领域或学科有哪些重要的检索工具？

6. 诸如“某高校最近一年在《SCI》上被收录的文献量是多少”、“美国、中国最近一年的专利有多少”等问题，属于什么类型的检索问题？

7. 比较手工检索工具和计算机检索系统的结构。谈谈对数字图书馆的理解。

8. 何谓检索语言？试比较分类检索语言和主题检索语言的优缺点。

9. 检索中文数据库的主要规范词表是什么？如何使用？

10. 拟对下列课题进行检索，请选择检索词，并写出检索提问式（中英文）。

（1）汽车制造厂的计算机集成生产（制造）系统。

（2）计算机数控机床。

（3）用太阳能热水系统。

（4）计算机软件容错技术。

（5）带有半导体气体探测器的家用煤气报警装置。

（6）纳米材料的进展及其在塑料中的应用。

（7）知识发现和数据挖掘。

（8）分布式交互性学习环境。

11. 何谓检索策略？制定检索策略时要考虑的主要因素有哪些？应注意哪些问题？

12. 在一个具有1000篇文献的试验性机检系统中检索某课题，用一特定检索策略查该课题时输出文献60篇。经分析评估，发现该系统中共有该课题相关文献50篇，检出的文献中实际相关文献只有30篇，求查全率、查准率、误检率和漏检率。

信息检索篇

计算机信息检索的3种方式——联机检索、光盘检索、网络信息检索

中国国内的文献信息保障系统

国外著名的综合型检索系统

5种特征文献的检索方法与途径

数据与事实型信息检索

第 三 章

计算机信息检索

【内容提要】

本章重点介绍了目前计算机信息检索的3种主要方式，即联机检索、光盘检索、Internet网络信息检索；详细阐述了这些检索方式的特点、方法和应用技巧，以及相应的一些著名数据库产品。由于它们的发展历史不同，在许多方面存在差异，为加深对它们的认识和了解，本章从6个方面对它们进行了归纳比较。

第一节 联机检索

起源于20世纪60年代末、70年代初的联机信息检索系统，开创了人类利用通信和计算机等高科技手段进行在线信息检索的先河，出现了如Dialog、OCLC、MEDLARS、STN、ORBIT、BRS、ESA-IRS、DataStar等国际著名的国际联机信息检索系统，这些联机检索系统为我们提供了快速、准确和全面获取全球科技、经济信息的有效途径。

一、联机检索及其特点

所谓联机检索（Online Retrieval），即信息用户利用终端设备，通过通信网络或通信线路与检索系统联机，进行“人机对话”，从检索中心的数据库查找所需的文献信息的过程。

联机检索系统由联机检索中心、通信设施、检索终端3部分组成（见图3-1）。联机检索中心主要由中央计算机、数据库、检索软件等构成。中央计算机（主机）的功能是在检索软件的支持下完成对信息的存储、处理和检索。通信设施由通信网（电话网、专用数据交换网等）、调制解调器及其他通信设备构成。

检索终端则可使用传统的终端或个人计算机。

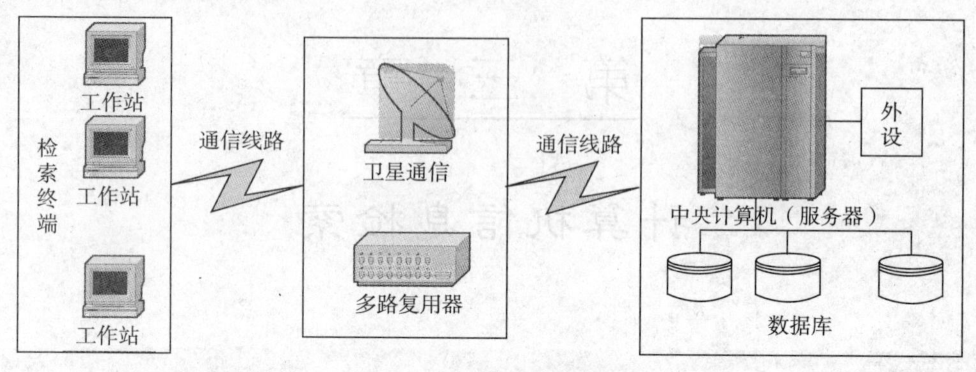

图 3-1　联机检索系统的组成

联机检索的工作原理是：用户用电话或专用线路接通联机检索中心，在终端输入指令，将信息需求按系统规定的检索命令和查询方式经过通信网络发送到系统的主机及数据库中，系统将用户的请求与数据库中的数据进行匹配运算，再把结果送到用户的检索终端。

联机检索系统的特点是：

（1）信息资源丰富，所提供的数据库数量从几十个到几百个不等。所有数据经严格的加工、处理和组织，质量较高，一般是各领域核心、权威的数据库。

（2）数据库更新快，可随时进行更新，能检索到最新文献。

（3）检索速度快。一般课题均可以在几分钟之内完成检索过程。

（4）检索功能强、途径多。所有的数据库使用统一的检索命令，检索效率和检索质量高。但用户必须记住各类检索指令并且能够灵活运用，因此不适合一般用户，通常要通过专业人员的代理进行检索。

（5）检索费用高。每下载一条记录都要支付相关费用，包括记录的显示或打印费用、字符费、机时费、通信费。此时，检索技巧和熟练程度非常重要，通过专业人员代理更妥。

（6）检索界面单一，过于呆板。

目前，联机检索的方式虽然仍然存在，但与后来居上的光盘检索、网络检索相比，用户量较少，大部分使用者仍然是专业检索专家，主要服务于科技查新等。

二、世界上最大的联机检索系统（DIALOG）

（一）DIALOG 联机检索系统及其特点

美国 DIALOG 联机检索系统是世界上最早和最大的专业联机检索系统，始建于1966年，于1972年开始商业性经营，提供综合性联机信息。它的总部设在美国加州的Palo Alto，现是Thomson公司的一部分，用户遍布世界100多个国家。DIALOG发展很快，数据库以每年20%的速度增长，现有全文、题录、事实及数据型数据库600多个，文献量超过3亿篇。

数据库的内容覆盖知识产权、新闻媒体、化学、政府、商业金融、医学、食品、农业、工程、科学和技术等领域。其中科技文献数据库占40%，社会科学与人文科学文献库占10%，公司及产品等商情数据库占24%，其他为新闻、传媒及参考工具等数据库。

文献数据库有题录、文摘及全文等多种形式，科技文献包括期刊、会议录、图书、专利、科技报告、学位论文、标准、产品手册等各种文献类型。

DIALOG公司站点的网址是：http：//www. dialog. com，其主页如图3-2所示。

图3-2　DIALOG主页

1. 服务途径

DIALOG联机检索系统采用相对封闭的服务器/客户机模式，属于典型的主从式结构，有一个专门的检索系统中心，配备多种基于人工标引的专业化的高质量文献信息数据库，采用集中式的数据库管理模式，提供完善的检索方法和检索途径，向合法用户提供多方位检索服务和源文献信息支持，追求精确数据和检索效果的最优化。人工采集、内容标引、概念组配与规范化处理是联机检索技术的核心。

DIALOG系统提供的服务项目有：各种类型信息检索，定题服务，原文订购

（E-mail、Fax 或邮递）。利用 DIALOG 系统，可以采用菜单式检索、命令检索、目标检索等检索模式，可以进行课题查新、文献调研、课题立项、申报专利，了解市场动态、竞争对手、新产品开发和公司背景等信息。

2. 信息组织

DIALOG 联机检索系统拥有相对静态的高质量的专业数据库，主要收录公开出版的文献信息，每个数据库都有明确的收录范围（学科专业、地域语种、文献类型等）。所有进入数据库的信息，均用规范化的语言进行严格的编辑、标引，数据关联体系严谨，信息的质量和有序化程度高，可靠性强。

3. 使用方式

DIALOG 联机检索系统的设计面向专业情报检索人员，要求用户熟悉其数据库及主题词表、掌握各种检索指令、懂得各种检索策略的构造与调整，这些因素都影响到 DIALOG 联机检索的效果和费用。

在 DIALOG 联机检索过程中，检索策略一旦输入检索系统，中心处理机就严格按照输入系统的策略进行处理，此时检索人员不能随意干预；且由于联机系统按秒收费且价格昂贵，检索策略不宜反复修改，所以应事先制定比较周全的检索策略，力求检索一次成功。联机检索一次检索少则几美元，多则几十或上百美元，费用问题始终是 DIALOG 联机检索推广应用的瓶颈。

4. 检索效果

DIALOG 联机检索系统由于可检字段全、辅助功能多，系统数据更新及时、积累性强，因而检索迅速方便，检索信息查全率、查准率较高。

（二）DIALOG 数据库的检索方式

DIALOG 编制了相关资料介绍系列数据库的特点和使用方法，如《数据库目录》（Complete Database Catalog）和《数据库蓝页》（Database Bluesheets）。

《数据库蓝页》称 415 文档（可免费查询），详细内容包括：①文档简介（File Description）；②学科领域（Subject Coverage）；③文献来源（Source）；④数据库生产者（Origin）；⑤记录格式（Sample Record）；⑥可检索字段（Search Options）；⑦基本索引（Basic Index）；⑧辅助索引（Additional Index）；⑨附加限定（Limiting）。

DIALOG 系统供检索的数据库当前有 3 种版本：光盘版、联机版及网络版。

1. 光盘版

DIALOG 系统有 70 多种不同的光盘产品 KR Ondisc。它们适合于 DOS 或 Windows 环境应用，大多采用菜单检索方式，有的还有命令检索方式，如《Ei》、《NTIS》等数据库。各种数据库的检索软件、检索界面基本一致。

2. 联机版

（1）DIALOG OneSearch 的多文档检索。联机版允许一个检索式同时检索若干文档。

（2）DIALINDEX 数据库索引库（411 文档）。DIALOG 系统将其所有的数据库按主题分为大类和小类。每个类目有类目名及其缩写形式，各包含若干个相关文档，组成一个数据库组集（集合）。检索从主题出发，通过 411 文档索引库进行筛选，从中确定最佳文档。

（3）TARGET 检索模式。TARGET 是一种相关度检索命令，不同于逻辑检索模式，它适合全文检索。其检索结果按检索词出现的频率排列。当前网络检索工具的机理与此类似。

3. Web 版

通过 Internet 联网计算机可以访问 DIALOG 系统的最新 Web 网络版本，它的数据库内容与联机版一致。其 Web 版网址：http：//www. dialogweb. com，入口界面如图 3-3 所示。在 User ID 和 Password 中分别填入用户账号和密码，点击"logon" 按钮便可进入检索界面。

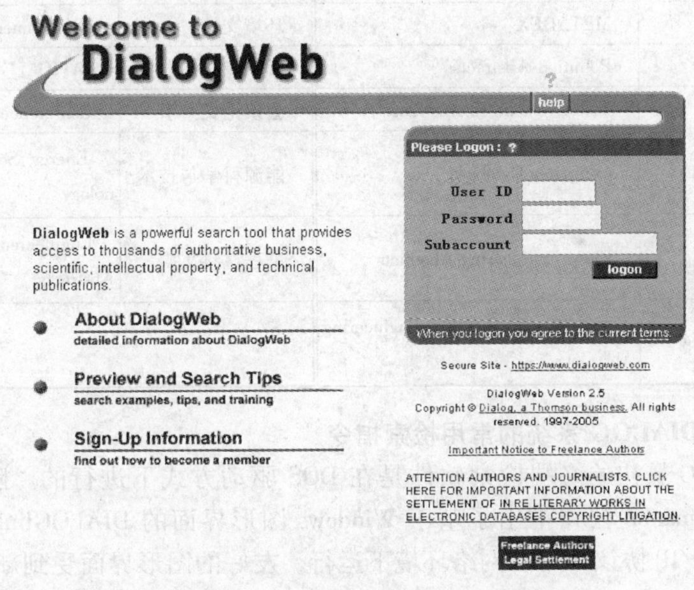

图 3-3 DIALOG 联机数据库的 Web 版入口界面

（三）DIALOG 常用数据库

表 3-1 为 DIALOG 系统常用数据库。

DIALOG 数据库类型有文献型、统计数据型、指南型及全文型。总记录量 32000 万条，占世界文献数据库总量的一半以上。常用数据库涉及 40 个语种，6 万多种期刊，占世界期刊发行总量的 60%，文档 900 多个，内容涉及所有学科专业。

表 3-1 DIALOG 系统常用数据库

数据库名称	英文缩写或全称	数据库名称	英文缩写或全称
工程索引	Ei	教育文摘	ERIC
科学文摘	INSPEC	医学索引	MEDLINE
世界专利索引	WPI	物理文摘	SPIN
化学文摘	CA Search	地质数据库	GeoRef
科学引文索引	Sci Search	数学文摘	MathSci
经济商业文摘	ABI/INFORM	生物文摘	BIOSIS Previews
学位论文文摘	Dissertation Abstracts Online	分析文摘	Analytical Abstracts
美国政府通报与索引	NTIS	陶瓷文摘	Ceramic Abstracts
美国专利	U. S. Patents	宇航数据库	Aerospace Database
欧洲专利	European Patents	建筑学数据库	Architechure Database
金属文摘	METADEX	环境文摘	Environmental Bibilograghy
污染文摘	Pollution Abstracts	日本专利	JAPIO
水资源文摘	Water Resources Abstracts	会议论文索引	Conference Papers Index
计算机数据库	Computer Database	能源科学与技术	Energy Science and Technology
流体工程文摘	Fluid Engineering Abstracts	工程材料文摘	Engineered Materials Abstracts
机械工程文摘	ISMEC：Mechanical Engineering Abstracts		

（四）DIALOG 系统的常用检索指令

DIALOG 最初的终端检索软件是在 DOS 驱动方式下进行的。随后，Knight Ridder Information 公司推出了基于 Windows 图形界面的 DIALOGlink 检索软件，并支持 TCP/IP 协议，可在网络环境下运行。友好的图形界面受到新老用户的青睐。为适应因特网时代的需求，该公司又推出最新的万维网版本的检索软件 DIALOGweb，在因特网上为全球用户公开提供。

用显示终端进行联机检索时，一旦与检索系统的主机联机完毕，终端屏幕的左端就会出现提示符“?”，这时检索者就可以输入指令。

要掌握 DIALOG 联机检索，必须了解和掌握 DIALOG 系统的联机检索指令和运算符。表 3-2 列出了 DIALOG 系统的常用检索指令。

DIALOG 常用算符的具体使用这里不再赘述，可参见第二章第四节常用算符的应用技巧。

表 3-2　DIALOG 系统的常用检索指令

命令名称	指　　令	缩　　写	举　　例
开始检索	Begin	B	? b8
选择检索词	Select	S	? s computer ? s computer/ti
分步选词	Select steps	Ss	? ss moon or lunar
屏幕显示	Display	d	? d s2/7/1
联机打印	Type	T	? t s2/3/1-10
脱机打印	Print	Pr	? pr sl/3/1，5-27
脱机	Logoff		? logoff
查询	Explain	?	? ? file 47
扩展	Expand	E	? e oscillators

三、OCLC 的 FirstSearch 检索系统

（一）OCLC 概况

OCLC 全称为 Online Computer Library Center，即图书馆联机计算机中心，总部在美国俄亥俄州都伯林，是全球最大的图书馆网络。它拥有多项产品和服务，广泛应用于世界各地的图书馆和科研机构。据统计，使用 OCLC 产品和服务的用户已有 80 多个国家和地区的 45000 多个图书馆和教育科研机构。

OCLC 联机系统主要通过由 OCLC 设计运行的联机通信网向成员馆及其他组织提供各种处理过程、产品和参考服务，也接收来自 Internet 远程通信网的访问。

OCLC 网址为 http：//www. oclc. org，其主页如图 3-4 所示。

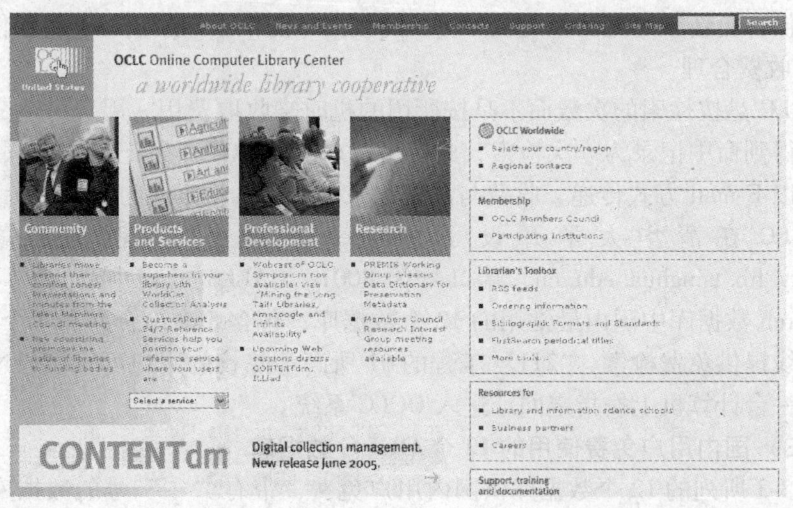

图 3-4　OCLC 主页

（二）FirstSearch 及其特点

1. 面向最终用户

FirstSearch 是近年来 OCLC 推出的一个新产品，它用 Web 访问，是一个面向最终用户设计的联机检索系统，允许用户在图书馆、办公室、实验室或家居等地方的连接在 Internet 上的计算机上使用。它使用方便，经过基本训练就能应用自如。FirstSearch 提供免费训练的数据库，网址为 http：//www. oclc. org/oclc/menu/fs. htm。

2. 提供一体化服务

（1）对用户的检索提问进行相关文献的检索，可检索的数据库大多为二次参考文献数据库。

（2）查找文献馆藏地点，包括世界范围的图书馆，可提供全文服务的文献服务机构，包括 OCLC 本身。

（3）一次文献的提供，其方式有数量高达数百万篇的随时更新的联机全文数据库，或通过所在图书馆的馆际互借或第三方的文献服务机构的服务，保证用户能快速获得所需要的文献。

3. 数据量大

目前通过该系统可检索 70 多个数据库，其中有 30 多个库可检索到全文，总计包括 7500 多种期刊的联机全文和 3000 多种期刊的联机电子影像，有 600 多万篇全文和全图文章。这些数据库涉及广泛的主题范畴，覆盖了各个领域和学科。文献信息中不仅包含文摘，还能查到馆藏地点。

4. 数据更新快

OCLC 的数据库绝大多数由美国的政府机构、研究所、图书馆、信息公司等单位提供，更新频率高，因此从 OCLC 的数据库能检索到最新的资料和信息。

5. 收费合理

OCLC 是按检索的次数而不是按所用的机时来收取费用。用户每递交一次检索式并得到命中记录为一次检索，此后可以对其表中任一条记录进行联机显示、打印或以 E-mail 方式传递，收费与浏览记录的多少、检索时间的长短无关。

OCLC 在清华大学开设了 FirstSearch 服务，其代理服务器为 oclcproxy. lib. tsinghua. edu. cn，端口号为 8001。CALLS 工程中心订购了 OCLC FirstSearch 数据库中国内最常用的 12 个数据库，包含 5 个综合库和 7 个专业库，通过专线提供免费检索。“211” 工程的 61 所高等院校的用户可直接通过校园网在任意一台计算机上按指定网址进入 OCLC 系统。

（三）国内用户免费使用的 12 个 OCLC 数据库

表 3-3 所列的 12 个数据库供国内用户免费，带有“ + ”号的数据库能检索到全文。

表 3-3　OCLC 的 12 个免费数据库

英文名称	数据库中文名称
1. ArticleFirst	15000 多种期刊的文章索引
2. ContentsFirst	15000 多种期刊的目录索引
3. ECO	联机电子出版物，学术期刊（书目信息）
4. ERIC +	教育方面的期刊文章和报告
5. GPO	美国政府出版物
6. MEDLINE +	医学期刊文献的文摘
7. PapersFirst	国际学术会议论文索引
8. Proceedings	国际学术会议录索引
9. UnionLists	OCLC 成员馆收藏期刊列表
10. WilsonSelectPlus +	H. W. Wilson 公司的全文库
11. WorldAlmanac	世界年鉴
12. WorldCat	世界范围图书、web 资源和其他资料的 OCLC 编目库

1. FirstSearch 综合数据库

综合数据库（General Databases）包括 WorldCat、ArticleFirst、ContentsFirst、ECO、NetFirst 和 UnionLists。

（1）WorldCat：是世界上最大和最综合的数据库。它含有 4100 万条不重复的、来自 400 多种语言的文献编目记录，覆盖所有主题范畴和出版类型；收录有 6 亿多条馆藏标识，指明在世界各地的信息资料的收藏地点。其数据实时更新，每年以 200 万条记录的速度增长。

（2）ArticleFirst：包括 15000 多种学术期刊的文献引文，主题覆盖了工商、人文学科、医学、科学、技术、社会学和大众文化等，可按作者、篇名或标题进行检索。大多数期刊是英文资料，但也收录了部分其他语言的期刊。一部分文献还可以从屏幕上看到联机全文。该库搜集了 1990 年至今的资料，每天更新。

（3）ContentsFirst：是 Articlst 的相关库，包括 15000 多种期刊的目录内容和题录信息以及每篇文章的简介，可按期刊名进行检索，并显示每期的期刊目录。

（4）ECO：使图书馆能够向众多的出版商订购大批学术和专业刊物，并通过 Web 界面存取这些期刊；还可以帮助图书馆降低电子期刊订购、存取和收藏的成本，改进图书馆的藏书管理。

（5）UnionLists：收集了数千种期刊的馆藏情况，有 740 多万条记录，每一条记录列出了 OCLC 成员馆收藏的每种期刊的各期状况，每半年更新一次。

2. FirstSearch 专业数据库

专业数据库（Specialized Databases）包括 ERIC、GPO、MEDLINE、PapersFirst、Proceedings、WorldAlmanac 和 WilsonSelectPlus。

（1）ERIC：由教育资源信息中心生产的已出版和未出版的教育方面的资料类指南。它囊括了数千个教育专题，提供了最完备的教育书刊的书目信息，覆盖了从 1966 年至今的所有资料，每月更新记录。

（2）GPO：包含了 52 万条记录，报导了与美国政府相关的各方面的文件。文件类型有国会报告、国会意见听证会、国会辩论、国会档案、法院资料以及由美国具体实施部门发布的文件。该数据库收录了从 1976 年 7 月以来的资料，且每月更新记录。

（3）MEDLINE：覆盖了所有医学领域，索引了国际上出版的 3500 多种期刊，收录了从 1965 年至今的资料，且每月更新记录。

（4）PapersFirst：主要涉及在世界各地学术会议上发表的论文，是一个查询会议论文的重要检索工具。它覆盖了 1933 年以来在“大英图书馆资料提供中心”的会议录收集的每一个大会、专题讨论会、博览会、讲习班和其他会议上发表的论文。

（5）Proceedings：PapersFirst 的相关库，提供在世界各地举行的学术会议上发表论文的目录，可按会议名称进行检索。

（6）WilsonSelectPlus：是包括联机全文、索引和摘要的记录的集合。这些全文文章均选自 H. W. Wilson 公司的普通科学文摘、人文学科文摘、读者指南文摘和 Wilson 商业文摘。它收录了 800 多种从 1994 年到现在的期刊资料，且每周更新一次记录。

（7）WorldAlmanac：在 1868 年第一次出版，适用于各种类型的用户。其范畴包括：艺术和娱乐，新闻人物，计算机，科学和技术，经济学，体育运动，环境，税收，周年纪念日，美国的城市和州、国防、人口统计，世界上的国家等，且每年更新一次。

（四）FirstSearch 检索的主要步骤和方法

（1）建立检索式：在联机检索中，用户须先根据检索需求或课题内容确定检索式，拟定检索策略。

（2）进入 FirstSearch 检索系统：可通过各高校的图书馆《电子资源》进入 FirstSearch 检索系统。

检索界面如图 3-5 所示。

（3）选择主题范畴：登录到 FiratSearch 后，系统将显示主题范畴的菜单。

- Arts & Humanities：艺术和人文学科
- Biography：传记
- Business & Economic：商务和经济
- Conferences & Proceeding：会议和会议录
- Consumer Affairs & People：消费者事务和大众

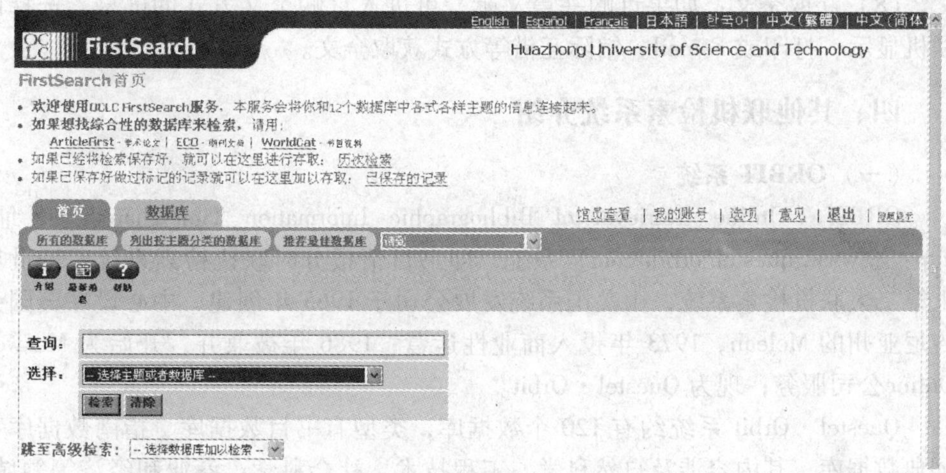

图 3-5 FirstSearch 检索界面

- Education：教育
- Engineering & Technology：工程与技术
- General：综合性
- General Science：普通科学
- Life Science：生命科学
- Medicine/Health，Consumer：医学/健康，消费者
- Medicine/Health，Professional：医学/健康，专业人员
- News & Current Events：新闻和时事
- Public Affairs & Law：公共事业和法律
- Quick Reference：快速参考
- Social Science：社会科学

(4) 选择数据库：选择了一个主题范畴后，系统显示出与该主题范畴相关的一些数据库，如表 3-3 所示。可以选择所需的数据库，进入检索屏幕。

(5) 选择检索方式和检索途径：在基本检索中，可通过字段索引表确定所选的检索途径；在高级检索中，可利用下拉菜单选择检索途径，必要时可借助"HELP"按钮获得帮助。

(6) 提交检索式：在检索框内键入检索式，开始检索。同时也可选择限制检索，对年份等进行限制。

(7) 浏览检索结果：在系统执行检索指令后，将产生的命中记录以一览表形式提供。用户从中选择最相关的记录后点击鼠标就可以浏览到详细的检索结果。一个完整的记录包含有文献的题名、作者、主题词、发表日期、文献来源等，大部分有文摘。

（8）获取全文：如果订购一篇文献，可进入订购全文方式的屏幕，选择以联机显示、打印或 E-mail、馆际互借等方式获取全文。

四、其他联机检索系统介绍

（一）ORBIT 系统

ORBIT（Online Retrieval of Bibliographic Information Time-shared，网址：http：//www. questel. orbit. com）系统，即书目情报分时联机检索系统，是世界上第二大联机检索系统，由美国系统发展公司于 1965 年创建，中心设在美国弗吉尼亚州的 Mclean，1973 年投入商业性运营；1986 年被兼并，开始为 Maxwell Online公司服务；现为 Questel · Orbit。

Questel · Orbit 系统约有 120 个数据库，类型有书目数据库、指南数据库和词典数据库。其内容涉及自然科学、工程技术、社会科学、商业和经济等领域，有许多文档与 DIALOG 系统中的文档重复，但也有不少数据库独家经营。该系统对汽车工程、化工、石油、医学、环境科学、安全科学及运动科学方面的文献收录较全。该系统的服务方式有联机检索、联机订购原文、定题检索、回溯检索等，提供全天候服务。

（二）BRS 系统

BRS（Bibliography Retrieval Services）系统，即存储与信息检索系统，是美国第二大综合性计算机联机书目检索服务系统，成立于 1976 年，1979 年投入商业性运营，总部设在美国纽约。

BRS 系统拥有数据库 200 多个以及私人数据库近 100 个，其中大部分为书目数据库。数据库内容包括社会科学、人文科学、商业经济、教育、医学、生物化学、工程技术等。文献类型不仅包括了各类书目文献，还收集了有关专刊、政府报告、标准、工业产品说明等。该系统在 1980 年率先实现了全文检索，建立了 20 多个全文数据库，对当天出版的期刊也可立即收录。在期刊数据库中，有 100 多种可实现联机全文检索。目前，文献存储量达 5000 多万篇，用户 4 万多个。

该系统对我国用户有优惠政策，即系统中所有数据都对中国读者开放，并按美国国内最低标准收费，检索费用较 DIALOG 和其他几大系统低。同时，为满足我国用户需要，增加了 5 个有关产品和标准的数据库，并可用缩微方式提供原始资料复制品。

（三）ESA-IRS 系统

ESA-IRS 系统全称是 European Space Agency-Information Retrieval Service（网址：http：//www. esrin. esa. it/htdocs/esairs/），是欧洲最大的著名国际联机检索系统，也是世界第三大联机情报检索系统。该系统于 1964 年成立于法国，1979

年投入商业服务，总部设在意大利的 Frascati，现为 EINS 系统。

该系统拥有数据库 120 多个，多数为文献数据库。其内容涉及航空航天、宇宙学、天文学、天体物理、环境与污染、自然科学、工程技术、医学、商业等领域。该系统有近半数的数据库与 DIALOG 系统的重复，但对欧洲的文献收录较全，可弥补 DIALOG 系统的不足。

（四）**STN 系统**

STN（The Scientific and Technical Information Network International）系统（网址：http：//www. fiz-karlsruhe. de/）是一个真正的国际性的科技信息检索系统，由德国卡尔斯鲁厄专业信息中心、美国化学文摘社和日本科技信息中心 3 个机构于 1983 年合作开发，1986 年全面对外服务。3 个服务中心分设在德国卡尔斯鲁厄、日本东京和美国哥伦比亚。用户只要与其中一个服务中心的主机联机，就可实现对三家主机的同时访问。

目前该系统已拥有近 300 个数据库，涉及的专业范围有化学、化工、生物、医学、药学、数学、物理、能源、冶金、建筑、农业、会议论文、日本专利、美国专利、德国专利以及世界专利等。此外，STN 系统在化学方面的收藏尤为突出。

（五）**MEDLARS 系统**

MEDLARS 是医学文献分析与检索系统的简称，是由美国国立医学图书馆（NLM）研制开发的当今世界上最具权威性的医学文献数据库检索系统。

MEDLARS 拥有近 40 个数据库，收录了自 1965 年以来生物医学书刊中的 2000 余万条书目和文献题录，约有 4 万多个国内外联机用户，以及包括中国 MEDLARS 中心在内的 20 多个国际检索中心。MEDLARS 还推出了微机综合性软件包 Grateful Med，使该系统的联机用户逐日增长，现已成为检索功能齐全的世界性网络体系。

MEDLARS 系统中最常用的数据库包括：MEDLINE 医学文献联机数据库，SDILINE 定题检索联机数据库，TOXLINE 毒理学情报联机数据库，AIDSLINE 艾滋病联机数据库，METH VOC 医学主题词文档。

除以上介绍的一些国际联机检索系统外，还有 INFOLINE、Lexis-Nexis、DIMDI、JSTOR、ERIC、GPO Access 等国际联机检索系统。这些系统各有特色，在此不再详述。

国际联机检索系统因其资源丰富、检索速度快、信息更新及时而深受用户欢迎，缺点是检索费用较高，因此使用时应对基本概念的范围、相关问题和需要排除的概念弄清楚。选择检索词时要全面，要考虑到与检索课题相关的各种主题词，如广义词、狭义词、相关词、同义词以及英语的不同拼写等，这对查全率和查准率都有直接影响。另外还要做好充分的准备工作，以节省时间和费用。

第二节 光盘检索

光盘（Optical Disc）是20世纪80年代出现的一种新的信息载体，其全称为高密度光盘（Compact Disc），主要是利用激光、计算机及光电集成等技术实现信息存储的数字化。光盘数据库检索从20世纪80年代后期开始，经历了大约10年相对兴盛的时期。目前，光盘数据库仍在局域网条件较好、广域网发展尚不成熟的地区使用。

一、光盘的种类

光盘应用计算机技术、激光技术、多媒体技术存取数字信息。因为光盘具有存储密度高、轻便、无机械磨损、易携带耐用等特点，从20世纪80年代中期生产后便很快占领市场，已被广泛用作信息载体、检索工具。

光盘按存储信息的种类可分为用来存储声音信息的激光唱盘、存储图像和伴音的激光视盘以及存储文字、数字等文件资料的数字光盘；按读取数据的性能来分，可分为以下几种：

（一）只读光盘

只读光盘（Compact Disc-Read Only Memory）中的信息是制造商事先写入和复制好的，用户只能读取或再现其中的信息。目前这类光盘的技术比较成熟，信息存储密度比磁盘等介质高得多，是国内外市场上CD产品的主流。它的特点是将数据先写到母盘上，然后大量复制拷贝供发行。由于采用工业化生产方式大批量生产，价格低廉，且标准统一，用户使用光盘驱动器或播放机即可读出不同厂家生产的光盘上的信息。

（二）写一次光盘

这种光盘不仅可以读出信息，还能记录新的信息。它的存密度比只读光盘小，适用于现场记录数据，盘片和驱动器价格较高，且尚未标准化。目前市场上可见的有：一写多读光盘（Write Once Read Many，WORM），随录随写数字数据光盘（Direct Read After Write，DRAW），光卡式光盘（Optical Card，OC）。

（三）可擦写光盘

这种光盘不仅可多次读，而且可多次写——信息写入后可以擦掉，并重写新的信息。其容量为10MB至1GB不等，可代替磁带、磁盘，目前已进入实用化阶段。其主要类型有可擦式（Erasable）光盘和编程式可擦光盘（CD-Erasable Programmable Read Only Memory，CD-EPROM）。

二、光盘检索系统

（一）光盘检索系统的特点

1. 优点

（1）使用方便快捷。光盘检索不像联机检索需要通信线路和网络，它是独立的检索系统，随时可以启动使用，不受通信线路不畅、网络拥塞等因素的影响和限制，方便了用户的使用。

（2）检索界面友好，检索功能强大。光盘检索系统所提供的帮助信息可以使用户很方便地学会检索；功能键的普遍使用、窗口式直观界面和鼠标控制等，相对于联机检索操作简单、易学，是直接面向用户的检索系统。

（3）一次购买，可以无限制使用，检索费用低，在检索过程中对用户的心理压力小。

（4）可将文本、声音、图像和动态形象结合在一起，实现多媒体检索。

（5）检索结果输出方式灵活，可直接获取全文。用户可以根据自己的需要，对检索到的信息选择拷盘、打印、套录建库及网上传输等多种方式输出。

2. 局限性

（1）数据更新有一定的周期，时效性、灵活性远不如联机检索。

（2）目前光盘数据库的容量有限，一般是按专业和领域建库，收录范围不够广泛。

（3）一次性购买费用高，对使用频率不高的单位或个人来说相对成本较高。

（4）设备和软件的兼容性较差，各种光盘数据库检索系统目前还难以实现标准化和统一化。

（二）光盘检索系统的类型

CD-ROM 数据库用于检索有两类：单机光盘检索系统和联机光盘检索系统。

1. 单机光盘检索系统

单机（Stand-Along）光盘检索系统由微机、光驱（Optical Driver）、光盘数据库等硬件设备和驱动程序、操作程序、检索程序等软件组成，自成一体，提供单用户、单机的使用，系统结构简单，但数据量少、利用率低。

2. 联机光盘检索系统

联机光盘检索系统将光盘上网，一般只提供在局域网上的检索，如图书馆网、校园网等。它可以连接到许多用户终端，网上用户可以分时共享光盘数据库的信息。光盘由服务器（Server）管理运行，它们的光驱是多盘的，有光盘塔（Tower）和光盘库（Jukebox）。光盘塔分别有 4 张、7 张、14 张、28 张光盘为一组的，以电子方式驱动。光盘库可安插上千张光盘，一般用它来安装数据量巨大的全文数据库光盘。

（三）常见光盘数据库简介

1. 文献书目型数据库

属于文献书目型数据库（Bibliographic Database）的检索光盘很多，如：Ei（美国工程索引）光盘数据库，CA（美国化学文摘）光盘数据库，我国出版的《中文科技期刊篇名》光盘数据库等。

2. 手册指南型数据库

手册指南型数据库（Directory Database）主要是对一些公司、团体、企业、研究机关、名人、化学物质等作简单介绍。通过这种数据库可以查到公司、团体、企业、研究机关的地址、电话号码、产品目录、研究项目、名人经历、物质名称、分子式等有关内容。这种手册指南型数据库与前述书目型数据库有较大差异，使用时应注意以下几个方面：

（1）手册指南型数据库收录的是指南性资料，而书目型数据库收录的是文献型资料。

（2）手册指南型数据库中有一些可计算的数字字段，包括“<”、“>”、“=”等符号，而书目型数据库中数字字段很少。

（3）从检索途径来看，手册指南型数据库常用公司名、产品名、人名、产品代码等进行检索，很少用主题检索；而书目型数据库则经常用主题查找有关文献。

常见的手册指南型数据库如《百家工商企业资讯大全》、《The CD-ROM 产品目录》、《Standard & Poor’s Corporations》等。

3. 数值型数据库

数值型数据库（Numeric Database）由各种统计数据、调查数据或经过处理的各种数据表格组成，是一种机读数值型数据、统计数据、物理数据和化学数据的记录集合。该数据库除包含各种数值数据外，有时也包含文字，但仅包含用来定义数字所必需的最小量文字。

与书目型数据库相比，数值型数据库是更高层次上进行情报加工的产物，它可提供在各种科学研究中获得的试验数据、测量数据、计算结果、记录数据；也包括工程设计、经济分析与预测、工业规划等方面的数据。

数值型数据库所涉及的主题既包括科学技术，也包含社会科学。在科学技术方面，主要包括在规定系统上可重复测量的数据、观测数据和统计数据 3 类科技数据。在社会科学方面，数据库内容以经济和经营方面的为主，包括经济统计及预测、财政金融和商业方面的内容，尤其以商情、产品、公司、工业等方面的数据库最具特点，如公司名录、产品和商品样本库等。如我国万方数据库中就包括《企业产品库》、《化工产品库》、《万方商务库》等许多数值型数据库。

4. 全文型数据库

全文型数据库（Complete Text Database）是一种机读型一次文献库，如新闻报道、法律法规、期刊论文、辞典、百科全书等。用户通过这些数据库既可检索某些章、节、段落的内容，也可查阅原始文献的全文。这种数据库规模大，内容丰富，除文字外，还包括图像。它是一种集书目型数据库、手册指南型数据库、数值型数据库等数据库之大成，发展迅速、很有前途的一种数据库。

近几年，我国出版了诸如《中国学术期刊（光盘版）全文数据库》、《参考消息四十年光盘（1957—1997）全文数据库》、《经济日报》15 年全文光盘数据库、《科技日报》等全文数据库。

5. 多媒体光盘数据库

多媒体技术是以数据库技术为基础，融通信技术、传播技术（广播、电视）和计算机技术为一体，能够交互处理、传递和储存文字、图像、声音、视频信号等多种媒体信息的一种综合性现代化技术。下面简要介绍几种多媒体光盘数据库。

（1）《康普顿多媒体百科全书》（Compton's Interactive Encyclopedia）。其中包括 5200 多篇特辑、28000 篇短文、7000 多张图片、长达 50 多分钟的音效和叙述，以及几十节视频节目。

（2）《哺乳动物百科全书》。这是一部由美国地理学会制作的多媒体百科全书式数据库。其内容包括数百张各类哺乳动物的照片、地图，以及动物运动的视频图像。

（3）《中国旅游信息库》。该光盘的信息量相当于 2000 万汉字，用户可以通过它方便、快捷地查到行、住、食、游、购、娱等各方面信息。其内容主要由文字信息、地理图形、风光图像以及音乐等组成，分为中国概况、旅游指南、分类信息、中国风光四大功能查询。

三、光盘检索方法

光盘检索在检索方法上既有计算机检索的许多共性，如布尔逻辑检索、位置检索、字段限定检索、词表查询、指令导引、菜单导引等，又有其自身特点，如可以灵活的多途径检索、用户现场（On Site）检索、个体化服务，数据库可读性更强，在检索式的结构、功能和检索策略的模式等方面都有独特之处。

光盘检索通常采用菜单方式，根据菜单提示、指引，通过选择、确定、键入以及一些功能键的使用，一步一步地执行检索，修改检索提问，直至完成全过程。光盘检索界面友好，允许人机对话，不需要专门的学习和培训，只要认真遵循界面的指示操作，总能达到检索目的。

因其操作方式简单，使用时间宽松，因此称光盘检索为 easy-to-use 检索。面对众多的光盘生产厂商的品种各异的数据库产品，使用菜单方式就避免了用户不知所措、寸步难行的困惑。但由此带来的不足也很突出：检索步骤多，反复操作，检索的时间长，检索精度一般也不如命令检索。

对所选数据库的记录格式有所了解，有利于提高检索质量和效率。各种光盘数据库产品的检索方法各异，但是，一般来说，光盘检索系统的检索界面比较友好，可以根据系统提示及帮助独立地进行检索。

第三节　网络信息检索

网络信息检索的对象主要是存在于 Internet 信息空间中各种类型的网络信息资源。伴随网络化、数字化而产生的网络信息资源具有数量大、类型多、多媒体、非规范、跨地域、跨行业、跨语种的特点，其包罗万象的环球信息资源库业已成为人类智慧的海洋、知识的宝库，是当今人们进行科学研究、商业活动和共享信息的重要手段与最主要的渠道。

一、网络基础知识

（一）计算机网络

所谓计算机网络，就是把分布在不同地理区域的计算机与专门的外部设备用通信线路互连成一个规模大、功能强的网络系统，从而使众多的计算机可以方便地互相传递信息，共享硬件、软件、数据信息等资源。它是现代通信技术与计算机技术相结合的高科技产物。

按计算机联网的地理范围划分，网络可分为 3 种：

（1）局域网（Local Area Network，LAN）：通常局限在 10km 的范围之内，采用有线的方式连接起来。目前最常用的是以太网，如各高校校园网。

（2）城域网（Metropolis Area Network，MAN）：规模局限在一座城市的范围内，10 ~ 100km 的区域，目前较少提及。

（3）广域网（Wide Area Network，WAN）：网络跨越国界、洲界，直至全球范围。

目前，局域网和广域网是网络的热点。局域网是组成其他两种类型网络的基础；城域网一般都加入了广域网；广域网的典型代表是 Internet。

（二）Internet 简介

Internet 简单地说是计算机网络的网络，是一个遍布全球的计算机网络系统。也就是说，Internet 的组成单元是计算机网络。Internet 最初起源于美国，它的前身是美国国防部高级研究所计划局（ARPA）于 1969 年建立的军用实验网络（名字为 ARPANET）。

Internet 代表着全球范围内一组无限增长的信息资源，其内容之丰富难以用语言文字描述。它是第一个实用信息网络，入网的用户既可以是信息的消费者，也可能是信息的提供者。随着网络的不断扩大，Internet 的价值越来越高。

我国于 1994 年 4 月正式连入 Internet，到 1996 年年初，中国的 Internet 已形成了四大主流体系：中国科学网（CSTNET）、中国教育网（CERNET）、中国互联网（CHINANET）、金桥信息网（CHINAGBN）。前两个网络主要面向科研和教育机构，后两个网络以经营为目的，是属于商业性的 Internet。

（三）Internet 的几个重要概念

（1）TCP/IP 协议。Internet 网上有许多不同的计算机，运行着不同的操作系统，为了使计算机或终端之间能够正确地传送信息，必须就信息的传输顺序、信息格式和信息内容等进行约定。这一整套约定称为网络协议。TCP/IP 协议（Transport Control Protocol/Internet Protocol，传输控制协议/网际协议）是世界上应用最广的异种网互联的标准协议，是 Internet 的核心协议，是互联网络信息交换、规则、规范的集合。

TCP/IP 协议中，TCP 传输控制协议对应于 OSI（Open System Interconnection，开放系统互联参考模型）七层的传输层，IP 网际协议对应于 OSI 七层的网络层。

（2）地址与域名。Internet 上的海量信息存放在什么地方呢？实际上，这些信息是存放在世界各地称为“站点”的计算机上的。为了区别各个站点，必须为每个站点分配一个唯一的地址，这个地址即称为“IP 地址”。IP 地址也称为 URL（Unique Resource Location，统一资源定位符）。

IP 地址由四个从 0 到 255 之间的数字组成，如 202. 114. 200. 254，但这些数字比较难记，所以有人发明了一种新方法来代替这种数字，即“域名”地址。域名由几个英文单词组成，如“www. cug. edu. cn”具有一定的意义，其中“cn”代表中国（China），“edu”代表教育网（education），“cug”代表中国地质大学（China University of Geosciences），“www”代表全球网（或称万维网，World Wide Wed），整个域名合起来就代表中国教育网上的中国地质大学站点。

Internet 的域名系统是为方便解释机器的 IP 地址而设立的。域名系统采用层次结构，按地理域或机构域进行分层。书写中采用圆点将各个层次隔开，分成层次字段。

（3）HTTP（Hype Text Transport Protocol，超文本传输协议）。HTTP 是 WWW 服务器和浏览器之间传输数据的通信协议，在 WWW 上使用。

（4）FTP（File Transfer Protocol，文件传输协议）。FTP 用来通过网络从一台计算机向另一台计算机传送文件。在 Internet 上进行的几乎所有的文件传输，无论它是通过 FTP 客户机软件，还是通过 Gopher 或 WWW 浏览器来进行的，最终都要通过 FTP 协议来实现。

（5）WWW（World Wide Web，万维网）。WWW 中的信息资源主要由一篇篇的 Web 文档，或称 Web 页为基本元素构成。这些 Web 页采用超级文本（Hyper Text）的格式，即可以含有指向其他 Web 页或其本身内部特定位置的超级链接。

（6）HTML（Hype Text Markup Language，超文本标记语言）。HTML 对 Web 页的内容、格式及 Web 页中的超级链接进行描述，而 Web 浏览器的作用就在于读取 Web 网点上的 HTML 文档，再根据此类文档中的描述组织并显示相应的 Web 页面。

（四）上网常备软件

（1）Web 浏览器软件。如目前广泛使用的浏览器软件是 Microsoft 的 IE（Internet Explorer）。另外，近两年出现了一些基于 IE 内核的有独特性的 Web 浏览器，都是采用同一窗口、多页面浏览方式，界面美观，操作简单，如 MYIE、NetCaptor 和中文浏览器等。

（2）杀毒及防火墙软件。上网一定要有安全意识，杀毒软件是必不可少的。目前国内常用的有瑞星、江民、金山等，国外著名的有 Norton、Kaspersky（卡巴斯基）、McAfee 等。各防杀毒软件生产商一般也有对应的防火墙软件，还有一些专门生产的防火墙软件，如天网。安装了防杀毒软件后，应全面启用其实时监控功能。

（3）压缩软件。文件被压缩后，占用磁盘空间小且在网上传输速度快，所以下载的文件后缀经常见到“. zip”和“. rar”，这就需要 Winzip 和 Winrar 压缩软件来打开。这两个软件都支持对压缩文件直接打开的功能。

（4）FTP 软件。网上有许多存放大量各类文件（软件）的 FTP 服务器，FTP 软件就是专门访问这些 FTP 服务器并能实现上传或下载的软件。虽然 IE 也有 FTP 功能，但不如专业 FTP 软件界面友好、操作简便、功能强大。常见的 FTP 软件有 CuteFtp、LeapFtp 等。

（5）下载工具。下载工具是指能从各种服务器（主要是 Web 服务器和 FTP 服务器）高速下载文件的软件，如 FlashGet 和 NetAnts 等。该类型软件都支持断点续传和多任务下载，且最新版的还能进行下载软件的管理。

（6）电子阅读器。目前国内有多家数字图书馆网站，要阅读其上的电子图书，就要安装相应的阅读器软件。

（7）翻译软件。翻译软件有金山词霸、金山快译等。金山词霸能进行单词或词组的屏幕抓词翻译，快译能实现整个窗口内容的翻译（主要是英汉翻译）。

（8）图像管理和浏览。常用的图像管理和浏览软件有国外的 ACDSee 和国内的豪杰大眼睛，这两款软件还具有简单的图像处理能力。而 HyperSnap-DX 则是抓取图像最好的工具之一。

(9) 多媒体播放软件。要领略网上丰富的视听资源，离不开多媒体播放软件，如播放MP3的软件Winamp，在网上收听收看实时Audio、Video和Flash的最佳工具Realone（原Realplayer）等。还有微软的Media Player和国内的超级解霸都非常有名。

(10) 交际软件。网络的出现改变了人们的交流方式，随着宽带网的普及，在网上使用交际软件越来越流行，如QQ、MSN和雅虎通等。它们能实现实时聊天（文字、画板、语音），若配上摄像头，还可以进行视频通话。

二、网络信息检索工具

在Internet上有不同的信息资源，需要使用不同类型的网络信息检索工具。网上资源虽然丰富，但并非唾手可得，这就好比地球上的宝藏需要人带着工具去勘探开发一样。

为了解决这个问题，从20世纪80年代起人们就开发了如搜寻FTP资源的Archie，如稍早查询Usenet新闻组资源的WAIS，检索Gopher网站资源的Veronica和Jughead等检索工具。从90年代中期起又出现了检索万维网信息资源的搜索引擎技术，并以此构造检索所有各类网络信息资源的集成化支撑体系。目前，Web检索工具已成为人们获取因特网信息资源的主要检索工具和手段，也几乎成了网络信息检索工具的代名词。

（一）网络信息检索工具的一般构成

1. 信息搜集模块

信息搜集模块对网上信息资源的搜集方式主要有人工搜集和自动采集两种。

人工搜集是由专门的信息人员收集网上信息，并按规范进行分类标引，组建成索引数据库，这种采集方式可以保证所收集信息的质量和标引质量。

自动采集是由一些搜索软件（如Robot、Spider、Crawler、Worms、Wander等）来完成的。这些软件自动跟踪搜寻网络资源，记录其网址，描述其特征及内容，建立索引数据库，并不断地自动更新数据库。这种采集方式保证了入库信息的及时性。现在许多网络检索工具采取自动采集和人工标引相结合的方式建立数据库。

2. 数据库模块

数据库模块主要是利用数据库管理系统来组织所采集标引的网页信息，形成索引数据库。不同的网络检索工具，数据库收录网络资源的类型与范围不同，标引方式也不同。有的收录各种类型的资源，如Web、Usenet、FTP、Gopher等，有的只收录Web、Usenet等；有的标引主页的地址、标题、特定的段落和关键词，有的对主页的全文进行标引。

3. 检索软件

检索软件负责处理用户的检索提问，并将检索结果提交给用户。不同的网络检索工具，采用的检索软件不同，提供的检索功能、支持的检索技术不同，对检索结果的处理方式不同。检索软件功能的强弱直接影响检索效果。检索软件功能强弱的判定，主要是看检索界面是否友好、检索技术是否灵活多样、检索途径多少等几方面。

网络检索工具的工作原理可概括为：通过信息搜集模块来广泛搜集网络信息资源数据，经过一系列的判断、选择、标引、加工、分类、组织等处理后形成供检索用的数据库，创建目录索引，并大多以 Web 页面的形式向用户提供有关的资源导航、目录索引及检索界面。用户可根据自己的信息查找要求，按照该检索工具的句法要求输入检索项和提问式。系统检索软件接收用户提交的检索提问式后，按照本系统的句法规定对用户输入的字符串、运算符、标识符、空格等进行识别和判断后实施检索，并对检索结果进行评估比较，按相关度排序后提供给用户。

（二）网络信息检索工具的主要类型

目前，各类网络信息资源（Telnet、FTP、Gopher、Web）均有了相应的网络检索工具。尽管划分网络检索工具的角度和标准有许多，但根据检索工具针对的数据资源类型，可划分为非 Web 资源检索工具和 Web 资源检索工具两大类。

1. 非 Web 资源检索工具

非 Web 资源检索工具主要检索特殊类型的信息源（参见第一章第二节内容）。

（1）Archie：检索 FTP 文件。

（2）Veronica：搜索 Gopher 服务器。

（3）WAIS：全文信息检索工具。

（4）Deja News：检索新闻组等。

2. Web 资源检索工具

Web 资源检索工具主要检索万维网站点的资源，搜索引擎（Search Engines）是其典型代表。搜索引擎又可分为索引型搜索引擎、目录型搜索引擎和元搜索引擎。现在越来越多的 Web 资源搜索引擎具备了检索非 Web 资源的功能，使它们成为检索多类网络信息资源的集成化工具。随着 Web 资源的出现，非 Web 资源检索工具的作用有所减弱。

一般搜索引擎主要由网络蜘蛛、索引与搜索引擎软件等部分组成。其总体结构如 3-6 所示。

（1）网络蜘蛛。它也称“爬行者（Crawler）”，是一个功能很强的程序，它

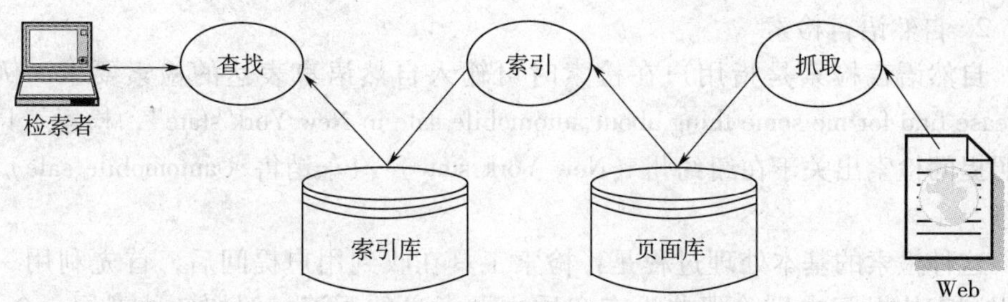

图 3-6　搜索引擎总体结构

会定期根据预先设定的地址去查看对应的网页，如网页发生变化则重新获取该网页，否则根据该网页中的链接继续去访问。网络蜘蛛访问页面的过程是对互联网上信息遍历的过程。为了保证网络蜘蛛遍历信息的广度，一般事先设定一些重要的链接，然后对这些链接进行遍历。在遍历过程中不断记录网页中的链接，不断遍历下去，直到访问完所有的链接。

（2）索引。网络蜘蛛将遍历得到的页面存放在临时数据库中。为了提高检索的效率，需要建立索引。索引一般按照倒排文件的格式存放。如果索引不能及时更新，网络蜘蛛带回的新信息就不能被使用搜索引擎的用户查到。

新信息更新周期 = 网络蜘蛛停止的时间 + 网络蜘蛛遍历的时间 + 索引建立的时间

（3）搜索引擎软件。该软件用来挑出符合查询要求的网页，并把它们分级排序，与查询关键字关联大的排在前面，然后将分级排序后的结果显示给查询用户。

（三）网络信息检索工具的检索功能

随着网络检索工具的不断发展，现在的网络检索工具除具备基本的检索功能（布尔检索、截词检索、位置检索等）外，还包括一些高级检索功能。

1. 加权检索

所谓加权检索，即在检索时给某个检索词一定的权值，以表示其重要程度，多采用加、减号来表示。加号表示某检索词一定要包含在检索结果中，减号表示某检索词一定不能包含在检索结果中。

如检索式“ + 亚洲 + 金融风暴 - 南美洲”的检索结果除一定包含“亚洲”和“金融风暴”这两个词之外，还要排除关于南美洲的信息，即检索结果中一定不能有“南美洲”这个词。

由于加权检索技术在网络信息检索上应用的时间较短，因此，检索提问往往不能获得预期的效果。最突出的例子是，如果在一个检索提问中使用了表示加权检索的加号或减号，其余未加符号的检索词在检索过程中的作用将被大大减弱。

2. 自然语言检索

自然语言检索是指用户在检索时可输入自然语言表达的检索要求，例如“please find for me some thing about automobile sale in New York state”，检索工具会按照提问检索出关于在纽约州（New York state）汽车销售（automobile sale）的信息。

这种检索的基本处理过程是：检索工具在收到用户提问后，首先利用一个禁用词表从提问中剔除那些没有实质主题意义的词汇，例如各种副词、介词、代词、常用请求词（please、help、would、may 等）、检索提问词（find、search、locate、check、information、materials 等），然后将余下的词汇作为关键词进行检索。显然，自然语言检索的效果取决于检索工具选择关键词的效率。这方面还有待完善，如禁用词表的构成等。

3. 相关信息反馈检索

在检索过程中人们会发现某个结果非常符合自己的需要，因此希望能进一步检索到与该结果类似的结果，这称之为相关信息反馈检索。这种检索的基本原理是：检索工具将用户所选定的结果网页中包含的关键词找出，通过它们在这个网页中出现的频率和位置等来计算各自的相关度，然后选出相关度较高的词汇作为下一步检索的检索词。

4. 模糊检索

简单地说，模糊检索就是允许检索单元和检索提问之间存在一定的差异，这种差异即“模糊”在检索中的含义。模糊检索中所指的差异往往来自于用户在输入检索提问时的输入错误，如少键入一个字，打错一个字母等。另一类差异来自某些词汇不同的拼写形式，例如，单复数，“catalog”和“catalogue”。这时，检索工具应该能够检索到用正确词汇或其他变形形式标引的结果，而不是简单地告诉“输入错误”或“没有结果”。

5. 概念检索

所谓概念检索，是指当用户输入一个检索词后，检索工具不仅能检索出包含这个具体词汇的结果，还能检索出包含那些与该词汇同属一类概念的词汇的结果。如查找“公共交通”这一概念时，有关“公共汽车”或“地铁”的信息也能随之检出。在此意义上，概念检索实现了受控检索语言的一部分功用，即考虑到了同义词、广义词和狭义词的使用。Excite 在概念检索方面是较为成功的范例。

除上面介绍的常用高级检索功能外，目前网络信息检索领域还陆续出现了一些与检索相关的其他功能，如检索提问的修改与限制、按相关度排列结果、支持检索与浏览并行、支持检索结果的翻译和多语种检索等。

总之，从检索功能来看，网络检索工具的发展已取得长足的进步，已经具备了相当齐全和复杂的检索功能，然而具体到单个检索工具，它们的功能还有待完善，至今仍没有一个网络检索工具可以完全支持上述所有功能。与联机和光盘环境下的检索工具（如 DIALOG、Silver Platter）相比，网络信息检索工具的检索功能还有待改进，尤其是在提高查准率方面。

三、中外著名搜索引擎及使用技巧

（一）搜索引擎的类型

搜索引擎按其工作方式可分为 3 种：全文搜索引擎，目录索引类搜索引擎和元搜索引擎。

1. 全文搜索引擎

全文搜索引擎（Full Text Search Engine）是名副其实的搜索引擎，它们都是从通过互联网上提取的各个网站的信息（以网页文字为主）而建立的数据库中，检索与用户查询条件匹配的相关记录，然后按一定的排列顺序将结果返回给用户。

国外具代表性的全文搜索引擎有 Google、Fast/AllTheWeb、AltaVista、Inktomi、Teoma、WiseNut 等，国内著名的有百度（Baidu）。

从搜索结果来源的角度，全文搜索引擎又可细分为两种。一种是拥有自己的检索程序（Indexer），俗称“蜘蛛”（Spider）程序或“机器人”（Robot）程序，并自建网页数据库，搜索结果直接从自建的数据库中调用，如上面提到的 7 家引擎。另一种则是租用其他引擎的数据库，并按自定的格式排列搜索结果，如 Lycos 引擎。

2. 目录索引类搜索引擎

目录索引（Search Index/Directory）虽然有搜索功能，但在严格意义上算不上是真正的搜索引擎，仅仅是按目录分类的网站链接列表而已。用户完全可以不用进行关键词（Keywords）查询，仅靠分类目录就可找到需要的信息。目录索引中最具代表性的莫过于大名鼎鼎的 Yahoo！其他著名的还有 Open Directory Project（DMOZ）、LookSmart、About 等。

3. 元搜索引擎

元搜索引擎（Meta Search Engine）在接受用户查询请求时，同时在其他多个引擎上进行搜索，并将结果返回给用户。著名的元搜索引擎有 InfoSpace、Dogpile、Vivisimo 等，中文元搜索引擎中具代表性的有搜星搜索引擎。在搜索结果排列方面，有的直接按来源引擎排列搜索结果，如 Dogpile；有的则按自定的规则将结果重新排列组合，如 Vivisimo。

4. 其他搜索引擎

除上述 3 类引擎外，还有以下几种非主流形式：

(1) 集合式搜索引擎。如 HotBot 在 2002 年年底推出的搜索引擎。该引擎类似元搜索引擎，但区别在于不是同时调用多个引擎进行搜索，而是由用户从提供的 4 个引擎当中选择，因此叫它“集合式”搜索引擎更确切些。

（2）门户搜索引擎。如 AOL Search、MSN Search 等虽然提供搜索服务，但自身既没有分类目录也没有网页数据库，其搜索结果完全来自其他引擎。

（3）免费链接列表（Free For All Links，FFA）。这类网站一般只简单地滚动排列链接条目，少部分有简单的分类目录，规模比起 Yahoo 等目录索引要小得多。

（二）国外典型搜索引擎选介

在互联网上，中文内容只占约 4%，绝大多数是英文内容，所以只有掌握英文搜索才能真正深入互联网。但是，英文搜索引擎很多，变化也很快，应该用哪个搜索，如何搜索呢？下面介绍几个最有代表性的英文搜索引擎。

1. Ask

其网址为 www. ask. com，主页如图 3-7 所示。

Web | Pictures | News | Local | Products | More »

Search Advanced Options

Ask Jeeves Picture Search
Try the Space Shuttle

图 3-7　Ask 主页

Ask 又名 Askjeeves，是一个支持自然提问的搜索引擎，它的数据库里储存了超过 1000 万个问题的答案，只要你用英文直接输入一个问题，它就会给出答案，如果你的问题答案不在它的数据库中，那么它会列出一串跟你的问题类似的问题和含有答案的链接，供你选择。

当我们遇到一些属于事实型、原理型的问题时，使用 Ask 是最方便的。例如：

- “美国历任总统中就任时年纪最轻的是谁？”
- “阿富汗的首都叫什么？”
- “飞机是哪一年发明的？”
- “雪为什么是白的？”
- “恐龙为什么灭绝？”
- “后街男孩的网站在哪里？”

你还可以问他各种奇怪的问题，它都会给你答案。例如：

- “现在几点了？”

- “罗马帝国为什么崩溃？”
- “圣诞老人住在哪里？”

2. Dmoz

其网址为 www. dmoz. org. com，主页如图 3-8 所示。

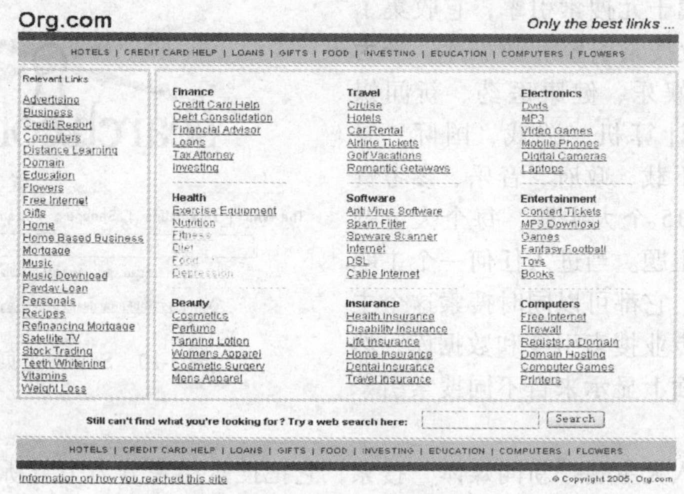

图 3-8　dmoz 主页

Dmoz 又名 ODP，收录了 40 多万子目录和近 300 万个网站，是目前世界上最大也是最好的网站分类目录，已经被世界各国 400 多个网站选作默认搜索引擎。

Dmoz 使用起来非常方便，它提供相关目录，使初学者不会被太多的网站弄迷途，它还用一颗小星星推荐各个目录下最好的网站。

3. Google

其网址为 www. google. com（英文版）；www. google. com/intl/zh-CN/（中文版），英文版主页如图 3-9 所示。

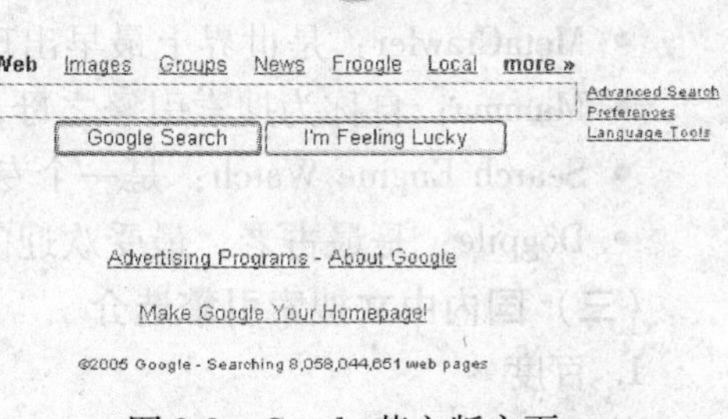

图 3-9　Google 英文版主页

Google 是国内外很受欢迎的搜索引擎，界面简洁，以搜索结果的准确性高著称，它的网页快照和图片搜索也很有特色。网页快照就是网页的备份，当你在 Google 搜索的时候，如果发现某条搜索结果点不进去，是死链接，那么只要点击搜索结果旁边的网页快照（Cached），就能看到 Google 保存的备份网页。

Google 还有世界上最大的图片搜索

引擎，收集了互联网上3.3亿张图片，如果你想找某个偶像的照片、某个名胜的风景照、军事兵器图片等，只要输入合适的英文单词，很容易找到满意的图片。

4. Search

其网址为 www. search. com，主页如图 3-10 所示。

Search 属于元搜索引擎，它收集了 800 多种专业搜索引擎和数据库，分为商业金融、娱乐、健康医药、新闻媒体、评论、计算机、游戏、国际、寻人、购物、下载、政府、音乐、参考资料、旅行共 15 个大主题，每个大主题又分许多小主题。当进入任何一个主题搜索的时候，它都可以同时搜索这个主题下的多个专业搜索引擎和数据库，然后在一个页面上显示来自不同搜索引擎的搜索结果。

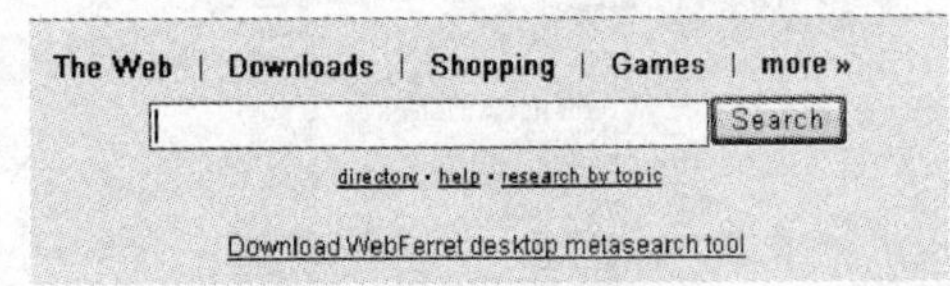

图 3-10　Search 主页

比如进入大主题“新闻媒体”搜索，它把搜索结果分为头条新闻、商业新闻、体育新闻、娱乐新闻、科技新闻、杂志、报纸，如果再进入小主题“科技新闻”搜索，那么它可以同时搜索 CNET、PC World、ZDNet、IDG. net、Tech-Web 这 5 个著名的科技新闻网站，足够保证你得到最全最新的科技新闻。

每个搜索引擎都有独特的优缺点，不同的需要就应该使用不同的搜索引擎。对于搜索英文内容，我们给出一些建议以供参考：上网随便逛逛就用 dmoz，平时搜索就用 Google，有问题就问 Ask，要做特定的主题搜索就用 Search。

此外还有如下一些优秀的搜索引擎，限于篇幅就不一一介绍了。

- Fast/AllTheWeb：总部位于挪威，势头直逼 Google 的后起之秀
- AltaVista：曾经的搜索引擎巨人，目前仍被认为是最好的搜索引擎之一
- Overture：最著名的搜索引擎广告商，也是全文搜索引擎
- Lycos：发源于西班牙的搜索引擎，网络遍布世界各地
- HotBot：隶属于 Lycos Networks，搜索结果来自其他搜索引擎及目录索引
- MetaCrawler：是世界上最早出现的元搜索引擎之一
- Mamma：自称为搜索引擎之母，可同时调用多个独立搜索引擎
- Search Engine Watch：是一个专门介绍搜索引擎的网站
- Dogpile：是最古老、最受欢迎的集合型检索之一

（三）国内中文搜索引擎选介

1. 百度

其网址为 http：//www. baidu. com，主页如图 3-11 所示。

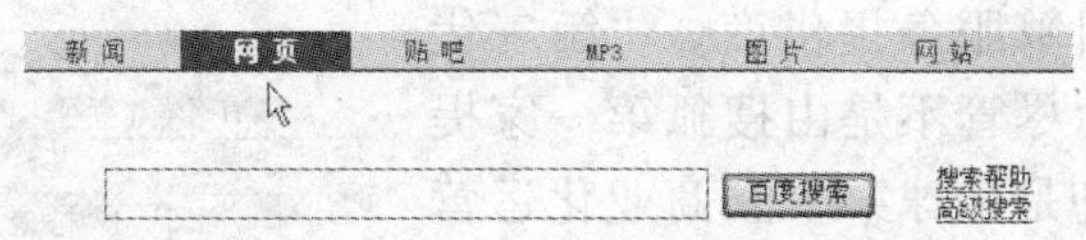

图 3-11　百度主页

百度是国内最大的商业化全文搜索引擎。其功能完备，搜索精度高，除数据库的规模及部分特殊搜索功能外，其他方面可与 Google 相媲美，在中文搜索支持方面有些地方甚至超过了 Google，是目前国内技术水平最高的搜索引擎。

百度搜索引擎由四部分组成：蜘蛛程序，监控程序，索引数据库，检索程序。

百度目前主要提供中文（简/繁体）网页搜索服务，如无限定，默认以关键词精确匹配方式搜索；支持“－”、“.”、“|”、“link:”、“《》”等特殊搜索命令；在搜索结果页面，百度还设置了关联搜索功能，方便访问者查询与输入关键词有关的其他方面的信息；提供“百度快照”查询；其他搜索功能包括新闻搜索、MP3 搜索、图片搜索、Flash 搜索等。

2. 天网

其网址为 http://e.pku.edu.cn，首页如图 3-12 所示。

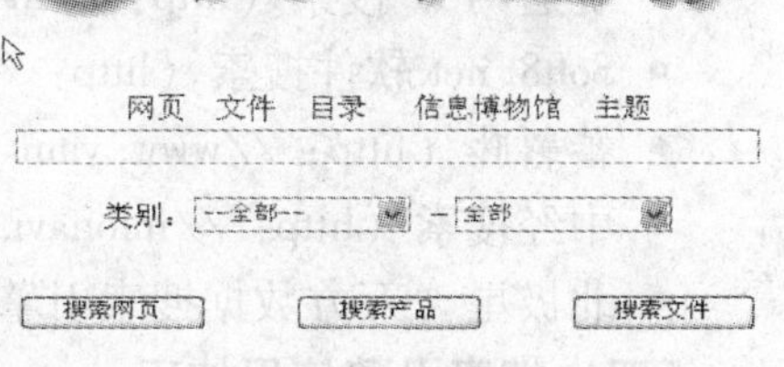

图 3-12　天网首页

天网资源检索系统是中国教育和科研计算机网示范工程应用系统课题成果。其特点是更新较快，功能规范；反馈内容完整，包括网页标题、日期、长度和代码；可在反馈结果中进一步检索；支持电子邮件查询。其显著特点是，在语种上支持中英文搜索，而国内大部分搜索引擎都只收录中文网站，无法用来查找英文网站。

除了 WWW 主页检索外，天网还提供 FTP 站点搜索（“天网文件”）、“天网目录”和“天网主题”。

与 Google 类似，天网也提供了可以集成在 Internet Explorer 中的工具栏“天网搜霸”，它可放置于 Windows 的任务栏里，用户甚至不用打开 IE 就可以进行搜索。

3. 搜狗

其网址为 http://www.sogou.com/，首页如图 3-13 所示。

“搜狗”是搜狐在原分类目录搜索技术的基础上，于2004年8月正式推出的全新独立域名专业搜索网站，成为全球首家第三代中文互动式搜索引擎服务提供商。“第三代搜索引擎”的概念尽管不是由搜狐第一家提出，但“搜狗”却是全球第一家商业化运营的第三代搜索引擎产品。

图3-13　搜狗首页

第一代搜索是主要依靠人工分拣的分类目录搜索，以雅虎为代表；第二代搜索是依靠机器抓取的、建立在超链分析基础上的网页搜索，以Google为代表；所谓第三代互动式搜索，是以逻辑判断实现对搜索主题的快速分析，在用户查询和搜索引擎之间产生人机交互，引擎根据用户的查询内容，智能展开多组相关的主题，帮助用户找到相关搜索结果。

此外，其他一些常用的中文搜索引擎还有：

- 新浪（http://www.iask.com/）
- 网易（http://so.163.com/）
- 中国搜索（http://www.zhongsou.com/）
- 21cn搜索引擎（http://search.21cn.com/）
- Tom.com搜索（http://i.tom.com/）
- 多来米搜索（http://search.myrice.com/）
- 赛迪网IT搜索（http://itsearch.ccidnet.com/）
- Soft8.net软件搜索（http://www.soft8.net/）
- 蕃薯藤（http://www.yam.com/gb/yam/）
- 中经搜索（http://infonavi.cei.gov.cn/）
- 北极星（万方数据搜索引擎）（http://www.beijixing.com.cn）

（四）搜索引擎使用技巧

搜索引擎为用户查找信息提供了极大的方便，只需输入若干关键词，任何相关资料都会从世界各个角落汇集到电脑里。然而，如果操作不当，搜索效率将会大打折扣，垃圾信息也会蜂拥而至。

1. 选择合适的搜索引擎

要完成一个有效搜索，除首先要明确搜索目的外，选择合适的搜索引擎非常重要。从前面的阐述我们知道，搜索引擎分几种，工作方式也不同，因而导致了信息覆盖范围方面的差异。仅集中于某一家搜索引擎是不可取的，因为再好的搜索引擎也有局限性，合理的方式应该是根据具体要求选择不同的搜索引擎。

从我们日常的信息需求来看，大致可分为两种，一种是寻找参考资料，另一种是查询产品或服务，那么对应的搜索引擎选择就应该是全文搜索和目录索引。

2. 提炼搜索关键词

毋庸置疑，选择正确的关键词是一切搜索的开始。学会从复杂搜索意图中提炼出最具代表性和指示性的关键词，对提高信息查询效率至关重要。有关检索词的选择，第二章第四节曾作过详细讨论，下面结合搜索引擎，再给出选择搜索关键词的原则性建议。

首先确定所要达到的目标，形成一个比较清晰的概念：找什么，是资料性的文档还是某种产品或服务，这些信息都有哪些共性或区别于其他同类的特性。从这些方向性的概念中归结出最具代表性的关键词，一般就能定位到要找的信息。

3. 细化搜索条件

给出的搜索条件越具体，搜索引擎返回的结果也会越精确。有时多输入一两个关键词，效果就完全不同，这是搜索的基本技巧之一。比如想查找有关电脑冒险游戏方面的资料，输入 game 可能无济于事，computer game 范围就会小一些，如果选择 computer adventure game，则返回的结果会精确得多。

由于中英文在词语排列上的差异，英文词与词之间有空格隔开，而中文则没有，使得中文切词成为搜索引擎的一大困难。因此在搜索关键词较多的情况下，可以将中文字词之间用空格隔开，避免过多的无效搜索。比如查中文电脑冒险游戏的资料，输入“电脑游戏　冒险”，而不是“电脑冒险游戏”。

此外，一些功能词汇和太常用的词，如英文中的“and”、“how”、“what”、“web”、“homepage”和中文中的“的”、“地”、“和”等，搜索引擎是不支持的。这些词被称为停用词（Stop Words）或过滤词（Filter Words），在搜索时这些词都将被搜索引擎忽略。

4. 用好逻辑命令

搜索逻辑命令通常是指布尔命令“AND”、“OR”、“NOT”及与之对应的“*”、“+”、“-”等逻辑符号命令。用好这些命令同样可使我们日常搜索应用达到事半功倍的效果。

5. 精确匹配搜索

精确匹配搜索也是缩小搜索结果范围的有力工具，此外它还可用来完成某些其他方式无法完成的搜索任务。除利用前面提到的逻辑命令来缩小查询范围外，还可使用"" 引号（注意为英文字符）。虽然现在一些搜索引擎已支持中文标点符号，但顾及到其他引擎，最好养成使用英文字符的习惯来进行精确匹配查询。

如" computer adventure games" 与 + computer + adventure + games 的区别是：后者限定网页中要同时包含 3 个关键字，但其顺序和相邻位置允许是任意的，而前者不仅要求网页中必须同时包含 3 个关键字，也要求关键字的次序完全相同。所以，带引号的查询范围更小。

此外，使用引号进行精确匹配查询还可用于达到我们特殊的搜索目的。比如一般情况下"who"、"i"作为停用词被搜索引擎忽略，但有时在搜索特别类型的信息时又必须包含这些停用词（如搜索影片名称"Who Am I"），这时我们可以将全部关键词用"" 号引起来，使搜索引擎把停用词作为短语的一部分进行搜索。

通过对上面这些逻辑符号的组合，能组成复杂的搜索条件，如" computer game" -adventure +new 等，从而使查询结果更加准确。

除上述功能外，现在搜索引擎都纷纷开始提供分类搜索，如新闻搜索、图像搜索、新闻组搜索、Flash 搜索等。总之，搜索引擎毕竟只是我们信息查询的一种工具，熟练掌握基本的搜索技能并将之巧加运用就能够应付日常的搜索需要了。

第四节　联机、光盘、网络检索的比较

光盘检索、联机检索与 Internet 网络信息检索同属计算机检索的范畴，都是一种借助计算机获取信息的手段。它们之间有着本质的联系和相同之处，如检索原理、所用数据和数据库结构。由于它们的发展历史不同，在许多方面存在差异，为加深对它们的认识，下面从 6 个方面对它们进行归纳比较。

1. 信息检索的开放程度不同

因特网是一个全面开放式的、自由组织的网络集合，每一个用户都可以共享网络上的信息资源，许多信息检索都是免费的。国际联机检索都是以数据库形式提供服务，数据库要加以结构化，需要做标引等工作才能检索，信息检索只对授权的用户开放且检索收费。光盘检索只要一次购买，可以无限制使用，检索费用低，在检索过程中对用户的心理压力小。

2. 检索范围和检索对象不同

因特网信息检索的范围是整个因特网上的信息资源，可同时对因特网上的多个主机甚至所有相关主机的某种资源进行检索，且不必知道这些资源所处的具体位置。而国际联机检索系统，其检索只能局限于某一地方的某一主机的特定数据库。因特网信息检索以因特网信息资源为检索对象，而国际联机检索以联机数据库为检索对象。

3. 检索手段和服务方式不同

因特网信息检索既可通过浏览器浏览检索，也可通过检索工具如搜索引擎

进行检索。其提供的服务有 WWW、电子邮件服务、文件传递服务、远程登录、交互式服务等，能够查找分布在因特网上的各种信息资源。国际联机检索一般是通过联机检索终端登录到远程的联机检索主机，才可使用联机检索主机上提供的各种服务，其服务方式有联机检索数据库、名录服务、索引服务、文件检索服务等。光盘信息检索有四种检索方式——导航目录检索、专项检索、组合检索和表达检索，提供文章分类、刊名、全文、篇名、作者、关键词等检索点。

4. 用户信息检索可选择性和检索效果不同

在因特网上检索信息，用户信息检索的范围大，同时难度也大，如果对网络检索工具的使用方法不熟练和技巧不全面，会导致信息检索的低效率。国际联机检索的用户对查准的需求超过了查全。国际联机检索数据库专指性强，信息组织更具系统性，为用户查找适合其需求的信息资源提供了便利。

5. 对用户检索技能的要求不同

网络检索工具不断趋于智能化，极大地方便了用户对因特网上信息的检索。以搜索引擎为代表的信息检索工具数量多，类型也较国际联机检索工具丰富得多，网络用户一般不需要经过太多的培训就能上网操作。联机信息检索对用户的检索技能要求较高，用户需经过专门的训练和学习才能掌握它的检索方法和技巧，需要熟记一系列复杂的检索指令和检索规则，一般用户要靠专业人员的帮助才能使用。光盘信息检索采用人机对话方式引导用户操作，且设有联机帮助，操作界面友好，易学易用。

6. 信息内容的更新时间不同

因特网是 20 世纪 90 年代发展起来的全球性信息网络，是无数个网络和系统的集合，数据更新较快，它的范围和规模比国际联机检索系统要大得多。国际联机检索是科技信息服务行业的传统情报检索系统，通常提供数十到数百个数据库的检索，涉及的主题比较广泛，以科技信息数据库为主，其科技信息积累时间长、学术性强。光盘是 20 世纪 80 年代出现的一种新的信息载体，由于在微机检索中应用的光盘基本上是只读光盘，因此，数据库信息的更新只有依赖于出版商，现有的光盘数据库大都采用季度更新的方式，这样的更新周期显然不能满足时效性要求高的检索需要。

习　题

1. 名词解释：TCP/IP 协议，IP 地址，DNS，HTML，HTTP，FTP，联机检索，脱机检索，光盘检索，网络检索，搜索引擎。

2. 计算机信息检索大体经过了哪几个发展阶段？检索方式有哪些？

3. 列出 DIALOG 联机检索系统中与所学专业相关的数据库。

4. 国内用户能免费使用的 OCLC 数据库有哪些？哪些数据库能检索到全文？

5. ORBIT、BRS、ESA-IRS、STN、MEDLARS 是什么检索系统？各自侧重哪些方面？

6. 光盘检索有哪两种类型？特点是什么？

7. 搜索引擎分为哪几种类型？具有代表性的搜索引擎有哪些？你常用的是哪一种？有何特点？

8. 运用所学知识，搜索有关“数据挖掘”的资料。练习调整检索策略来限定或拓宽检索结果。

9. 检索中经常遇到的问题是什么？你是如何解决的？举例说明。

10. 联机检索、光盘检索和网络信息检索对用户检索技能要求上有什么不同？

第四章

国内文献信息保障系统

【内容提要】

目前，我国已初步建立了相对完整的中文检索体系，中文参考数据库建设逐步进入了成熟实用阶段，已基本满足信息检索的需求。本章介绍国内常用的中文数据库系统，如CALIS、万方、CNKI、维普、人大报刊复印资料、中国科学引文索引、中文社会科学引文索引等，重点阐述它们的特点、数据库资源状况以及检索方法与使用技巧等。

第一节 国内文献检索刊物概况

一、我国文献检索刊物的发展

检索刊物体系的状态是衡量一个国家科技信息工作水平的尺度之一。我国检索刊物体系的建立，经历了一个从少到多，从翻译到自编，从以题录为主到题录、简介、文摘结合，再到现在的以文摘为主，逐步稳定化、标准化、系列化的过程。

解放前，文摘刊物已经出现。解放后，我国的检索刊物获得了较快的发展。1956年，中国科学技术信息研究所成立，同年，由该所翻译出版了前苏联的《机械制造文摘》和《冶金文摘》。到1961年，翻译出版的前苏联文摘增加到50种（分册），约占前苏联出版的文摘杂志的1/2。

1961年以后，我国的检索刊物从以翻译为主向“混编本”、“自编本”过渡，出版了《中国机械工程文摘》等。到1965年，陆续出版的自编检索刊物有30多种，101个分册，年报道量达36万条，内容涉及多个学科和专业。

1966年中国科学技术情报研究所出版了27种文摘的年度主题索引。到1966年6月，共出版检索刊物59种，112个分册，初步形成了我国科技文献检索刊物体系。

1991年，我国出版科技文献刊物129种，其中有59种是报道国内中文科技文献的刊物；22种是专门报道国外科技文献的刊物；同时报道国内外科技文献的有48种刊物。在编辑出版检索刊物的同时，越来越多的单位积极采用计算机技术，建立和扩充相应的文献数据库或指南数据库。如中国科学技术信息研究所重庆分所于1992年6月首次推出了中文科技期刊篇名数据库光盘。

目前，我国科技文献检索刊物体系已比较完备，在收录的文献内容和类型，报道的学科专业范围，检索手段和方式，检索工具的类型和出版形式，文献著录、标引标准化等方面都有了很大的改进。

二、国内检索刊物选介

以下简要介绍我国检索刊物体系中的主要目录、索引及文摘。

(一)《全国总书目》和《全国新书目》

《全国总书目》由新闻出版总署信息中心、中国版本图书馆编，中华书局出版，年刊，是国内唯一的年鉴性编年总目。自1949年以来逐年编纂，收录全国当年出版并公开发行的各种文字的初版和修订版的各类图书，是出版社、图书馆、科研教学等部门必备的工具书，是检索我国公开出版的科技图书和部分内部出版的科技图书的主要检索工具。其编排分为3部分：分类目次，专题目录和附录。附录包括全国报刊杂志目录、出版社一览表、丛书索引等。

《全国新书目》能迅速报道全国每月每类图书的出版发行信息，是目前查找全国范围内新书的最快的手工检索工具，月刊。

从检索上来看，《全国总书目》、《全国新书目》都是按类编排的，没有提供书名和主题检索途径。

(二)《全国报刊索引》

该刊创刊于1951年，由上海图书馆编辑出版，月刊。收录中央和各省、市、自治区出版的报纸、杂志资料，以题录形式报道。通过索引，能查到我国主要报刊上的科技论文和资料。该刊从1980年分为科技版和哲学、社会科学版两部分。

全国报刊索引数据库是《全国报刊索引》的电子版，按内容分为社科版和科技版，按版本分为光盘版和网络版。收录了全国哲学社会科学和自然科学期刊7000多种，报纸200余种，基本上覆盖了全国邮发和非邮发的报刊。

(三)《中文科技资料目录》和《科技文摘》

《中文科技资料目录》简称《中目》，收录国内公开和内部出版的科技期刊论文、科技资料和译文，不收录密级资料，是我国出版的大型题录型科技专业文献检索刊物。《中目》采用以学科分类为主、主题索引为辅的编排方式。《中目》最多时设有22个分册，近年有些分册先后演变为文摘刊物，成为《科技文摘》的分册。每个分册内容按类排列，有的分册还附有主题索引等。

此外，检索国内科技文献的工具还有《中国科学文摘》、《中国社会科学学术论文文摘》、《科学技术研究成果公报》、《中国学术会议文献通报》、《中国学位论文通报》、《中国专利索引》等。

（四）检索国外科技文献的刊物

1.《国外科技资料目录》

《国外科技资料目录》以题录、简介和文摘三结合形式报道国内收藏的国外科技期刊、特种文献及会议录等，目前共28个分册，每个分册的内容按类编排，主要检索途径是分类目次。

2.《国外科技资料馆藏目录》

该刊物以题录的形式报道各国政府的研究报告、会议资料、学位论文及研究机构（或学术团体）的著作，可通过分类途径来检索。

3.《科学技术译文通报》

该刊物以题录和文摘的形式报道中国科学技术情报研究所馆藏的译文资料，1963年创刊。其专业范围较广，按《中图法》分类编排，每期附有专利号索引，另编有年度主题索引和专利号索引。从1982年第6期开始，该刊还开辟了《新到译文目录》专栏。

4.《专利文献通报》

这是为对我国购进的外国专利说明书进行编译报道而出版的一套检索刊物。其前身是创刊于20世纪70年代的各种《专利目录》和专利文摘刊物。从1981年起，该刊物划分为45个分册，陆续由中国专利局组织有关单位分工编辑出版。

第二节　中国高等教育文献保障系统

一、CALIS概况

中国高等教育文献保障系统（China Academic Library & Information System, CALIS）是一个以中国教育与科研计算机网（CERNET）为依托的网络环境下的文献信息资源共享系统，是“211工程”的公共服务体系项目。CALIS管理中心设在北京大学，下设文理、工程、农学、医学4个全国文献信息服务中心，华东北、华东南、华中、华南、西北、西南、东北7个地区文献信息服务中心和1个东北地区国防文献信息服务中心。

（一）CALIS管理中心

CALIS管理中心主要负责CALIS专题项目的实施和管理。

网址：http：//www. calis. edu. cn/calisnew/，主页见图4-1。

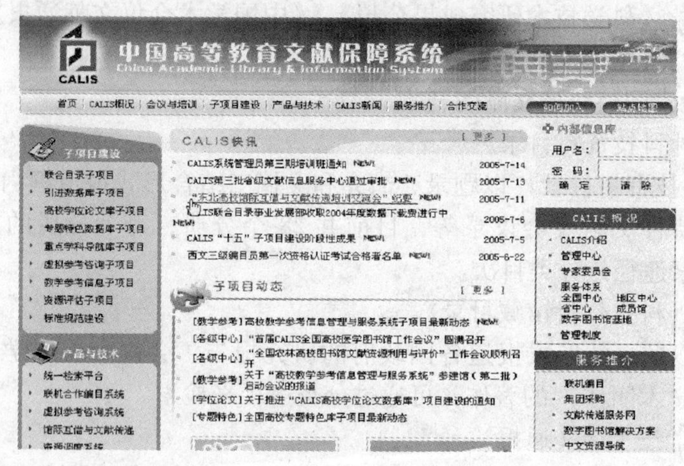

图4-1 CALIS主页

（二）全国文献信息服务中心

1. CALIS全国文理文献信息中心

CALIS全国文理文献信息中心（CALIS National Information Center in Science, Social Science and Humanities）于1999年1月正式启动，设立在北京大学图书馆。它作为面向全国高校的文理学科的最终文献保障基地，进行引进资源建设、数字与数据加工建设，开展馆际互借与文献传递、用户培训、虚拟参考咨询、深层次课题咨询等服务。

网址：http：//162. 105. 138. 185/index. htm，主页见图4-2。

2. CALIS全国工程文献信息中心

CALIS全国工程文献信息中心（CALIS National Information Center in Engineering Technology）成立于1999年，设立在清华大学图书馆。它面向全国高校，以组团的方式联合引进国外优秀的电子资源，并承担自建数据库、特色库制作、文献保障服务及培训等。

网址：http：//www. lib. tsinghua. edu. cn/calis/calis. htm，主页见图4-3。

3. CALIS全国农学文献信息中心

CALIS全国农学文献信息中心（CALIS National Information Center in Agriculture）设立在中国农业大学图书馆，是 CALIS 与全国农业信息网的连接点，也是全国农学类文献收藏集中地，提供文献信息服务与培训服务等。

网址：http：//www. lib. cau. edu. cn/calis/index. htm，主页见图 4-4。

4. CALIS 全国医学文献信息中心

CALIS 全国医学文献信息中心（CALIS National Information Center in Medicine）于 1998 年正式成立，设立在北京大学医学图书馆，是 CALIS 与全国医药信息网的连接点，也是全国高校医学类学科的最终文献保障基地，提供网上检索和文献传递等服务。

网址：http：//library. bjmu. edu. cn/calis_ med/index. htm，主页见图 4-5。

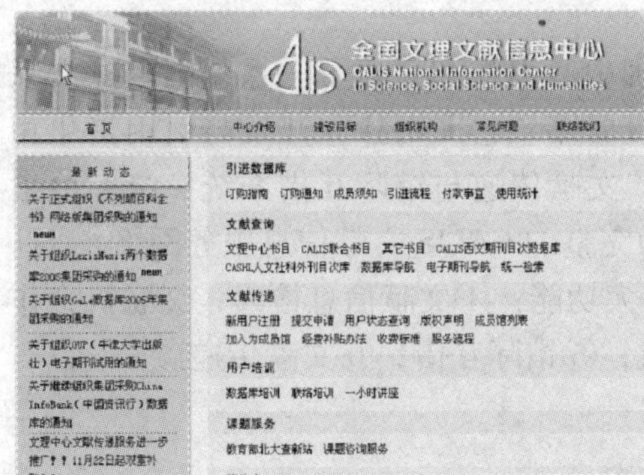

图 4-2 文理中心

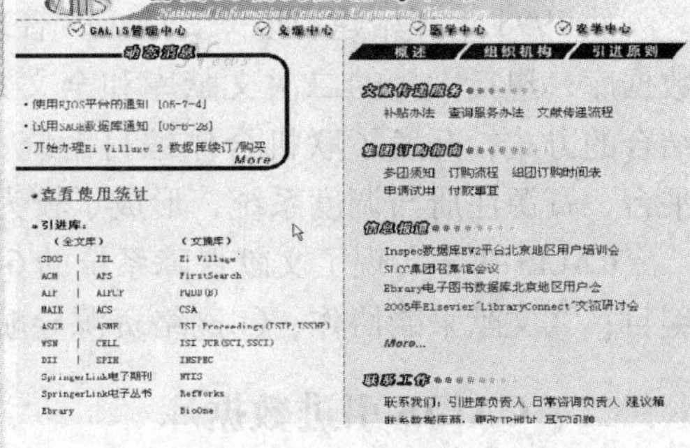

图 4-3 工程中心

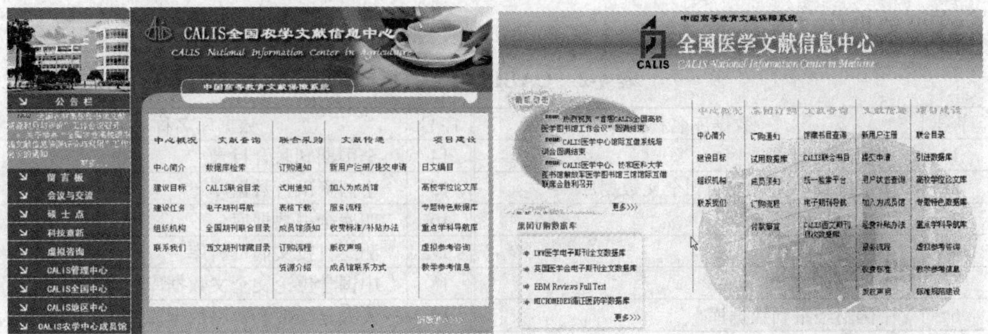

图 4-4 农学中心

图 4-5 医学中心

（三）地区和国防文献信息服务中心

CALIS 下设了华东北、华东南、华中、华南、西北、西南、东北 7 个地区文献信息服务中心，以及 1 个东北地区国防文献信息服务中心，见表 4-1。

表 4-1 地区性的文献信息服务中心

地区性中心	设 置 地 点	URL
华东北	南京大学	http://202.119.47.5
华东南	上海交通大学	http://www.lib.sjtu.edu.cn/chinese/calis_ southeast_ center/hdnzx.htm
华中	武汉大学	http://www.lib.whu.edu.cn/~calis/index.html
华南	中山大学	http://library.zsu.edu.cn/support.html
西北	西安交通大学	http://202.117.24.24/html/CALIS/calis.htm
西南	四川大学	http://202.115.40.7/calis/website/index.htm
东北	吉林大学	http://www.lib.jlu.edu.cn/calis/calis.htm
东北地区国防信息中心	哈尔滨工业大学	http://calis.hit.edu.cn

（四）CALIS 服务功能

从 1998 年开始建设以来，CALIS 管理中心引进和共建了一系列国内外文献数据库，包括大量的二次文献库和全文数据库。它采用独立开发与引用消化相结合的方式，开发了联机合作编目系统、文献传递与馆际互借系统、统一检索平台、资源注册与调度系统，形成了较为完整的 CALIS 文献信息服务网络。

CALIS 初步实现了文献保障系统的 6 大功能：①文献信息检索；②联机合作编目；③文献采购协作；④网络资源导航；⑤馆际互借；⑥文献传递。

二、CALIS 引进数据库

CALIS 通过全额资助、部分资助和联合购买等形式引进近百个数据库，主要类型包括：中文数据库（见表 4-2），外文文摘题录型数据库（见表 4-3），外文全文型数据库（见表 4-4）。

表 4-2 CALIS 中文数据库

序号	数据库名称	序号	数据库名称
1	中国期刊网	14	全国期刊联合目录
2	重庆维普中文科技期刊全文数据库	15	中国资讯行数据库
3	万方数据库	16	四库全书数据库
4	书生之家	17	测绘科技文摘资料库
5	中图书苑	18	中国学位论文全文数据库
6	中国财经报刊数据库	19	人大复印报刊资料数据库
7	中国经济信息网（教育版）	20	国务院发展研究中心信息网
8	四部丛刊数据库	21	中文社会科学引文索引
9	中国科技经济新闻数据库	22	中国重要报纸全文数据库
10	中文科技期刊引文数据库	23	中国优秀博硕士学位论文全文库
11	国家科技图书文献中心	24	E 线图情
12	高校学位论文库	25	全国报刊索引数据库（2003 年第 3 季度数据）
13	二十五史网络版全文阅读检索系统		

表 4-3　CALIS 外文文摘题录型数据库

序号	数据库名称	序号	数据库名称
1	BIOSIS Previews	7	Genome Database
2	Cambridge Science Abstracts（CSA）	8	ISI proceedings（ISTP ISSHP）
3	Chemical Abstracts	9	Journal Citation Reports
4	EBM 循证医学数据库	10	INSPEC
5	Emerald 管理评论库和文摘库	11	OCLC Firstsearch
6	Engineering Index（EI）	12	SCI Expanded

表 4-4　CALIS 外文全文型数据库

序号	数据库名称	序号	数据库名称
1	ABI/INFORM Global	15	Kluwer Online Journals
2	Academic Search Premier	16	lexis. com
3	ACM Digital Library	17	Literature Resource Center
4	APS/AIP 电子出版物	18	Nature
5	ASCE 电子期刊	19	ProQuest Digital Dissertation
6	ASME Online journal	20	Proquest Research Library
7	Biography Resource Center	21	ProQuest 博士论文全文数据库
8	BMA 英国医学会期刊全文数据库	22	Royal Society of Chemistry，RSC
9	Business Source Premier	23	Science Online
10	Elsevier SDOS	24	SpringerLINK 电子全文期刊
11	EMBO Journal & EMBO Reports	25	Springer 线上丛书
12	Emerald 全文数据库	26	World Bank e-library
13	IEEE/IEE Electronic Library	27	World Bank Online Resources
14	Institute of Physics（IOP）	28	WSN 电子期刊

CALIS 引进数据库的 3 种服务方式：

（1）进入“211 工程”的全部高校，通过 CERNET 免费使用大部分数据库。

（2）推荐有些重要数据库以集团方式谈判订购，CALIS 给予一定的补贴。

（3）一部分数据库放在“中心”，对外提供自查、代检代查、定题服务和申请办理全文获取与传递服务。

三、CALIS 统一检索系统

（一）简介

CALIS 统一检索服务平台提供了基于异构系统的跨库检索服务，可按学科、数据库名称、文件同时检索多个平台上的多种资源，输入一个检索式，便可以得到多个数据库的查询结果，并可进一步得到详细记录和下载全文。与此同时，读者也可选择单个数据库，针对某种具体资源进行个性化检索。CALIS 为校园网用户提供了 200 多个数据库、2.2 万种电子期刊和近 10 万种电子图书和检索下载服务。

网址：http：//uss. calis. edu. cn/uspportal/ResSelectIP. aspx，检索界面如图 4-6 所示。

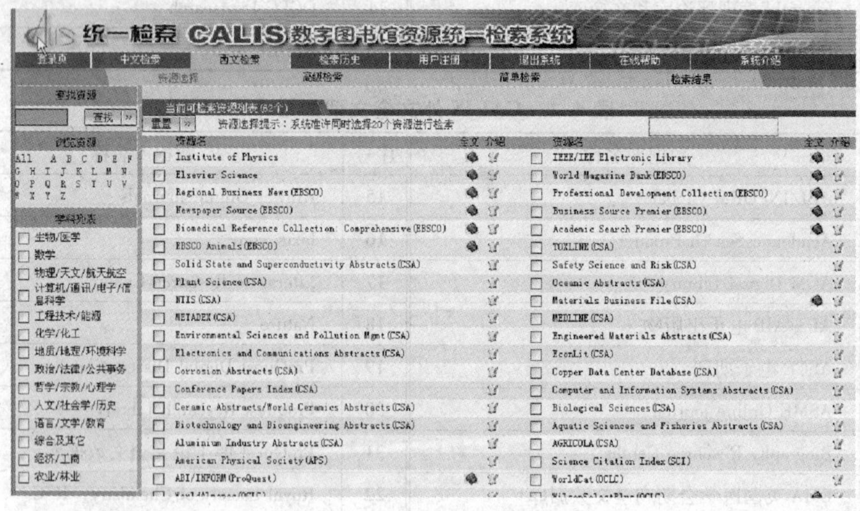

图 4-6　CALIS 统一检索系统界面

（二）CALIS 平台的检索功能

1. 特色

（1）用户可以对选中的多个数字资源同时进行跨库检索，可以输入复杂的组合检索条件来提高检索精度，包括组配检索、日期限制、排序限制以及截词和逻辑检索等。

（2）提供统一的多库检索结果显示模式，使得用户可以在不同的资源库中浏览已检索出的结果信息。

（3）系统提供了对中文和西文两大类资源的检索功能。

2. 检索方式

系统提供的检索方式不仅支持布尔检索、相关度检索、全文检索，还支持多种检索运算符以及组合检索（检索表达方式中混用全文和字段模式）、位置检索、英文词根检索；还提供了可扩展的词典和知识库，能够为专业用户提供特别的检索服务。

用户可以选择简单检索、复杂检索和二次检索。

（1）简单检索：指定一个检索条件进行简单查找。

（2）复杂检索：通过多达3个检索条件的逻辑组合，进行精确的检索。

（3）二次检索：在进行一次检索之后，可以在检索结果中进行二次检索，逐步缩小检索范围。

3. 提供个性化的检索服务

除基本的检索功能外，系统还提供了一些其他的辅助功能，以保存用户的个性化设置。

（1）我的资源列表：可以将常用的检索资源添加到“我的资源列表”中。

（2）我的学科列表：一个学科对应一个资源集合，用户可以自定义学科。

（3）我的检索历史：对检索历史进行保存和再利用，再次登录后可以查看原来曾经检索过的资源及检索情况。

（4）我的收藏夹：将自己感兴趣的检索结果分类存储。

第三节　万方数据资源系统

一、万方数据资源概况

万方数据资源系统是以北京万方数据股份有限公司的全部信息服务资源为依托，建立在Internet网络上，以科技信息为主，涵盖经济、金融、社会、人文等相关信息的大型综合性信息系统。万方数据库系统向高校用户提供镜像服务，用户能够在Internet上或本地局域网上获得万方数据资源系统的全部或部分本地化快速服务。

网址：http：//www. wanfangdata. com. cn　（万方站点）

http：//wf. lib. cug. edu. cn：85/　（中国地质大学万方镜像站点，见图4-7）

二、万方数据库资源及其分布

（一）万方数据库资源

万方数据库资源汇集了中外上百个知名的、使用频率较高的科技、经济、金融、生活与法律法规数据库。

（1）科技文献：包括会议文献、专业文献、综合文献和英文文献，涵盖面广，具有较高的权威性。

（2）科技名人：包括我国著名的科学家、两院院士、工程师的全面信息以及科研机构、高等院校、信息机构的信息。

（3）政策法规：主要收录内容是与科技相关的政策法规等方面的信息，目前收录数据库6个。

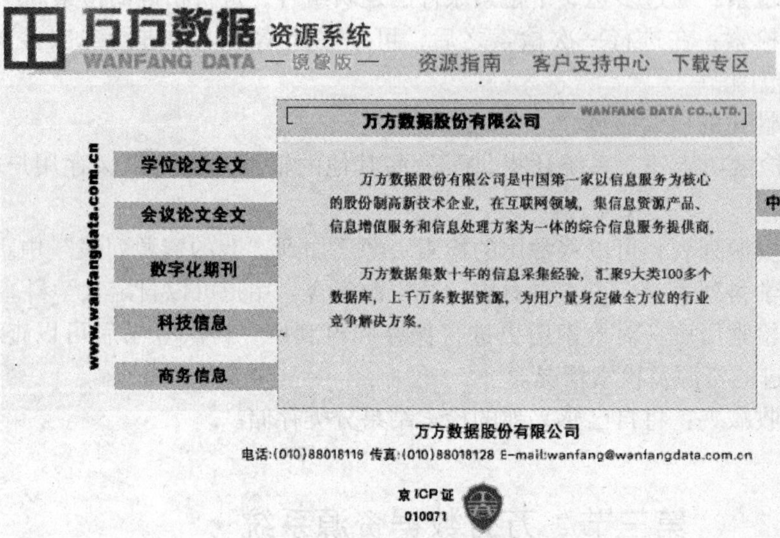

图 4-7 万方数据资源

（4）中外标准：包括国家技术监督局、建设部信息所提供的中国国家标准、建设标准、建材标准、行业标准、国际标准、国际电工标准、欧洲标准以及美、英、德、法等国国家标准和日本工业标准等。

（5）成果专利：包括国内的科技成果、专利技术以及国家级科技计划项目。

（6）台湾系列库：包括我国台湾省的科技、经济、法规等相关信息。

（7）商务与贸易：主要是万方数据股份有限公司联合国内近百家信息机构共同开发的《中国企业、公司及产品数据库》，可以全方位地展示出企业和产品信息。

（8）公共信息：包括工具书、寻医问药信息和交通、旅游、宾馆等信息。

（二）万方数据资源的分布情况

对于一些特种文献的检索，需要了解该文献在万方数据资源的分布情况，如表 4-5 所示。

表 4-5 万方数据资源的分布情况

栏目名称	所包含资源
学位论文	中国学位论文数据库
会议论文	中国学术会议论文数据库、中国医学学术会议论文数据库、SPIE 会议文献数据库
科技成果	中国科技成果数据库、国家科技成果数据库、成果精品数据库、重大成果推广计划、火炬计划、新产品计划、星火计划、国家级科技授奖项目库、全国科技成果交易信息库、科技决策支持库

（续）

栏目名称	所包含资源
专利技术	中国发明专利数据库、中国实用新型专利数据库、中国外观设计专利数据库、失效专利库
中外标准	中国国家标准库、国际标准库、国际电工标准库、欧洲标准库、英国国家标准库、日本工业标准库、美国材料试验协会标准、中国台湾标准、美国机械工程师协会标准数据库、中国行业标准库、美国国家标准库、中国建设标准库、德国国家标准库、法国国家标准库、中国建材标准库、美国保险商实验室标准数据库、美国电子电气工程师标准
政策法规	国家法律法规数据库、行政法规数据库、地方法规数据库、国际条约及惯例案例分析数据库、司法解释数据库
科技文献	中国生物医学文献数据库、中国机械工程文摘数据库、中国计算机文献数据库、中国光纤通信科技文献数据库、中国水利期刊文献数据库、煤炭行业科技文献数据库、中国有色金属文献数据库、金属材料文献数据库、中国畜牧文献数据库、中国林业科技文献数据库、中国地震文献数据库、磨料磨具文献数据库、人口与计划生育文献数据库、中国化工文摘数据库、中国农业科学文献数据库、中国环境科技文献数据库、管理科学文摘数据库、中国建材文献数据库、粮油食品科技文献数据库、中国建设科技文献综合数据库、铁路航测遥感专业数据库、冶金自动化文献数据库、计量测试科技文献数据库、中国采矿文献数据库、包装专业文献数据库、麻醉科学文献数据库
科教机构	中国科研机构数据库、中国科技信息机构数据库、中国高等院校数据库
科技名人	中国科技名人数据库、全国一级建筑师数据库
科技要闻	科技热点、高校动态、院所动态、政法动态、图片要闻、会展信息、科技英才、标准化动态、禽流感防治、图书情报、发明创新
期刊全文（按学科分类）	医药卫生、农业科学、工业技术、哲学政法、社会科学、经济财政、教科文艺、基础科学
期刊全文（按地区分类）	北京、天津、河北、山西、内蒙古、辽宁、吉林、黑龙江、上海、江苏、浙江、安徽、福建、江西、山东、河南、湖北、湖南、广东、广西、海南、重庆、四川、贵州、云南、西藏、陕西、甘肃、青海、宁夏、新疆
期刊全文（其他分类）	中华医学会系列、大学学报、英文版期刊、学术理论、技术实用类、指导管理类、科学普及类、产品信息类、文学文艺类、教学辅导类、政治时事类、文化娱乐类、儿童读物类、图册画报类、文献检索类、年鉴
企业服务系统	企业产品、企业技术、企业报告、行业知识、服务体系

三、万方数据资源的获取与保存

（1）如访问万方主站点，必须是万方数据资源系统的注册用户；如果是预付费用户，账号中需有足够支付所购买资源的金额；如果是高校校园网用户，可通过镜像站点免费使用。

（2）需要对万方数据资源的类型、特点以及万方数据资源的分布情况有所了解，见表4-5。该布局使用一个类似站点地图的表格指出各种资源在系统中的位置。

（3）通过检索与浏览找到需要的资源，进入相应的数据库检索界面。

图4-8是中国学位论文全文数据库的检索界面。

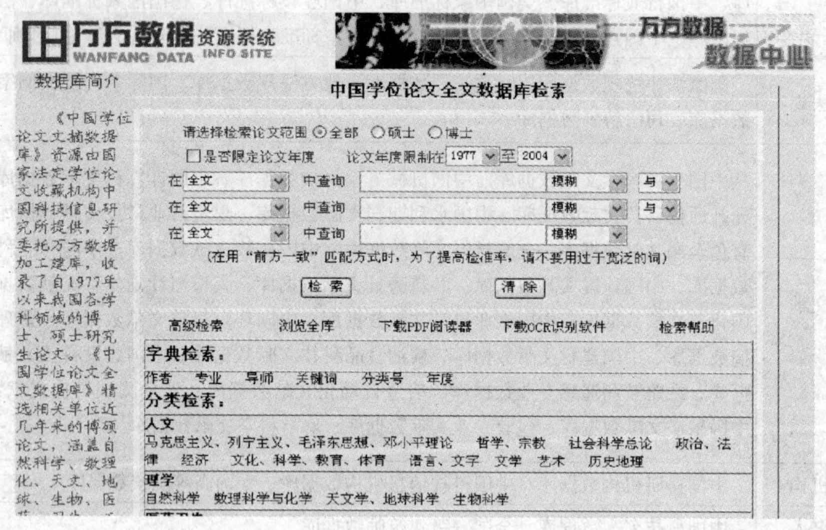

图4-8　中国学位论文全文数据库检索界面

（4）由于万方数据资源系统中提供的全文信息绝大多数是以PDF格式提供的，因此在下载此类资源时，应事先安装PDF专业阅读软件（如Acrobat Reader）。

第四节　中国知识基础设施工程

一、CNKI概况

中国知识基础设施工程（China National Knowledge Infrastructure，CNKI）由清华同方光盘股份有限公司、清华大学光盘国家工程研究中心、中国学术期刊（光盘版）电子杂志社、清华同方光盘电子出版社、清华同方知识网络集团、清华同方教育技术研究院联合承担，是我国一项大规模的知识基础设施信息化工程。

CNKI数据库是CNKI工程的主体之一，是目前数字化最彻底的文本型全文数据库，90%以上的文献均采用由期刊、图书、报纸等出版单位和博硕士培养单位直接提供的纯文本数据，可深层次、多样化加工，可实施知识挖掘和各种知识服务。其学科范围涵盖了我国自然科学、工程技术、人文与社会科学期刊、博硕士论文、报纸、图书、会议论文等公共知识信息资源。CNKI 数据库是目前我国广大科研工作者和在校学生主要使用的数据库检索系统之一。

二、CNKI 数据库资源

CNKI 数据库依托 CNKI 知识网络服务平台系统，为用户提供网上信息检索服务。主要产品体系有：

1. 中国期刊全文数据库（1994 年至今）

中国期刊全文数据库是目前世界上最大的连续更新的全文数据库，收录国内 7200 种核心与专业特色的中、英文期刊，其中核心期刊收入率达 98.3%。收录年限部分刊物回溯至 1979 年，部分刊物回溯至创刊。截至 2005 年年底，已积累全文文献 1550 多万篇，共 126 个专题文献数据库。网上数据每日更新，光盘每月更新。

2. 中国期刊题录数据库（1994 年至今）

收录国内 7200 种核心与专业特色中、英文期刊的题录，126 个专题。网上数据每日更新，光盘每月更新。

3. 中国博/硕士论文全文数据库（1999 年至今）

收录全国 300 多个博硕士点和 400 多个重点学科硕士点优秀学位论文。内容分 9 大专辑，121 个专题。截至 2005 年年底，已完成 26 多万篇论文的数据加工与入库。网上数据每日更新，光盘半年出版一期。该库特点为：选题新颖，具独创性，论题专一，论述系统。

4. 中国重要报纸专题全文数据库（2000 年至今）

至 2005 年年底，选取国内公开发行的 1000 多种重要报纸，以学术性、资料性文献为收录对象，文献量近 500 万篇。其内容覆盖文化、艺术、体育及各界人物，政治、军事与法律，经济，社会与教育，科学技术，恋爱婚姻家庭与保健等多个领域。数据分六大专辑，36 个专题数据库。网上数据每日更新。该库优势在于：关注热点——重点收录经济、政治、文化教育、社会生活等方面的新闻；报道及时——通过缩短加工周期，把报纸文献上网时滞控制在 7～10 天；资料的长期保存——可以永久保存在硬盘上，什么时候都可以查阅；知识的关联性——可以获得就某一问题的所有相关内容。

5. 中国重要会议论文集数据库（2000 年至今）

该库收录我国各级政府职能部门、高等院校、科研院所、学术机构等单位的论文集，年更新 10 万篇文献，内容覆盖理工、农业、医药卫生、文史哲、经济政治法律、教育与社会科学综合等各方面，现有上网文献40多万篇。

6. 中图科学引文数据库

该库收录核心期刊633种，专业特色期刊431种。最新的数据取材于《中国学术期刊（光盘版）》和《中国期刊网专题全文数据库》，统计1989年以来在数学、物理、化学、天文学、地理学、生物学、农林科学、工程技术、环境科学、管理科学等领域的引文数据。

7. 中图科学计量指标数据库

该数据库是我国第一个面向科教管理、科研绩效评价的事实数据库。建库思路来源于著名的《美国科学引文索引》（SCI）和《中国科学引文数据库》（CSCD），采用科学计量学和文献计量学的有关定律和方法，对中国科学技术论文的产出力和影响力进行了科学、客观、公正、准确的评价。

8. 中国专利数据库（1985年9月至今）

该库收录1985年9月以来的所有专利文献摘要，包括每年新增的发明、实用新型和外观设计专利信息。该库分为八个专辑：人类生活必需（农、轻、医），作业与运输，化学与冶金，纺织与造纸，固定建筑物（建筑、采矿），机械工程，物理，电学。

9. 图书全文数据库

该库收录医药卫生经典著作，从2002年起逐步扩展到其他学科。

10. 多媒体教育资源库

该库收录中、小学多媒体教学资源库，目前高中版已出版。

11. 其他数据库

此外，还有如“中国基础教育知识仓库（CFED）”、“中国医院知识仓库（CHKD）”、“中国新闻出版知识仓库”、“中国企业管理知识仓库”、“中国年鉴全文数据库”、“互连网外文期刊整合系统”等一系列面向各行各业的专业知识类数据库。

三、CNKI数据库的使用

（一）CNKI数据库服务模式

从1999年6月“中国期刊网”创办起，CNKI数据库就确定了网上包库、镜像站点、全文光盘三种用户服务模式。CNKI采用IP身份认证方式确认合法用户。高校校园网用户可直接通过该校图书馆提供的镜像网址，输入用户名、密码后进入CNKI。其他用户需要购卡。中国地质大学图书馆的镜像网址为：http：//www.wh.cnki.net，主页如图4-9所示。

由于CNKI数据库文献资源为CAJ和PDF两种格式，须首先下载CAJ全文浏览器或Acrobat浏览器。

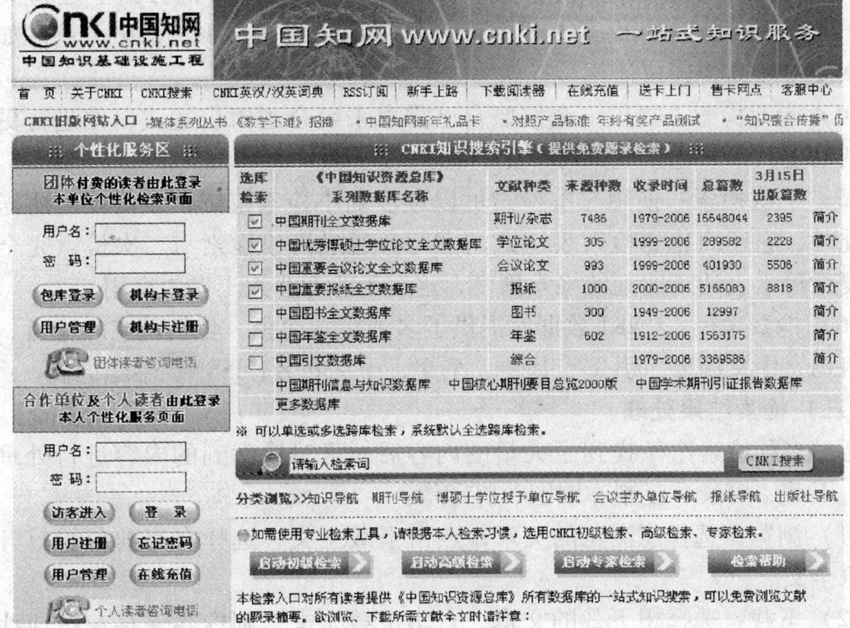

图 4-9　CNKI 主页

（二）数据库检索

CNKI 提供多种检索方式，全文数据库检索界面如图 4-10 所示。

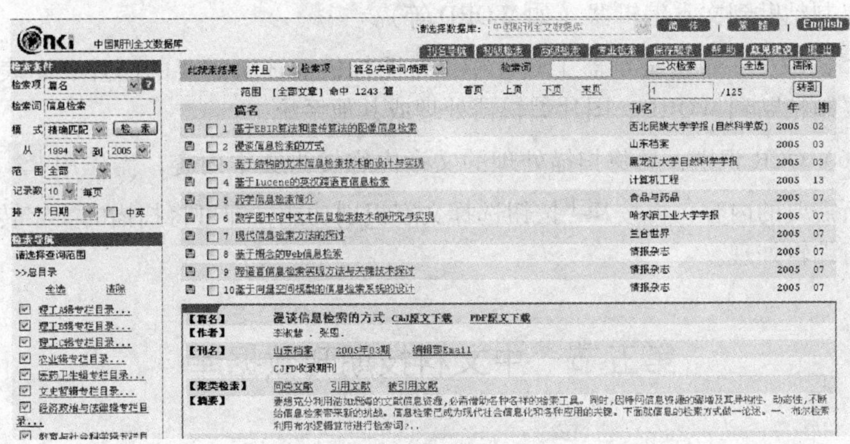

图 4-10　CNKI 的全文数据库检索界面

（1）导航检索：从导航目录进入下一级目录，直达所需要的内容。

（2）初级检索：在指定的范围内按单一的检索项检索。这一功能不能实现多检索项的逻辑组配检索。

(3) 高级检索：通过逻辑关系的组合进行的快速查询方式。逻辑关系有AND、OR、NOT。这种检索方式的优点是查询结果冗余少，命中率高。如果对命中率要求较高，建议使用该检索方式。

(4) 专业检索：提供一个按照自己需求来组合逻辑表达式以便进行更精确检索的功能入口。检索规则可参见“帮助”。

(5) 二次检索：使用二次检索可以逐步缩小检索范围，最终找到所需的信息。此外，它还简化了检索表达式的书写，通过简单检索与二次检索完全可以满足复杂检索表达式达到的检索精度，这对于非专业人士尤为有用。

(6) 检索途径：CNKI 数据库提供了多种检索途径，包括篇名、作者、关键词、机构、中文摘要、引文、基金、全文、中文刊名、ISSN、主题词。

(三) 检索结果处理

通过多种检索途径找到了大量的内容后，可对检索到的内容进行处理，如浏览、下载、摘录、复制、取图、打印等。

(1) 浏览：选择想浏览的文章，点击下载全文，选择在当前位置打开，直接浏览全文。

(2) 下载：选择想下载的文章，点击下载全文，则内容保存在本地计算机里。如果已经在浏览全文，则直接点击保存即可。

(3) 打印：单击浏览器工具栏中的打印机图标即可。

(4) 摘录：单击浏览器工具栏中的 T 图标，用鼠标选中所需要的文章内容，复制粘贴到文本编辑器（如 WORD 等）。

(5) 取图：单击浏览器工具栏中 图标，框选所需要的图片、图表或公式，复制粘贴到 WORD、图片编辑器处理或其他系统中。

(6) OCR 识别：要将扫描处理的文章内容转为文本内容，需先用 图标框选所需要的内容，再按 按钮选择文字识别功能，即可将扫描的文字转为文本进行编辑处理。

第五节　中文科技期刊数据库

一、概况

中文科技期刊数据库（全文版）由重庆维普资讯有限公司于 1989 年研制开发，从最初的 DOS 版、Windows 单机版、局域网络版，发展到 Web 版，成为国内目前数据量最大的综合性文献型数据库，也是我国广大科研工作者和在校学生主要使用的数据库检索系统之一。

迄今为止，该数据库收录了1989年至今的中文报纸400种、中文期刊8000种、外文期刊5000种，已标引的数据总量达1300万篇。其内容涵盖社会科学、自然科学、工程技术、农业科学、医药卫生、经济管理、教育科学和图书情报等8个专辑。

维普数据库提供镜像、网上包库和网上流量计费下载等使用方式。高校校园网用户可直接通过校图书馆进入维普数据库系统的镜像站点。进入镜像站后的检索界面如图4-11所示。

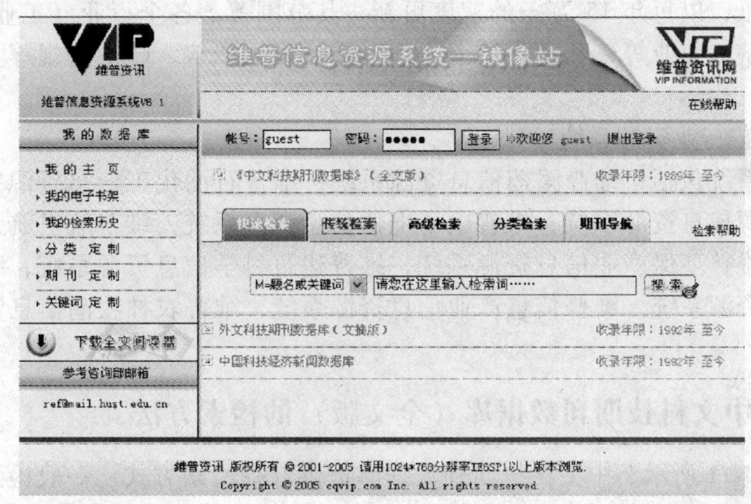

图4-11　维普信息资源系统——镜像站首页

二、维普数据库资源

除中文科技期刊数据库全文版外，维普数据库资源还包括：

1. 中文科技期刊数据库文摘版、引文版

文摘版源自中文科技期刊篇名数据库，数据源于1989年至今的8000余种期刊的830余万篇文献，并以每年150万篇的速度递增。它能做全文版的索引，能独立工作，也可建立本地或远程全文下载链接。

引文版可查询论著引用与被引情况、机构发文量、国家重点实验室和部门开放实验室发文量、科技期刊被引情况等，是科技文献检索、文献计量研究和科学活动定量分析评价的有力工具。其数据覆盖1990年至今公开出版的5000多种科技类期刊（其中包括《中文核心期刊要目总览》中的核心期刊1500余种），总数据量约120万篇文献。检索系统平台包括源文献检索界面、被引文献检索界面。

2. 外文科技期刊数据库文摘版

重庆维普资讯有限公司联合国内数十家著名图书馆，以各自订购和收藏的外文期刊为依托，于 1999 年研制开发了这个数据库。该库可满足国内科研人员对国外科技文献的检索需求，同时还提供文献的馆藏单位及联系地址，能获得外刊原文。它收录了 1992 年至今的外文期刊数据，并以每年 50 万篇的速度递增。其内容涵盖理、工、农、医及部分社科专业学科。

3. 中国科技经济新闻库

该库是国内第一个电子全文剪报产品，收录了 1992 年至今的 400 多种国内重要的报纸，以每年 15 万条的速度更新。其范围覆盖各个行业（工业、农业、医药、经济、商业等）科研动态、企业动态、发展趋势、政策法规等方面的信息资源。

4. 维普行业资源系统

这些系统包括：维普医药信息资源系统，维普石油化工信息资源系统，维普电力能源信息资源系统，维普电子电器信息资源系统，维普航空航天信息资源系统，维普环保产业信息资源系统，维普建筑科学信息资源系统，维普交通运输信息资源系统，维普信息产业信息资源系统，维普农林牧渔信息资源系统等。

三、中文科技期刊数据库（全文版）的检索方法

如图 4-11 所示，中文科技期刊数据库提供五种检索方式：一般检索，传统检索，分类检索，高级检索，期刊导航。每种检索方式分别提供题名、刊名、关键词、作者、第一作者、作者机构、文摘、分类号等检索入口。点击相应按钮可分别进入对应检索方式的检索界面。

（一）一般检索（快速检索）

在首页的检索框中直接输入检索式（或检索词）进行检索的方式即为一般检索，默认在“任意字段”进行检索，在检索结果页面上提供了条件限制检索功能。检索结果页面如图 4-12 所示。

1. 检索范围限制

在检索结果页面可进行期刊范围（全部期刊、重要期刊、核心期刊）和出版年限的设定。

2. 二次检索功能

当一次检索的结果不理想时，可以考虑采用二次检索。二次检索是在一次检索的检索结果中运用“与、或、非”进行再限制检索，以得到理想的检索结果。

（1）在结果中检索：检索结果中必须出现所有的检索词，相当于布尔逻辑

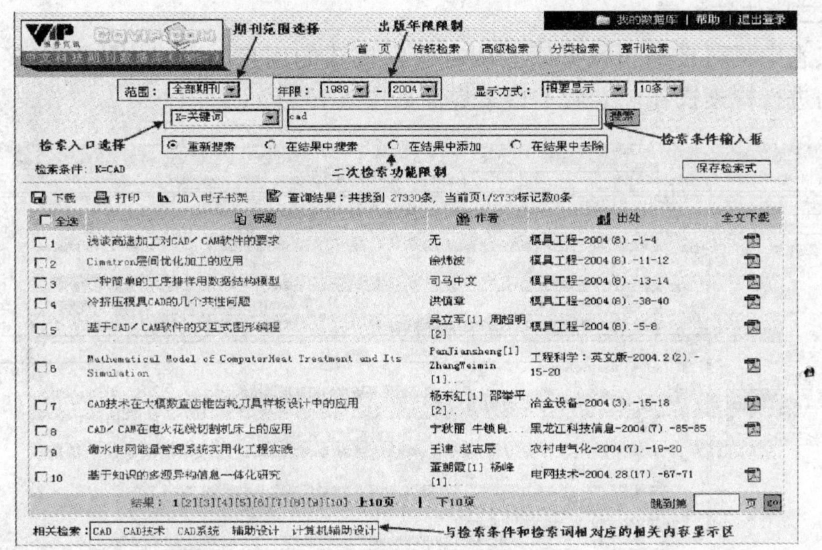

图 4-12　一般检索结果页面

的“与”。

（2）在结果中添加：检索结果至少出现任一检索词，相当于布尔逻辑的“或”。

（3）在结果中去除：检索结果中不应该出现包含某一检索词的文章，相当于布尔逻辑的“非”。

例如：如果第一次的检索条件为 A，第二次检索条件为 B，则选择几种二次检索的检索结果用图形表示分别为（灰色部分为命中结果）：

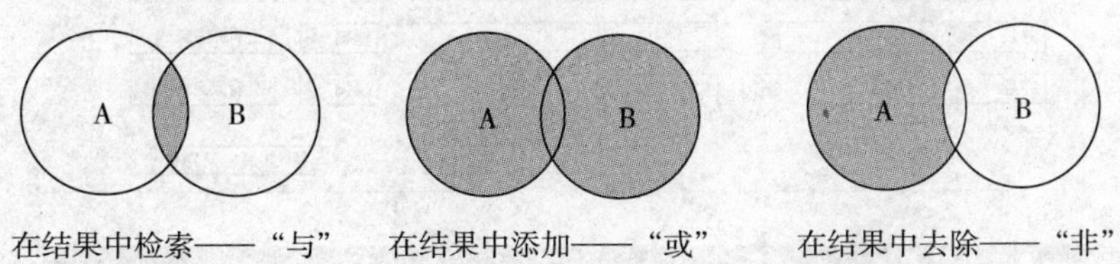

在结果中检索——“与”　在结果中添加——“或”　在结果中去除——“非”

3. 相关检索

相关检索是针对关键词、刊名、作者、第一作者等字段，提供相关检索的内容浏览，并提供相关检索内容的快捷检索（超链接）。

例如：在关键词字段检索“CAD”，出现的相关检索内容有“CAD 技术”、“CAD 系统”、“辅助设计”、“计算机辅助设计”。用户点击“辅助设计”，则可查看到“关键词 = 辅助设计”的所有文章。

（二）传统检索

熟悉中文科技期刊数据库老版本检索模式的用户，可以点击此链接进入检索界面进行检索操作。老版本检索界面如图 4-13 所示。

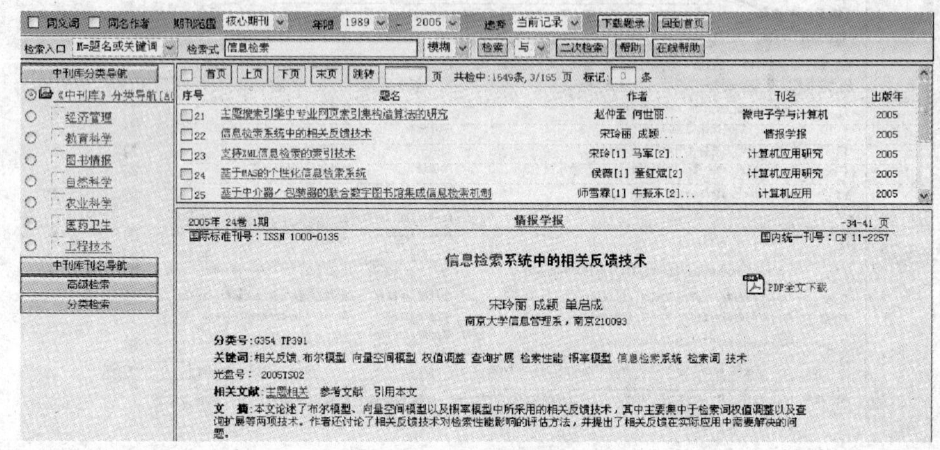

图 4-13 传统检索界面

（三）高级检索

点击“高级检索”按钮即可进入高级检索页面，如图 4-14 所示。高级检索提供两种方式：向导式检索、直接输入检索式检索。

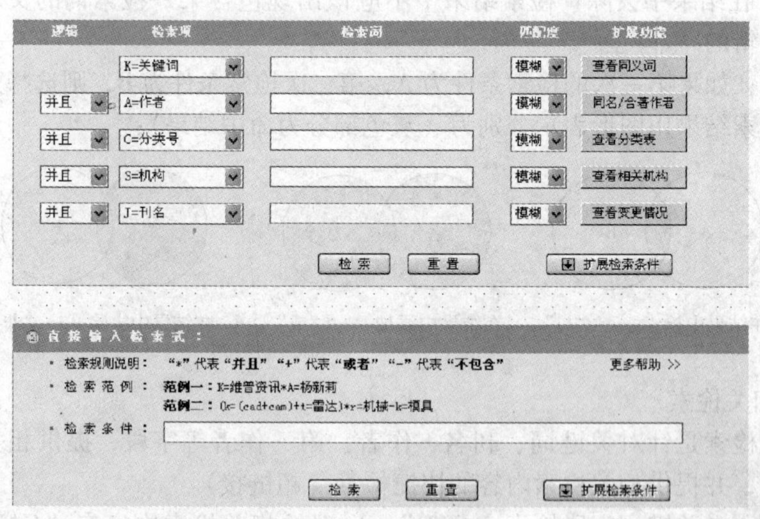

图 4-14 高级检索界面

1. 向导式检索

向导式检索提供分栏式检索词输入方法，如图 4-14 中的上半部分所示。可选择逻辑运算、检索项、匹配度外，还可以进行相应字段扩展信息的限定，最大程度地提高查准率。

（1）检索执行的优先顺序。向导式检索的检索操作严格按照图 4-14 所示的由上到下的顺序进行，用户可根据检索需求进行检索字段的选择。

（2）检索字段。检索字段代码见表 4-6。

表 4-6　检索字段代码对照表

代　码	字　段	代　码	字　段
U	任意字段	S	机构
M	题名或关键词	J	刊名
K	关键词	F	第一作者
A	作者	T	题名
C	分类号	R	文摘

（3）扩展功能。扩展功能按钮如图 4-15 所示，点击各按钮均可以实现相对应的功能。

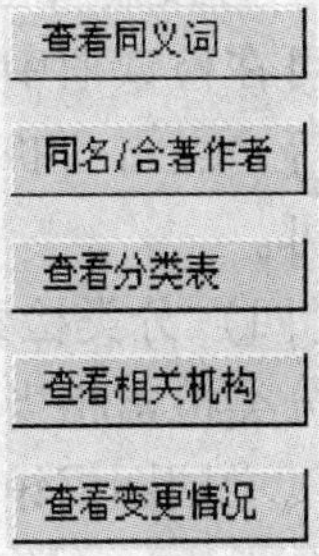

查看同义词
同名/合著作者
查看分类表
查看相关机构
查看变更情况

图 4-15　扩展功能按钮

只需要在前面的输入框中输入需要查看的信息，再点击相对应的按钮，即可得到系统给出的提示信息。

- 查看同义词：比如输入“土豆”检索词，即可检索出土豆的同义词，如春马铃薯、马铃薯、洋芋，可以全选以扩大搜索范围。
- 查看同名作者：如输入“张三”，即可以列表形式显示不同单位同名作者，可以选择作者单位来限制同名作者范围。为了保证检索操作的正常进行，系统限制为最多勾选数据不超过 5 个。
- 查看分类表：操作方法同分类检索。
- 查看相关机构：如输入“中华医学会”，即可显示以中华医学会为主办（管）单位的所属期刊社列表。为了保证检索操作的正常进行，最多勾选数据不超过 5 个。
- 查看变更情况：例如，可以输入刊名“移动信息”，点击查看变更情况，系统会显示出该期刊的创刊名“新能源”和曾用刊名“移动信息·新网络”，使用户可以获得更多的信息。注意：此处需要输入准确的刊名才能进行查看期刊的变更情况。

（4）检索词表。选择某一字段后，可查看对应字段的检索词表来返回检索词，如关键词对应的是主题词表，机构对应的是机构信息表，刊名对应的是期刊名列表。

（5）扩展检索条件。点击“扩展检索条件”，可进入扩展检索功能界面，如

图 4-16 所示。

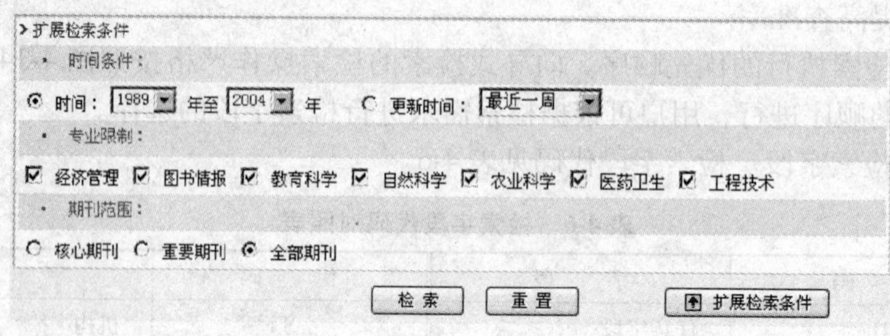

图 4-16　扩展检索功能界面

在“扩展检索功能”部分，可以用时间条件、专业限制、期刊范围进一步限制检索范围。在选定限制分类并输入关键词检索后，页面自动跳转到检索结果页面（参见图 4-12），后面的检索操作同一般检索。

2. 直接输入检索式检索

可在检索框中（如图 4-14 中的下半部分所示）直接输入逻辑运算符、字段标识等，点击“扩展检索条件”并对相关检索条件进行限制后点击“检索”按钮即可。

（四）分类检索

分类检索相当于传统检索的分类导航限制检索，不同之处在于：这里采用的是《中国图书馆分类法》（第 4 版）的原版分类体系，分类细化到《中国图书馆分类法》（第 4 版）的最小一级分类，能够满足读者对分类细化的不同要求。

点击“分类检索”按钮可直接进入分类检索界面，如图 4-17 所示。

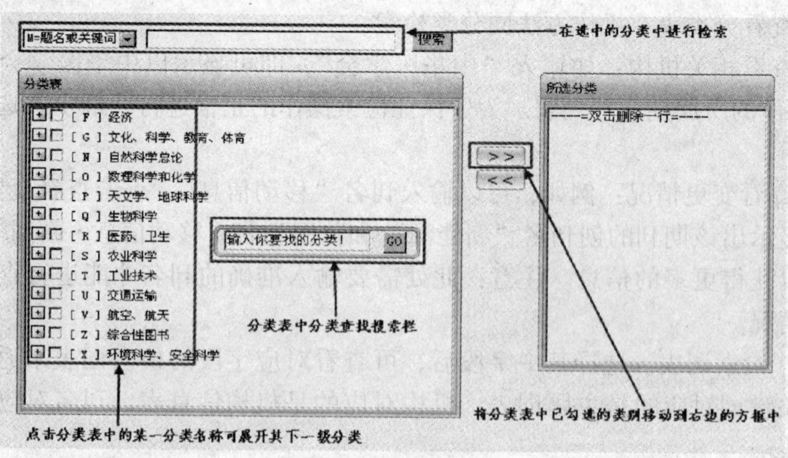

图 4-17　分类检索界面

1. 学科类别选择

直接在图 4-17 左边的分类表中按照学科类别逐级点开查找，运用左边方框中的搜索框对学科类别进行查找定位。这里采用的是模糊查找，如果检索结果有多个，则定位在第一个类别上。

2. 学科类别选中

在目标学科前的 □ 中打上“✓”，并点 >> 按钮将类别移到右边的方框中，即完成该学科类别的选中。

3. 在所选类别中搜索

在选中学科类别以后，在检索框处选择检索入口、输入检索条件，即可在选中的学科范围内进行检索操作。

（五）期刊导航

根据期刊名称字顺或学科类别对维普公司收录的所有期刊进行浏览，或通过刊名或 ISSN 查找某一特定刊物，并可按期查看该刊收录的文章，同时可实现题录文摘或全文的下载。

（六）全文处理

全文提供两种格式：VIP 格式和 PDF 格式（国际通用格式）。VIP 格式的全文需要安装维普公司的“维普浏览器” 才能打开；PDF 格式全文需要安装Adobe Reader 阅读软件才能打开。

四、与 CNKI 全文库的比较

CNKI 数据库（或清华全文库）和维普中文科技期刊数据库（或维普全文库）是目前国内影响最大、使用最广泛的两大类综合性中文期刊全文数据库。这两个数据库有许多共同之处，但在收录范围和检索功能上各有特点和优势。

下面从检索者的角度对这两个综合性中文期刊全文数据库的基本情况、数据库检索功能、检索结果以及输出功能等方面进行归纳比较，为读者在选择、利用数据库时提供参考（见表 4-7）。

（一）数据库基本情况比较

表 4-7 两个数据库的基本情况

	维普全文库	CNKI 全文库
收录年限	1989 ~	1994 ~
收录范围	社会科学和自然科学领域中文期刊 9000 多种	国内正式出版的核心期刊和专业特色期刊 7200 种
收录数量	全文文献 800 余万篇，每年递增 150 万篇	全文文献 1550 多万篇

（续）

	维普全文库	CNKI 全文库
数据更新	3 个月	每日
学科分类	经济管理、教育科学、图书情报、自然科学、农业科学、医药卫生、工程技术	理工 A、理工 B、理工 C、农业、医药卫生、文史哲、经济政治与法律、教育与社会科学、电子技术与信息科学
浏览方式	Vipbrower Acrobat Reader（PDF）	CAJviewer Acrobat Reader（PDF）
在线帮助	有	有

从表 4-7 可见，两个全文数据库各有所长。

（1）从收录期刊范围看，维普全文库几乎涵盖了国内出版的社会科学和自然科学领域的中文出版物，以“全”为特点，特别是地方性期刊和非公开出版物的收录，可以满足某些用户对地方性文献的检索需求。这也是维普全文库的一大特色。而清华全文库的定位主要面向学术交流和知识传播，着重收录各学科领域的核心期刊和重要期刊，比较注重文章的品味和学术价值。它收录的期刊论文具有一定的质量保证，侧重的是“专”。

（2）从收录文献年代看，维普全文库的时间跨度长于清华全文库，这也是维普全文库的一大优势。

（3）从全文数据的收录量看，清华全文库已经完成了 1994 年以来 6100 种期刊 880 多万篇全文数据的上网工作，形成了较完备的全文数据保障，这是清华全文库的优势之一；而维普全文库的“全文数据”尚未完备，还在不断补充和完善之中。

（4）从全文数据的发布时间看，维普全文数据的网上发布时间比期刊出版滞后 3 个月以上；而清华全文库则可实现网上数据的每日更新，这是清华全文库的最大优势。

（5）从使用方便上看，两个数据库分别提供了在线帮助。维普全文库的帮助信息简明实用、形象直观，具有 flash 动画演示帮助信息；清华全文库的帮助信息系统、全面，但不是交互式的，缺少动态性。

（6）在数据库的学科分类上，维普全文库以《中国图书资料分类法》进行分类，较易选择；而清华全文库按专辑划分，特别是理工 A、B、C 专辑的内容，对于初次使用该数据库而又没有阅读过帮助信息的用户来说不太直观。

因此，维普全文库比较适合于查询某一事物发展脉络，以收集资料的丰富性和完整性为检索目标；清华全文库则比较适合于进行新课题或新内容的检索、课题跟踪或定题服务。

（二）系统功能比较

清华全文库的检索界面与维普全文库中“传统检索”界面相似（参见图4-10和图4-13），维普的新版检索界面更能满足用户检索的个性化需求。两者检索功能的比较见表4-8。

表4-8 数据库检索功能比较

	维普全文库	清华全文库
检索入口	关键词、刊名、题名、文摘、作者、第一作者、机构、分类号、任意字段	关键词、刊名、篇名、文摘、作者、机构、引文、基金、全文、ISSN、主题词
检索方式	导航检索、简单检索、二次检索、复合检索	导航检索、简单检索、二次检索、复合检索
逻辑检索	逻辑与、或、非	逻辑与、或、非（有限制）
限定检索	学科范围、检索年限、期刊范围、同义词库、同名作者库	学科范围、检索年限
匹配方式	精确、模糊	精确、模糊

从表4-8可见，两库的检索功能有许多相似之处，都能满足用户特定的检索需求。其不同点主要反映在：

（1）在检索方式上，两个数据库均可实现导航检索、简单检索、二次检索和复合检索；具备布尔逻辑检索方式，可以实现多个检索途径的逻辑组合；具有截词检索功能，但不支持位置检索。复合检索均有多字段组合（复杂检索式）的检索功能，但在检索方式上各有不同。维普全文库的复合检索既可在基本检索界面中实现，也可在高级检索界面中完成；清华全文库只能在专业检索界面中完成。

（2）在检索匹配方式上，清华全文库使用模糊匹配；维普全文库则对特定字段（关键词、刊名、作者、第一作者、分类号）的检索提供模糊匹配和精确匹配两种方式。在实现对优质核心期刊文献的检索方面，清华全文库主要通过“基金”这一检索途径，检索具有科研基金资助项目的文献；维普全文库则专设了对全部期刊、重要期刊、核心期刊的选择性检索，适合那些比较注重检出文献质量的用户。

（3）清华全文库提供了“引文”和“全文”两种检索入口，引文检索功能可用于个人、机构、论文、期刊方面的计量与评价，该功能为我国学术界的引文评价和期刊计量提供了新的便利工具。全文检索可在全文范围内进行检索词的匹配，它对提高查全率，特别是对前沿性课题文献的检索极为有用。

（4）维普全文库尚不具备“引文”和“全文”检索入口，但它所特有的同义词库和同名作者库检索功能可实现同义词、近义词及同名作者检索的智能分析，能有效提高检索系统的查全率和查准率。

（三）检索结果比较

为了直观地比较两个全文数据库的检索效果，以检索“芒果保鲜”文献为例，将数据库全选，采用篇名、关键词、摘要等字段进行了检索，2005 年 8 月 19 日的检索结果见表 4-9。

表 4-9 数据库检索结果比较

检索字段 / 检索策略	维普全文库				清华全文库		
	题名	关键词	文摘	任意字段	篇名	关键词	中文摘要
芒果保鲜	12	0	5	15	10	11	13
芒果 * 保鲜	51	52	38	74	43	45	113
芒果 *（保鲜 + 储藏 + 储存）	99	121	84	164	79	111	212

从表 4-8 可见：

（1）从检索结果看，维普全文库检出的文献数多于清华全文库，多出部分主要是 1994 年以前发表的文献。但清华全文库检出的文献比维普全文库新，如 2005 年有关“芒果保鲜”的最新文献在清华全文库中有，而维普全文库还没收录。

（2）使用不同的检索策略，检索结果也不相同。从表 4-9 可见，使用“芒果 *（保鲜 + 储藏 + 储存）”检索式进行检索，检出的文献量远比使用“芒果 * 保鲜”的多。因此，为了减少漏检现象，确保检出文献的查全率，检索时必须仔细分析课题，充分提出与课题相关的检索词及其同义词、近义词，并用逻辑或连成一个检索式，这样才能获得较高的查全率。

（四）输出功能比较

输出功能比较见表 4-10。

表 4-10 输出功能比较

	维普全文库	清华全文库
检索结果输出方式	题录、文摘、全文、全文显示、存盘、打印	题录、文摘、全文、全文显示、存盘、打印
标记下载	每次 100 条	每次 50 条
排序方式	更新日期	相关度、更新日期
文件格式	图像格式	文本格式、图像格式

从表 4-10 可见：

（1）两个数据库分别提供了检索结果的分页显示、记录总数与当前页面显示、页面快速定位、排序方式设置等功能。

（2）清华全文库的标记下载每次不能超过 50 条记录，若要标记下载多条记录，则需要重复操作；维普全文库输出题录时可选择当前记录、标记记录和所有记录3种方式，且每次标记可达100条记录，下载效率较高。

（3）在全文数据的阅读效果方面，清华全文库使用先进的软件对文章进行数字化处理，画面清晰整洁，阅读效果较好；维普全文数据采用扫描原文的方式加工，虽保持了期刊全文原貌，但阅读时清晰度不够好。

从以上对两大中文全文数据库的对比分析中，我们可以看出：两个全文数据库在数据资源建设上各有特色，维普全文库以查全率为主，即侧重于“全”，清华全文库以查准率为主，即侧重于“专”。所以，我们在使用全文数据库时，一定要根据自己的实际检索需要来合理地选择数据库，应该互相借鉴，互相吸收，取长补短，以达到最佳的检索效果。

第六节　人大《复印报刊资料》

一、概况

中国人民大学书报资料中心成立于1958年，是我国收集、整理、存储、发布人文科学、社会科学、经济和管理科学信息资源的权威机构。人大《复印报刊资料》作为一套大型社会科学精选论文汇编，所选用的文章均源于国内公开发行的4500多种报刊，各专题下设全文复印内容和题录索引内容，分索引、文摘、全文分别出版，所荟萃的内容几乎覆盖了社会科学的主要领域，是国内最有影响的社会科学专题文献资料库。在高校图书馆的馆藏资料中，人大《复印报刊资料》的借阅率居各期刊借阅率之首。

其印刷版主要产品为《复印报刊资料》系列刊物和《报刊资料索引》系列刊物，是查考当前报刊论文资料的基本检索工具。此外，我国社会科学二次文献出版物有影响的还有《新华文摘》、《高等学校文科学报文摘》。

1994年，人大书报资料中心在《报刊资料索引》和《复印报刊资料》的基础上开始制作、发行光盘数据库。“复印报刊资料索引总汇”数据库即是印刷版《报刊资料索引》的电子版。数据收录年限包括1978年以来人大书报资料中心精心编选的《报刊资料索引》（印刷版）的全部题录内容，共分为两张光盘：A盘对应1~3分册，B盘对应4~8分册。每个条目包括标题、作者、原载期刊出处，原载期刊的年、期号、页号、分类号等项目。

2001年开始，由北京博利群公司制作并发行其网络版，是与印刷版《报刊资料索引》和《复印报刊资料》对应的全文数据库。全文数据库公用一个网络版检索平台（CGRS全文检索系统），可实现跨库、跨年代的全文信息检索。在该平台上的全文数据库还有《中国法律法规大典》、《中国法律年鉴》、《文史哲》等。

二、人大《复印报刊资料》系列数据库

（一）数据库系列

1. 复印报刊资料全文数据库

该库收录了1995年以来《复印报刊资料》中的文献全文，约22万篇，分为4大类（政治类、经济类、教育类、文史哲类）110个专题，内容涵盖人文社会科学各个领域。该数据库同时包括以下七个专题数据库：《中国共产党（珍藏版1949—2000)》、《法学（1979—1995)》、《经济法学、劳动法学（1986—2001)》、《妇女研究（1980—2001)》、《红楼梦研究（1978—1993)》、《鲁迅研究（1978—1993)》、《中国近代史（1978—2001)》、《中国现代史（1978—2001)》。

2. 复印报刊资料专题目录索引数据库

该库收录了1978年以来《复印报刊资料》专题系列刊物所刊登的篇名目录，按专题和学科体系分类编排。

3. 复印报刊资料索引总汇数据库

该库收录了1978年以来国内公开出版的4500多种核心期刊和报刊中的全部题录。

4. 中文报刊资料摘要数据库

该库收录了1994年以来哲学、政治、法律、经济、教育、语言、文艺、历史、地理、财会等专业18种专题文摘。

（二）数据库特点

1. 具有查全功能

该数据库精选中央和地方报刊、大专院校学报等文献资料；既收载独立成篇的论文，也编制未选印文章索引，篇名、目录并举，涵盖了社会科学的众多领域。除所设的110个专题外，还有《复印报刊资料》系列8个分册，《综合文萃》7种，文献卡片14种，《中国报刊经济信息总汇》系列8个分册，《原生文献期刊》2种。这6个系列组成了《复印报刊资料》系列出版物体系。在这一体系中，每个系列各有重点。

2. 具有学术性和权威性

该系列偏重选取各种学术理论方面的信息，对不同观点的争鸣兼收并蓄，特别关注人文科学领域中的热点问题。每个专题既有专家名流富于启迪性的权威论文，又有学术界新秀就敏感、热点问题提出的争鸣意见和新颖见解。该系列出版物的转载率已成为当前全国期刊界和学术界评定期刊质量和学术论文质

量的主要指标之一。

3. 新颖性、创新性

《复印报刊资料》每一期都选入人文社科领域中最新的专题文献。这些文章能及时反映新理论、新动向，不仅密切关注信息时代科学发展的动向，同时还努力追踪社会科学、人文科学的新发展。1993 年以来，《复印报刊资料》系列出版物新增了《股票、证券、房地产》；1997 年香港回归，《复印报刊资料》在原有几种取材于台、港、澳及海外中文报的基础上，新增了《港澳行政与社会》，以便让人们更多地认识港澳、了解港澳。

三、CGRS 全文检索系统

（一）进入数据库

校园网 IP 地址的用户可免费使用该数据库。如中国地质大学的用户可直接通过校图书馆进入 CGRS 全文检索系统。其他用户应在“用户标识”框中输入用户标识，在“用户密码”中输入密码，单击“登录”按钮。

系统检索界面分为四个区：资源列表区，库命中结果区，检索区，检索结果显示区。

（二）检索系统的使用

1. 查看并选择数据库

资源列表区展开并显示出该服务器中所有的资源。选择数据库后，在检索输入框中输入检索提问式即可进行检索。当检索完成后，在检索结果区中可以看到检索出的记录来源于哪一个数据库、共有多少条记录、分为多少页以及当前所在的页数。

例如，输入检索提问式“信息管理”，选择“教育类数据库”，查询后的命中结果如图 4-18 所示。在检索结果显示区，可以看到“教育类”11 个数据库中

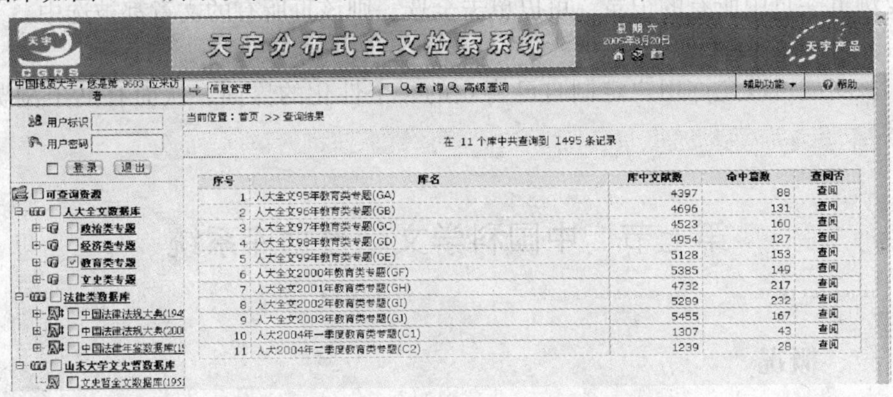

图 4-18 查询命中情况界面

有关“信息管理”的文献有 1495 篇，还列出了各专题库分别命中的文献数量。点击“查阅”，即可查看该库中检索的所有文献。

2. 查询结果显示

在检索结果区中选择任意想要浏览的一篇，单击标题即可浏览全文内容。图 4-19 是任意选择浏览的一篇全文文章。

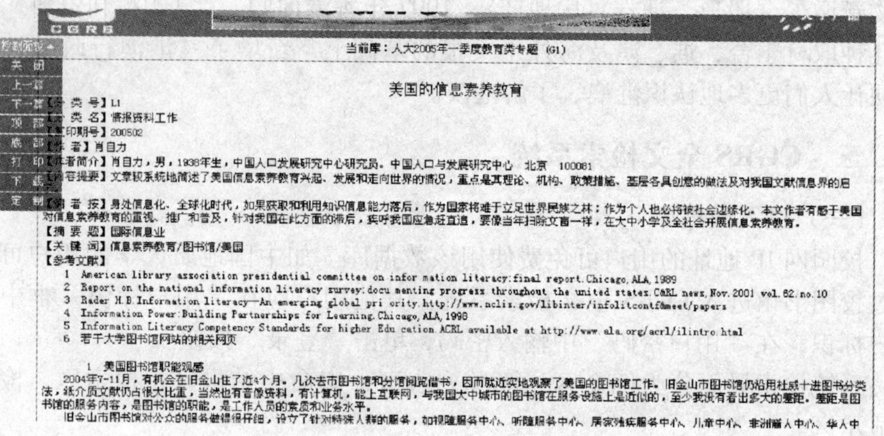

图 4-19　一篇文献的全文浏览界面

在浏览过程中，可以单击“上一篇”或“下一篇”查看更多内容，也可以对一篇文章进行打印和另存。如果想改变文章的显示方式，可以单击右上角的全文定制。如果一篇文章过长，在屏幕中无法全部显示，可以通过点击“底部”或“顶部”来直接转到文章的末端或顶部。

使用多篇显示功能可同时浏览多篇的文章。在结果显示区中对想要查看的标题前打“✓”，选择完毕后再单击多篇显示。多篇浏览有助于节省时间。如果想要浏览一页中所有的记录，可以单击全选，则该页所有的文章都被选中。

3. 个性化设置

该功能可以允许用户定制自己喜欢的、个性化的界面，从而有助于浏览和检索。

第七节　中国科学文献数据库系统

一、概况

中国科学文献数据库系统（Science China）是中国科学院国家科学数字图书馆（China Science Digital Library，CSDL）资助的项目，是基于 Web 的科技文献文摘、引文、联合目录馆藏的科技知识服务体系。它集成国家科技图书文献中心 NSTL 和国家科学数字图书馆 CSDL 的相关数据库服务和馆际互借服务，向用户提供知识发现、评价和推介服务。

（一）系统的资源体系结构

中国科学文献数据库系统的资源体系结构从逻辑上分为 3 个层次：

第一层：现期目次数据库。著录项有科技期刊文献的题录、文摘。数据起始于 1989 年，重点强调快速报道，目标是建设中国科学文献现刊目次系统——Chinese Current Content（CCC）。

第二层：中国科学引文数据库和学科数据库（5 个）。中国科学引文数据库数据始于 1989 年，学科数据始于 1985 年。它们提供引文检索和分析评价功能，目标是建设中国科学引文数据服务系统（Chinese Science Citation Database，CSCD）。各学科库深加工的数据汇总，形成具有较高质量的、有学科特色的中国科学文献学科服务系统（Chinese Science Document Database，CSDD）。

现期目次数据库、中国科学引文数据库和学科数据库系统共同形成中国科学文献数据库系统（Science China）。

第三层：开放链接数据库。Science China 提供与其他第三方文摘数据库、全文数据库、联合目录数据库、学位论文数据库及其他各种馆藏数据库的开放接口，链接包括第三方书目数据库、文摘类数据库和全文数据库。这些数据库相互之间可以无缝集成，共同构筑一个学术信息资源整合体系。

（二）基本术语

（1）来源文献：服务系统收录的期刊论文。

（2）相关文献：如果两篇或两篇以上的论文，共同引用了一篇或一篇以上相同的文章，则这两篇或更多的论文具有相关关系，这种具有相关关系的论文称为相关文献。

（3）中文引文：包括中国出版的各语种的文献、中国人（含港、澳、台、海外华人）发表的文献和外国人在中国发表的文献。

（4）引文：中国科学引文数据库收录的期刊论文附录的参考文献。

（5）引文来源：一篇引文的具体出处，例如期刊、图书、会议录等。

（6）引证文献：中国科学引文数据库收录的期刊论文。

（7）被引情况：一篇论文被引用的情况。

由于中国科学文献数据库系统（Science China）涉及国家科技图书文献中心 NSTL、中国科学院国家科学数字图书馆（CSDL）和现刊目次数据库、中国科学引文数据库、学科数据库。下面将分别对它们进行介绍。

二、国家科技图书文献中心

国家科技图书文献中心（National Science and Technology Library，NSTL）是

根据国务院的批示于2000年6月12日组建的一个虚拟的科技文献信息服务机构，由中国科学院文献情报中心、工程技术图书馆（中国科学技术信息研究所、机械工业信息研究院、冶金工业信息标准研究院、中国化工信息中心）、中国农业科学院图书馆、中国医学科学院图书馆组成。该中心采集、收藏和开发理、工、农、医各学科领域的科技文献资源，面向全国开展科技文献信息服务。

网址：http：//www. nstl. gov. cn/index. html，主页见图4-20。

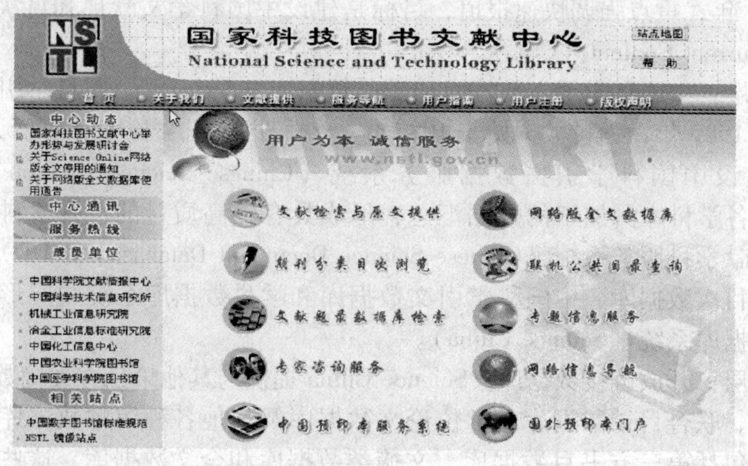

图4-20 NSTL主页

NSTL网站上提供各类数据库和相关服务。主要包括：

（一）文献检索和原文提供

NSTL提供文献检索和索取原文两种服务，非注册用户可以免费进行文献检索，注册用户可以在文献检索的基础上请求提供原文。在“文献检索和原文提供”和“文献数据库检索”两个栏目中都可得到文献检索服务。

（二）网络版全文数据库

该中心购买了美国《科学》、英国皇家学会“会刊”、“会志”以及英国Maney出版公司的材料科学等方面的15种网络版全文期刊，可免费阅读、下载。

我国大陆（不含港澳台地区）任一互联网IP地址用户均可通过其设在北京的镜像站点 http：//corrado. catchword. com 免费得到英国Maney公司材料学方面全文文献服务。注意：该镜像站点拥有数千种科技期刊可供检索文摘，但只有以下14种提供全文浏览。

1. 英国Maney出版公司网络版期刊

- British Ceramic Transactions 英国陶瓷会刊
- British Corrosion Journal 英国腐蚀学报
- Interdisciplinary Science Reviews 跨学科科学评论

- International Materials Review 国际材料学评论
- Ironmaking and Steelmaking 炼铁和炼钢
- Materials Science and Technology 材料科学和技术
- Plastics Rubber and Composites 塑料橡胶及复合材料
- Powder Metallurgy 粉末冶金
- Science and Technology of Welding and Joining 焊接科学与技术
- Surface Engineering 表面工程

2. 英国皇家学会网络版期刊

- Proceedings A、B 会志 A、B 辑
- Transactions A、B 自然科学会报 A、B 辑

（三）其他数据库与信息服务

（1）期刊分类目次浏览：所报道的期刊均为“文献检索和原文提供”栏目中收录的外文期刊。可通过学科分类查找所需期刊，进而查阅该刊的最新目次。

（2）联机公共目录查询：可供查找 NSTL 各成员单位的馆藏联合目录。目前主要提供馆藏期刊联合目录查询服务。

（3）文献题录数据库检索：提供多种中外文文献文摘或题录的检索服务，可免费检索。如需获取文献原文，需与相应的文献收藏单位联系。

（4）网络信息导航：提供网上科技信息资源导航服务。可以通过分类等途径查找感兴趣的资源网站。

（5）专家咨询服务：提供服务的专家均来自中心的各成员单位。

（6）专题信息服务：该栏目收集了自 1998 年以来，NSTL 各成员单位的部分专题学术文献报道和科学技术进展分析。可按成果类型浏览或通过检索入口进行查询。如需要全文可与成果提供单位直接联系。

三、中国科学院国家科学数字图书馆

中国科学院国家科学数字图书馆（Chinese National Science Digital Library，CSDL）是中国科学院知识创新工程的重大项目之一，于 2001 年 12 月正式启动。它依托中国科技网，构筑科学研究和国家创新体系的科技文献信息支撑系统。

网址：http：//www. csdl. ac. cn，主页见图 4-21。该主页全面反映了 CSDL 提供的电子资源和网络服务。

（一）CSDL 提供的电子资源

CSDL 为用户提供了丰富的电子资源。截至 2003 年 6 月，CSDL 已经购买了 Elsevier、Springer Link、Jonhwily、Blackwell、Kluwer、ACS、ACM 计算机科学文献库、BP 生物学文摘、PQDDB（ProQuest Digital Dissertation Abstracts Section B）数据库、CAS 剑桥科学文摘库、中文维普科技期刊全文数据库等 10 多个电子数

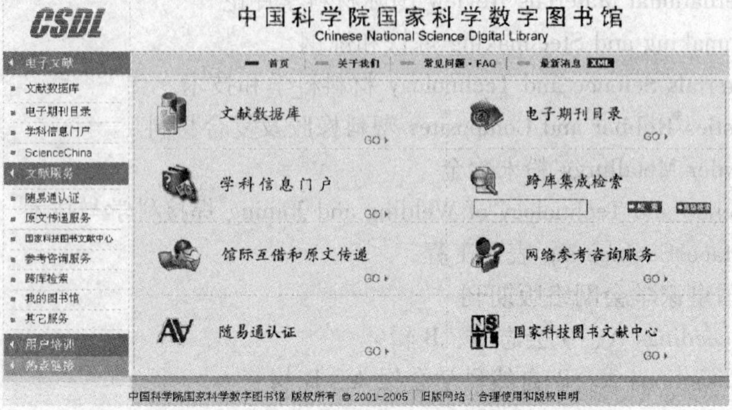

图 4-21　CSDL 主页

据库，并对中国科学院用户及相关研究所免费开通使用。

除电子资源之外，CSDL 还提供了大量网上学术资源的链接。通过数学、物理、化学、生命科学、资源环境和图书情报等学科信息门户网站，为用户从学科角度查找网上学术资源的提供了导航。通过网络资源推介栏目，向用户介绍一批重要的网络信息资源的特色及使用方法，并提供相关培训课件的下载。

（二）**CSDL 提供的信息服务**

CSDL 的信息服务主要通过网络来展开，提供如下服务项目：

1. 电子期刊集成目录

提供中国科学院范围内可访问的 16 种网络科技期刊数据库的集成目录，并获得与全文期刊有关的各种服务（原文传递、最新目次、引文链接、期刊引用报告和文摘信息等）。

2. 数据库跨库检索系统

提供 7 个数据库（全文数据库资源、文摘/索引数据库资源、电子图书资源、联合目录资源、网络免费资源、OPAC 库资源）的集成检索。

3. 馆际互借和原文传递系统

通过网络将用户需要的文献从 CSDL 的数据库或者链接的其他网络中传输到用户的计算机终端，供用户使用。

4. 学科信息门户网站系统

整合因特网上各学科领域的文献信息资源，对各个学科领域网络资源提供权威可靠的导航。目前涉及的学科包括化学、资源环境、生命科学、数学物理和图书情报。

5. 网络用户参考咨询系统

由资深的咨询馆员作为学科和信息专家，通过网络回答用户各种关于如何查询和使用科技文献的问题。

四、现期目次数据库、中国科学引文数据库和学科数据库

如前所述，现期目次数据库、中国科学引文数据库和学科数据库系统共同形成了中国科学文献数据库服务系统（Science China）。

（一）现期目次数据库

现期目次数据库收录了我国数学、物理、化学、天文学、地学、生物学、农林科学、医药卫生、工程技术、环境科学和管理科学等领域出版的中英文科技核心期刊和优秀期刊2000余种，数据始于1989年，年增量为20万条。它的特点是：

（1）数据更新及时。

（2）检索更加方便。检索字段多，检索方式多样，有简单检索和高级检索。

（3）提供了内部链接和开放外部链接功能，可以从篇名或文摘链接到全文，或从引文链接到论文文摘或者直接链接到全文。

（4）“我的数据库”使用户可以方便地存储检索结果和进行信息过滤。

（二）中国科学引文数据库

中国科学引文数据库（Chinese Science Citation Database，CSCD）具有建库历史悠久、专业性强、数据准确规范，检索方式多样、完整、方便等特点，被誉为“中国的SCI”。

系统除具备一般的检索功能外，还提供了新型的引文索引功能，用户可迅速从数百万条引文中查询到某篇科技文献被引用的详细情况，还可以从一篇早期的重要文献或著者姓名入手，检索到一批近期发表的相关文献，对交叉学科和新学科的发展研究具有十分重要的参考价值。其派生出来的中国科学计量指标数据库等产品，也成为我国科学文献计量和引文分析研究的强大工具。

该数据库收录我国数学、物理、化学、天文学、地学、生物学、农林科学、医药卫生、工程技术、环境科学和管理科学等领域出版的中英文科技核心期刊和优秀期刊近千种，其中核心库期刊670种，扩展库期刊378种，已积累从1989年到现在的论文记录近100万条，引文记录近400万条。

《中国科学引文数据库》印刷版仅出版了1994年版和1995年版，自1996年始出版光盘版，印刷版停刊。光盘版检索界面提供了从来源文献和引文两个途径的检索。另有字典检索功能，可以方便地查找所需的检索词，提高了查全率和查准率。《中国科学引文数据库》网络版从2002年开始研制，与中国科学学科文献库、中国科学文献目次库集成为“中国科学文献数据库服务系统”提供统一服务。

（三）中国科学文献学科数据库

该数据库由各学科库承建单位分别组织专家进行选择、标引、学科分类、专业摘要和特色化数据深加工而成，包括 5 个学科数据库：数理科学库，化学库，生命科学库，资源与环境科学库，高技术库。它是中国科学文献数据库服务系统（Science China）的重要组成部分。

该数据库数据始于 1985 年，收录了国内出版的 1800 余种期刊和国外出版的 200 余种期刊的论文，学科范围涉及化学、生物、物理、光学、力学、数学、天文、地理、计算机、电子学、金属腐蚀与防腐蚀和稀土应用等基础研究领域和部分应用技术领域。2002 年经过重整，形成了 5 个学科数据库，基础数据量为 95 万条，年数据增量为 15 万条。其特点是：

（1）数据著录专业，进行了科学的学科分类和深度标引。

（2）数据著录项目齐全完整，其中 90% 以上的数据用中、英双语种著录。

（3）提供更多字段的检索。检索方式多样，有简单检索和高级检索。

（4）提供了内部链接和开放外部链接功能，可以从单篇论文链接到全文或馆藏。

（5）“我的数据库”使用户可以方便地存储检索结果和进行信息过滤。

五、中国科学文献数据库系统的使用

网址：http：//sdb. csdl. ac. cn/index. jsp，检索界面如图 4-22 所示。

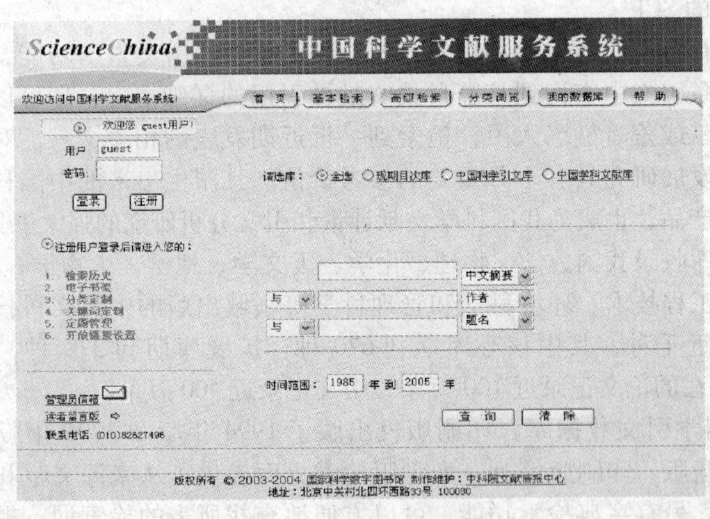

图 4-22　Science China 检索界面

（一）检索功能

1. 基本检索

根据下拉菜单，直接在选定的检索字段中输入检索词，进行快捷检索，并可以进行三个检索字段的组合检索。

2. 高级检索

根据检索系统提供的10个检索点，任意组配进行检索，可以构造更为复杂的检索式，可以任意修改检索式。高级检索界面参见图4-23。

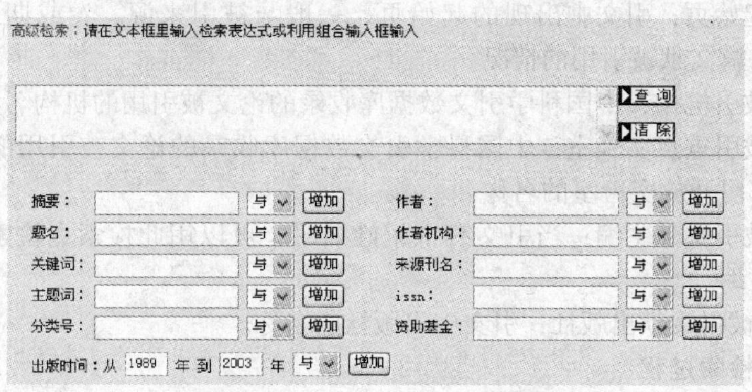

图4-23　Science China 高级检索界面

3. 模糊检索

（1）当无法确定准确的检索词时，可以使用“%”进行模糊检索，“%”代表多个字。

例如：在检索词“经济”后加“%”，是指以“经济”两字开始的词，如“经济”、“经济学”、“经济效益”等。如果在将关键词表示为“%经济%”，则是指文中含有“经济”这两个连续字，如：“国民经济”、“外贸经济”、“经济利益”等。

（2）通配符“?”代表一个字。比如查询“经济?”，就可以查出以“经济学”等由三个字组成的词。

（二）检索字段

检索字段有中文文摘、作者、题名、作者机构、第一作者、第一机构、分类号、ISSN、关键词、来源刊名、主题词、基金名称。

如果选择中国科学引文数据库，可以通过以下检索点检索到文献被引用的情况。

（1）被引第一作者：引文中的第一作者姓名。从这个检索途径可以查找第一作者论著被引用的情况。

（2）被引作者：引文的前3个作者姓名。从2002年数据开始，中国科学引文数据库提供引文前3个作者的查询。

（3）被引来源：引文中出现的期刊、专著、专利、会议录等名称。可以查找到一种期刊、一本专著等文献的被引用情况。

（4）卷：引文中出现的卷号，一般与被引来源组合使用，可以查找一种期刊某一卷被引用的情况。

（5）期：引文中出现的期号，一般与被引来源组合使用，可以查找一种期刊某一期被引用的情况。

（6）起始页：引文中出现的起始页，一般与被引来源、卷或期组合使用，可以查找一篇文献被引用的情况。

（7）被引机构：中国科学引文数据库收录的论文被引用的机构名称。

（8）被引重点实验室：中国科学引文数据库收录的论文被引用的国家重点实验室、部门开放实验室的名称。

（9）被引文献主编：当引文有主编姓名时，可以用此检索点检索，但不包含期刊的主编。

（10）被引文献出版社：引文中出版社的名称。

（三）检索过程

（1）选择现期目次库、中国科学引文库、中国学科文献库其中之一或全部作为检索范围。

（2）基本检索最多选择 3 个检索点，并可以进行“或”、“与”、“非”的逻辑运算。使用逻辑运算符对检索的内容进行组配，可以缩小检索范围，提高检索的准确率。

（3）选择文献的时间范围。

（4）当选定中国科学引文数据库时，检索入口包括来源文献检索、引文检索。可以选择是否仅查核心库。

（5）在检索框中输入关键词后，点击“查询”后，即可获得结果。

（6）在第一次检索的结果上，可以进行二次检索。

（7）在关键词、主题词、作者、来源刊名、分类号等字段内容显示时，支持相关查询。

（8）在一篇论文详细信息显示的页面上，可以将任何一个有检索意义的词或词组刷黑，该词或词组即刻显示在页面上方的检索框内，再选择相应的检索字段后，可进行新一轮的检索。

（四）检索结果

（1）浏览格式：显示论文题名、作者、论文出处（期刊名称、ISSN、年、卷、期、页）。

（2）完全格式：题名、作者、作者机构、论文出处、关键词、分类号、受资助基金名称、中文文摘、外文文摘。其中，关键词、作者、分类号、基金名称可以点击链接。点击“被引情况”、“相关文献”、“引用文献数量”的显示，可以获得相关链接。

(3) 引文格式：某一篇文献的参考文献（即引文）的列表。凡是蓝色的引文，可以链接到该篇文章。

（五）记录处理

当检索结果显示后，可以通过每条记录前的选择框进行进一步的选择，也可以通过"全选"框进行所有记录的选择。点击所有蓝色显示部分，可以看到进一步的内容显示或链接。对检索的结果可以通过下载、打印、E-mail 的方式存储。注册用户可以将记录存储到电子书架中，随时翻阅。

第八节　中文社会科学引文索引

一、引文索引的概念

引文索引不同于一般概念上的索引，而是从文献之间的引证关系着手，揭示科学文献之间（包括学科之间）的内在联系。

通过引文追溯文献之间的内在联系，就可以找到一系列内容相关的文献以及某一研究领域、某一学术观点的发展脉络、研究动态。还可以根据某一学术概念、某一方法、某一理论的出现时间、出现频次、衰减情况等，分析出学科或领域研究的走向和规律。这一发现为人们提供了一种全新的文献分析和检索途径。"引文索引"就是在这一思想基础上建立起来的。

1873 年，美国学者谢泼德（Shepherd）最早提出了引文索引思想，并出版了《谢泼德引文》。20 世纪 50 年代，美国学者加菲尔德（E. Garfield）创造性地发展了引文索引思想。20 世纪 60 年代以来，在加菲尔德的主持下，美国费城科学信息研究所（ISI）相继研制《科学引文索引》（SCI）、《社会科学引文索引》（SSCI）和《艺术与人文科学引文索引》（A&HCI），开创了以文献计量学为主的多方位研究方向。

SCI 等的研制成功为科学研究人员提供了全新的科学信息查询的工具和手段，同时还逐渐发展成为评价一个国家、一个地区、某个单位以至个人科研成果及其学术影响的极为重要的工具之一，产生了广泛的影响，有力地推动了科研工作的开展，受到全世界科研人员、管理部门的广泛好评和欢迎。

但是，SCI、SSCI、A&HCI 不收录中文期刊，而我国科学工作者的学术论文绝大多数发表在我国出版的中文期刊上。南京大学根据当前中文信息资源建设的现状和信息服务的需要，于 1997 年底提出了研制开发电子版《中文社会科学引文索引》的设想。1999 年 8 月教育部正式发文，将《中文社会科学引文索引》列为教育部人文社会科学研究重大项目。

二、中文社会科学引文索引数据库的特点

（一）概况

中文社会科学引文索引（Chinese Social Science Citation Index，CSSCI）数据库是由南京大学与香港科技大学联合研制，并由南京大学中国社会科学研究评价中心维护和提供服务，用来检索中文社会科学领域的论文收录和文献被引用情况的数据库系统。

数据库网址：http：//www. cssci. com. cn/，主页如图 4-24 所示。

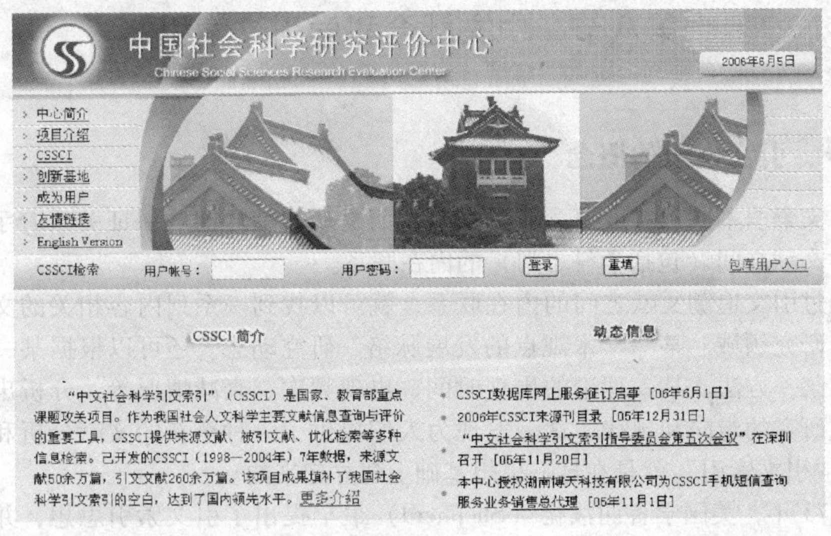

图 4-24　CSSCI 主页

（二）数据库的特点和作用

（1）它是我国第一个比较完整的人文社会科学引文数据库，填补了我国人文社科文献计量统计分析的空白，为客观评价我国社科研究成果的质量提供了一个有力的工具。

（2）可以利用 CSSCI 开展人文社会科学研究。CSSCI 主要从来源文献和被引文献两个方面向用户提供信息，还可提供特定论文的相关文献情况。通过 CSSCI 既可实现文献信息检索，又可及时掌握学科的研究动态、进展和发展趋势，为科研人员的研究工作提供了方便；同时还可以掌握单位科研人员的成果和在学术界的影响。

（3）可以利用 CSSCI 进行社会科学研究评价与管理。CSSCI 所选期刊严格按期刊影响因子和国内知名专家评议相结合而产生。CSSCI 通过统计分析子系统可以得到作者发文统计，机构发文统计，地区发文统计，发文的学科分布统计，

图书、期刊的被引统计，出版社被引统计，作者被引统计，论文被引统计等。每一种统计均按学科进行。由此可定量评价社会科学研究机构、高校、地区、作者个人的科研能力、学术成果、学术影响。因此，CSSCI 所收录的论文和被引情况可作为社会科学研究评价指标之一。

（4）可以利用 CSSCI 进行人文、社会科学期刊评价与管理。CSSCI 系统可以提供期刊的多种定量数据，如：期刊论文录用量，期刊论文及期刊被引频次，期刊影响因子，期刊论文作者的地域分布、学科分布，期刊引文的年代分布及半衰期，期刊引文的学科分布，期刊论文被引用的年代分布及半衰期。由期刊的多种定量指标可得相应的统计排序，由此可评价各种期刊的学术影响和地位。

（5）CSSCI 是我国数据库中的少数精品，它除了对来源期刊实行严格的选择和淘汰制度以外，对数据进行了极其严谨规范的处理，如对容易出错的机构、人名等字段，CSSCI 专门做了机内字典进行自动控制，对于来源文献中所有注释（包括文中注、文后注）均提取出来作为引文款目，甚至对文中明显引用他人而无任何标注的暗引，也设法找到被引文献一并作为引文款目，这是我国所有具有引文功能的数据库中唯一能做到的。

三、CSSCI 数据库检索

CSSCI 数据库检索包括来源文献检索和被引文献检索。进入 CSSCI 主页后，点击“CSSCI 检索”即可进入检索系统，如图 4-25 所示。该数据库采用 IP 地址限定访问权限，校园网用户可通过校图书馆访问。

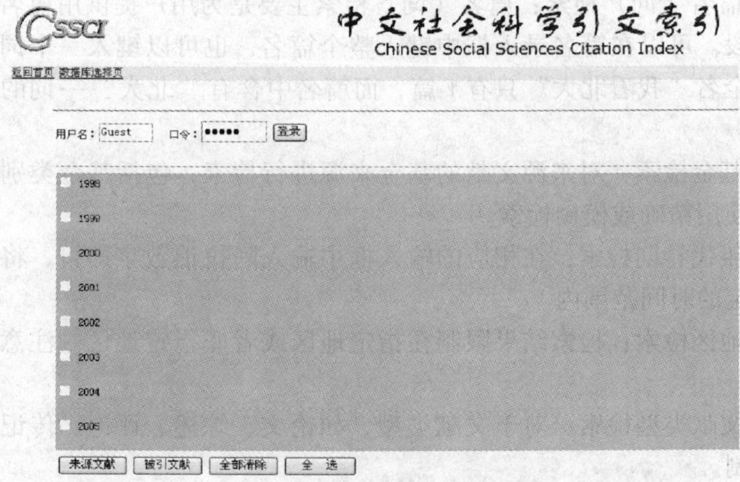

图 4-25　CSSCI 检索界面

（一）来源文献检索

来源文献检索主要用来查询本索引收录文献的作者（所在单位）、篇名、参考文献等，可以检索到包括普通论文、综述、评论、传记资料、报告等类型的文章。

检索途径有论文作者、篇名（词）、作者机构、作者地区、期刊名称、机构名称、标引词、学科类别、基金项目以及年代等10余项。

（1）作者检索：可在“作者”栏中输入个人姓名或团体作者名称，有模糊检索方式。

例如用“费孝”或“孝通”查询也可以得到费孝通先生发表的所有文章。当然，这样出现误检的可能性增加了（可能把“费孝成”或“李孝通”的文章都包括进来）。

（2）机构检索：这为了解某一机构发表文章提供了最佳途径。键入“北京大学”，则可得CSSCI上所收录的北京大学所有论文发表情况。在机构检索中，同样可采用模糊检索方式。

（3）关键词检索：关键词是用来反映论文主题意义的词汇。检索式中的关键词组配对象可以有多个。

（4）刊名检索：主要用于对某种期刊发表论文情况的查询。若欲查看在《中国社会科学》上发表的论文，可以在期刊名称录入框中输入“中国社会科学”，即得到CSSCI所收录该刊论文的情况。也可以通过卷期来限制某卷某期发表论文的情况。

（5）篇名（词）检索：篇名（词）检索主要是为用户提供用篇名字段进行检索的手段。可以在篇名录入框中键入整个篇名，也可以键入一个词，甚至一个字。如全名“我看北大”只有1篇，而篇名中含有“北大”一词的论文则有36篇。

（6）基金检索：对来源文献的基金来源进行检索，包括基金类别和基金细节，可以使用精确或模糊检索。

（7）年代卷期检索：在相应的输入框中输入阿拉伯数字即可，将检索结果控制在划定的时间范围内。

（8）地区检索：检索结果限制在指定地区或者非指定地区。注意输入地名的规范性。

（9）文献类型检索：对于文献类型，如论文、综述、评论、传记资料和报告进行限制。

（10）中图类号检索：根据指定的中图类号进行检索。

（11）学科类别检索：选择相应的学科类别进行检索，可与其他项组配检索。

（12）学位分类检索：选择相应的学位分类进行检索，可与其他项组配检索。

（13）多项综合检索：CSSCI 的来源文献检索提供了10 余个检索途径，大多数检索途径自身就可以实现逻辑组配检索，这种逻辑组配包含两种运算方式，即“或”（参加运算两者只要有其一即可）和“与”（参加运算两者必须均被包含）。

（二）被引文献检索

被引文献检索主要用来查询作者、论文、期刊等的被引情况，可以检索到论文（含学位论文）、专著、报纸等文献被他人引用的情况。

检索途径有：被引文献作者，被引文献篇名（词），被引文献期刊，被引文献年代，被引文献类型和被引文献细节。

（1）被引作者检索：通过此项检索，可以了解到某一作者在 CSSCI 中被引用的情况。如查询王复先先生的论著被引用情况，在此框中输入“王复先”即可得到结果。具体操作与说明参见来源文献的作者检索。

（2）被引篇名（词）检索：被引篇名（词）的检索与来源文献的篇名词检索相同，可输入被引篇名、篇名中的词段或逻辑表达式进行检索。具体操作说明参见来源文献的篇名词检索说明。

（3）被引文献期刊检索：被引文献期刊检索主要用于查询期刊被引情况。在此框中输入某刊名，可得到该刊在 CSSCI 中被引的情况。

（4）被引年代检索：被引年代检索，通常作为检索某一出版物某年发表的论文被引用情况的限制，不宜单独使用。

（5）被引文献类型检索：被引文献类型检索主要用于查询期刊论文、报纸、汇编（丛书）、会议文集、报告、标准、法规、电子文献等的被引情况。在此框中输入某刊名，可得到该刊在 CSSCI 中的被引情况。

（6）被引文献细节检索：该检索具有较强的灵活性，如输入某人的名字，既可以检索到他所著的，也可以检索到篇名（词）中含有该名字的文献。

第九节　国内其他文献服务系统

一、中国国家图书馆

中国国家图书馆（网址为 http：//www. nlc. gov. cn/）是国家重要的文化机构，目前已与世界 120 多个国家和地区的 1000 余家图书馆、学术研究机构建立并保持着书刊交换关系。通过设在馆内的 ISSN 中国国家中心，使中国连续出版物的书目信息参与世界范围内信息的交流与共享。其馆藏文献居世界国家图书馆第五位，并以每年 60 万 ~70 万册（件）的速度增长。中国国家图书馆编辑出版国家书目、联合目录和馆藏目录，是全国书目中心。

二、中国科学技术信息研究所

中国科技信息研究所（The Institute of Scientific and Technical Information of China，ISTIC，http：//www.istic.ac.cn)，原称“中国科技情报所”（中情所），是国家科学技术部直属的国家级综合性科技信息机构。它的馆藏以工程技术、管理科学、高新技术文献为重点，收藏国外科技资料、国外科技期刊、国内外光盘，以及各种媒体的资料、文献，包括较多中外文会议文献，每年收集 1000 多个会议的文献资料以美国政府四大报告。同时，该所已开发数据库 8 个，提供软盘、磁带、光盘、联机等检索。

三、中国国防科技信息中心

中国国防科技信息中心（网址为 http：//cdstic.cetin.net.cn）重点收藏综合性、通用型国防科技资料和系列出版物；拥有全套美国公开发表的 AD，NASA，IAA，AIAA 报告以及军用标准，国际科技会议文献及 10 万多种中国国防科技报告与国家军用标准；生产各类国防科技信息数据库，包括文献型数据库和事实型数据库。已建设的文献型数据库有馆藏库、联合文献库、期刊库、中国军转民库等。北京文献服务处（Beijing Document Service，BDS)，是该中心与北京市科协联合组建的机构，提供联机检索服务。它自行开发 20 多种全文数据库，包括 2000 万篇文献。

四、中国标准情报中心

中国标准情报中心（网址为 http：//www.cei.gov.cn/homepage/gov/zgbzqbzx.htm）即中国技术监督情报研究所，是专门从事标准信息的收集、加工、研究和服务的国家级信息机构，是我国六大科技信息中心之一。该中心集中收藏国内外标准文献与计量文献，标准年更新率达 20%。中国标准情报中心自行建设有 GB、GBJ、ISO、IEC、DIN、BS、JIS、NF、ANSI、ASTM、ASME、IEEE、UL、EN 等标准数据库；拥有中国标准分类号、中英文标题、中英文叙词等 20 余项，并且格式统一、可以实现中、英文检索；同时开发有中国行业标准数据库和中国技术监督法规全文数据库。中心还拥有标准数据库光盘检索系统，从美国引进的包含美国数百个专业学会标准，以及其他几十个国家及区域性标准的 IHS 数据库光盘。

五、中国专利局专利文献馆

专利文献馆成立于1981年，其前身是中国科技情报所专利馆，现隶属于国家知识产权局专利局专利文献部，是我国种类最多、年代最早、数量最大、范围最广的全国专利文献与信息收藏服务中心。截至2004年年底，专利文献馆拥有29个国家3个国际组织的专利说明书，总量4000多万件；提供88个国家及国际组织专利信息检索工具，包括英国德温特等公司和中国的专利检索工具。

六、北京大学图书馆

北京大学图书馆（http：//www. lib. pku. edu. cn/）的馆藏容量达已达461万册，现正以每年8万册的速度递增。其中，中外文图书各270万册和90万册，报刊合订本65万册，还有珍善本收藏1. 3万种、17万册，古籍150万册，珍稀品种和版本数千种，在全国图书馆中居第三位。该馆拥有近百台工作站和大型塔式光盘驱动器和光盘库，收藏有100多种学术性光盘，引进了国外各类网络数据库和电子期刊，可同时为馆内和校园网用户提供本馆机读目录、光盘数据库和国际联机网络数据库的检索，以及课题查新、论文查收查引等服务。北京大学图书馆是“中国高等教育文献保障系统”（CALIS）的管理中心，规模上已成为亚洲高校第一大馆。

七、清华大学图书馆

到2003年底，清华大学图书馆（http：//www. lib. tsinghua. edu. cn）总馆馆藏书刊已超过300万册，连同分馆，馆藏总量已达340万册，形成了以自然科学和工程技术科学文献为主体，兼有人文、社会科学及管理科学文献的多种类型、多种载体的综合性馆藏体系。除一般中外文图书外，馆藏资源还包括：线装古籍书近30万册，期刊合订本38万余册，年订购印刷型期刊4000种，本校博、硕士论文近3万篇，缩微资料7万余件，音像资料9000余盒，各类数据库近240种，中外文电子期刊2. 5万多种，配备了比较丰富的电子化资源和虚拟资源。该馆引进了美国INNOPAC图书馆集成管理系统，通过网络提供馆藏中外文图书和期刊目录的公共查询，初步形成了一个以信息服务为重心的全方位、多层次、开放式、高效率的文献信息服务体系。

八、国内的中文电子图书系统

据不完全统计，目前我国已经开通了200多家大大小小的数字图书馆，其中影响比较大的是中国数字图书馆的网上图书馆、超星数字图书馆、书生之家数字图书馆、方正Apabi电子图书系统。此外，国内还有一些基于不同目标而建立的电子图书服务系统，最著名的是网上售书的网站，如博库等。

1. 中国数字图书馆的网上图书馆

中国数字图书馆网上图书馆（网址为 http：//wenjin. nlc. gov. cn/cpts. jsp）依托中国国家图书馆丰富的馆藏，其网上读书专栏拥有大量的、覆盖各个学科的电子图书，而且绝大多数为回溯书目。目前，已经有全国多家公共图书馆、大中专院校图书馆及机关团体局域网都应用了该系统。网上读书栏目中有10000册精选的中文图书、近2000册西文经典著作以及古籍图书馆的全部藏书（包括经典阅读、百年敦煌、中国文史和千家诗），都可以免费阅读。

2. 超星数字图书馆

超星数字图书馆（网址为 http：//www. ssreader. com. cn）由成立于1993年的北京世纪超星信息技术发展有限责任公司投资兴建，是历史最为悠久、国内最大的在线图书馆，设有文学、历史、法律、军事、经济、科学、医药、工程、建筑、交通、计算机和环保等几十个分馆，目前拥有数字图书十多万种，书目数量约50万册。可通过超星阅览器在线阅读超星数字图书馆中的图书资料，也可凭超量读书卡可将馆内图书下载到用户本地计算机上进行离线阅读。

3. 书生之家数字图书馆

书生之家数字图书馆（网址为 http：//www. 21dmedia. com）是一个全球性的中文书报刊网上开架交易平台，下设中华图书网、中华期刊网、中华报纸网、中华 CD 网等子网，集成了图书、期刊、报纸、论文、CD 等各种出版物的书目信息，可以进行全文检索、文本摘录、四级导航等；目前入网出版社500多家、期刊7000多家、报纸1000多家；每年收录新出版中文图书30000本，期刊文献60万篇，报纸文献90万篇；所收录的资源都是当年最新出版的内容，各专题按月连续更新。

4. 方正 Apabi 电子图书系统

方正 Apabi 电子图书系统（网址为 http：//www. apabi. com）由北大方正电子有限公司制作，收录了全国400多家出版社出版的最新中文电子图书，涵盖社会学、哲学、宗教、历史、经济管理、文学、数学、化学、地理、生物、医学、工程、机械等多种学科。方正电子图书为全文电子化的图书，可输入任意知识点或全文中的任意单词进行检索。电子图书需要使用方正的免费阅读器 Apabi Reader（建立超连接）阅读，可以阅读 CEB、PDF、HTML、TXT 等格式文件。

5. 其他读书网

- 博库网（网址为 http：//www. bookoo. com. cn）：由回国留学生创办，主要是社会科学类图书，可在线免费阅读和下载。
- 中国青少年新世纪读书网（网址为 http：//www. cnread. net）

- 黄金书屋（网址为 http：//wenxue . lycos . com . cn）
- 新浪网读书栏目（网址为 http：//www. book. sina. com. cn）
- 北极星书库（网址为 http：//www. ebook007. com）
- E 书时空（网址为 http：//www. eshunet. com）
- 榕树下（网址为 http：//www. rongshu. com）
- 博览书屋（网址为 http：//www. zhongshan. gd. cn/bookroom/index. htm）
- 凤凰书城（网址为 http：//bbs. lwinfo. com/book）
- 亦凡书库（网址为 http：//www. yifan. net/yihe/novels/cnovel. html）
- 书香门第（网址为 http：//www. bookhome. net）
- 阳光书城（网址为 http：//xf-ftp. hb. cninfo. net/shequ/sunbooks/index/asp）

习 题

1. 除书上介绍的检索刊物外，列出我国其他一些综合性和专业性的检索刊物名称。
2. 结合所学专业，列出本专业目前出版的期刊名称，指出哪些是核心期刊，这些核心期刊近年有无变化？
3. 如何识别数据库的学科范围？
4. 数据库比较通用的检索功能主要有哪些？如何扩大检索范围？
5. 如何找到与课题相关的文献？
6. 我国有哪些主要的学术性图书馆和文献情报中心？简述它们的文献收藏和信息服务情况。
7. 结合实例，试对我国常用的中文全文数据库的检索功能进行比较，并列出比较结果。
8. CSDL 提供了哪些电子资源、信息服务和培训服务？
9. 如何查找期刊、图书在图书馆的收藏情况？有哪些检索工具可供检索？列出检索途径。
10. 什么情况下可以申请馆际互借和原文传递服务？
11. 如何选择最适合自己的数据库？你经常使用的我国的检索系统有哪些？它们的功能如何？
12. 当前评价研究人员论文成果的权威性检索工具有哪些？它们各自的特点是什么？

第五章

国外著名综合性检索系统

【内容提要】

本章重点介绍了国外著名的综合性参考数据库系统，如著名的三大引文索引（SCI、SSCI、A&HCI）、工程索引（Ei）、科学文摘（INSPEC）、剑桥科学文摘（CSA）、化学文摘（CA）。此外还简要介绍了国外其他常用的全文数据库。这些检索系统有的已有百年历史，享有很高的声誉和权威性，是我们获取学科前沿信息的重要来源。

第一节　参考数据库概述

一、参考数据库

（一）什么是参考数据库

参考数据库（Reference Database），是指包含各种数据、信息或知识的原始来源和属性的数据库。数据库中的记录是通过对数据、信息或知识的再加工和过滤然后形成的，如编目、索引、摘要、分类等。

参考数据库主要包括书目数据库、文摘数据库、索引数据库。书目数据库主要是针对图书进行内容及存储地址的报道与揭示的，如各图书馆的馆藏机读目录数据库；文摘和索引数据库则相对期刊论文、会议论文、专利文献、学位论文等进行内容和属性的认识与加工，它提供确定的文献来源信息，供人们查阅和检索，但一般不提供原始文献的馆藏信息。

（二）参考数据库的基本组成

参考数据库的最基本组成单位是记录和字段。

记录（Record）是作为一个单位来处理的有关数据的集合，是对某一实体的属性进行描述的结果。在参考数据库中，实体是指某一特定的文献，而实体的属性即指该文献的题名、著者、来源、语种、文献类型、关键词、主题词等特征。参考数据库中的记录对应于书本式检索刊物中的一个文摘索引条目或者图书目录中的一个著录款目。

字段（Field）是记录的下级数据单位，用来描述实体的某一属性。记录中字段的划分与其著录项目相对应，如一个记录中通常包含题名字段、著者字段、来源字段、语种字段、文献类型字段、关键词字段、主题词字段等。比字段更下一级的数据单位叫做子字段（Subfield），它用来描述某一字段中的各个子项，如出版字段中的出版者、出版地和出版年等各个子字段；再如著者字段中的各个著者等。

（三）参考数据库的特点

（1）参考数据库主要是针对印刷型出版物而开发的，每个参考数据库一般都有相应的书本式检索工具或卡片式目录（印刷版）。

（2）数据结构简单，记录格式固定，生产费用相对较低；数据量大，连续性累积性强。

（3）参考数据库的使用范围一般是开放性的，人们可以通过购买或租用来获得参考数据库，也可以通过某个联机检索系统去检索它，在使用上一般没有任何限制。尤其是书目数据库，一般均是对全体用户免费开放的。

（四）参考数据库的用途

参考数据库最重要的用途是用于搜集文献线索，快速和全面地查询某个学科、领域或主题的文献信息。另一个主要用途是用于个性化的用户定制服务，如最新目次报道、定题服务和回溯检索。此外，还可用来进行各类统计和评估工作等，如统计期刊、个人或机构等的发文量，统计文章转载和引证的情况，评估期刊的影响力等。如著名的SCI数据库就常常被很多单位和个人选用作为统计个人论文成果、机构科研水平等的评价工具；而在评选核心期刊时，也常常依据各个学科的重要参考数据库。

二、国外著名的综合性参考数据库

国外一些著名的综合性参考数据库有的已有百年历史，享有很高的声誉和权威性，这些数据库均是跨学科的、国际性的大型综合检索工具，是我们获取学科前沿信息的重要信息源。而我们常说的四大权威检索数据库通常指的是SCI、SSCI、Ei和ISTP，其中所收录的文献均选自各个学科领域最核心的期刊、最权威的国际会议或最权威的专著；这些数据库不仅有来源索引，同时还有引文索引，即其不仅对所选中的来源文献（期刊论文、会议论文或专著）进行索引，同时还对这些来源文献中所涉及的参考文献（引文）进行索引。

目前，众多的教学和科研单位在教学科研、职称评定、基金申报、奖励等工作中主要以 SCI、SSCI、Ei、ISTP 等检索工具为依据；国家科学基金和青年基金申报等活动也以这几大权威检索工具的查询结果为必备条件。

第二节 著名的三大引文索引——SCI、SSCI、A&HCI

一、引文索引概述

（一）引文索引的概念

引文索引是一种索引词表，也是一种检索方法。前者针对其编制原理，是对文献的引文进行标引而形成的索引词表，也称引文索引语言；后者针对其检索技术的实现，是将文献的引文作为检索的入口的一种检索方法，叫作引文索引法，目标是查询引用过该引文所代表的文献的所有文献。

引文索引主要涉及引文、来源文献和来源出版物等相关概念。假设有文献 A 和文献 B，若文献 B 提到或引用了文献 A，这时就称文献 A 是文献 B 的引文（Citation，或称参考文献）；文献 B 提供了包括文献 A 在内的若干引文，所以将文献 B 称为来源文献（Source Item 或 Source Document），来源文献包括期刊论文、会议论文、评论、技术札记等；刊登来源文献的出版物，如期刊或图书等，称为来源出版物（Source Publication）。

（二）著名的三大引文索引（SCI、SSCI、A&HCI）

20 世纪 60 年代以来，在加菲尔德（E. Garfield）的主持下，美国费城科学信息研究所（Institute for Scientific Information，ISI）相继研制成功了《科学引文索引》（SCI）、《社会科学引文索引》（SSCI）和《艺术与人文科学引文索引》（A&HCI），即美国著名的三大引文索引。

SCI、SSCI、A&HCI 开创了以文献计量学为主的多方位研究方向，打破了分类法、主题词法在信息检索中的垄断地位，有力地推动了知识创新的发展，成为世界范围最具权威的文献信息索引工具。发表的学术论文被 SCI、SSCI、A&HCI 收录或引用的数量，已被世界上许多大学作为评价学术水平的一个重要指标。

由于语种及科研水平等多种因素，我国科技人员撰写的文献被三大引文索引收录的机会较少。1995 年，中国科学院文献情报中心建成了我国自己的中国科学引文数据库，并同步出版了中国科学引文索引（CSCI）；2000 年 5 月，南京大学中国社会科学研究评价中心研制开发出中国社会科学引文索引（CSSCI），国内研制的这两种引文索引为我国科学研究水平和绩效的定量评价，为各学科国内刊登、出版的科技文献的查找提供了便捷的现代化检索工具。

（三）引文索引检索能够解决哪些问题

（1）随时了解你的研究领域里最新的文献出版情况。

（2）发现谁在引用你的研究（或者你感兴趣的研究），以及你的研究是如何用来支持当前研究的。

（3）跟踪同行、竞争对手和锁定的研究人员的研究活动。如：还有谁在从事这方面的研究？创始于这个研究机构的某项研究工作有没有研究论文发表？这个研究机构或大学最近发表了哪些文章？这个研究人员写过哪些论文并发表在该领域的权威期刊？这篇论文的主要内容是什么？

（4）探索一个想法、概念或方法从最初提出到当前的历史、发展与应用。如：这个概念是如何提出来的？这项研究的最新进展如何？这个理论或概念有没有应用到新的领域中去？这个方法有没有得到改进？这一理论有没有得到进一步的证实？有没有关于这一课题的综述？

（5）找到难以用几个关键词来表达的有关课题的相关文献。

（6）分析已经出版公布的某研究的影响力。

（7）确定某篇参考文献已经在文献题录中列出。

研究人员通过引文索引数据库，将过去、现在以至将来的相关文献信息连接起来，将不同学科、不同领域的相关研究连接起来，由此可以发现许多过去不知道然而却非常重要的信息，从而产生许多新的创见与发现。

二、科学引文索引 SCI

1963 年，ISI 出版了《科学引文索引》（Science Citation Index，SCI），它是世界上最早的综合性科技引文索引刊物，它的创立是引文索引诞生的标志。

（一）SCI 的出版类型

SCI 先后有印刷版（月刊和年刊）、光盘数据库、网络数据库、联机检索等出版或服务形式。目前这些形式仍在并向使用。

（1）印刷版：SCI 于 1961 年开始编制，1963 年编成出版，摘录了 1961 年出版的重要期刊 613 种。1964 年 SCI 出版了两卷，分别摘录 1962 年、1963 年的期刊。1965 年起每年出一卷，季刊。1979 年起改成双月刊，并有年度累积本和五年度累积本。目前国内各图书馆常见的 SCI 印刷版收藏多为双月刊或年度累积索引。

（2）光盘版：1990 年起 SCI 开始出版光盘。光盘有两种，一种是带文摘版的（月更新），一种是不带文摘版的（季度更新或半年更新）。

（3）网络版：1997 年网络版问世，2001 年升级为 Web of Knowledge（WOK），SCI、SSCI 和 A&HCI 均通过该平台提供网络服务。网络版的出现使

SCI 检索回溯时间更长，数据更新更快，检索更便捷，查询更全面，尤其具有灵活的链接可以节省查询的步骤。

（4）联机检索：SCI 在 DIALOG、DataStar 等联机检索系统中均能提供服务。国内最常见的是通过 DIALOG 系统服务的 SCI。

（二）SCI 数据库的内容

（1）学科范围：覆盖自然科学、工程技术、生物医学等 150 多个学科领域，主要为自然科学、医学、农林、技术、工程、环境、管理、社会科学、艺术与文学等，偏重于基础理论、应用与技术，其中医学是其重要报道内容。

（2）收录期刊：按来源期刊的数量，SCI 可分为 SCI 核心版（又称 SCI 内圈）与 SCI 扩展版（SCI－Expanded，又称 SCI 外圈）；在国别上，收录了 40 多个国家的期刊，以英美两国为主；语种上，英语期刊占大多数。1997 年后，随着 SCI-Expanded 的发行，中国科技期刊被收录数量呈明显上升趋势。

（3）文献类型：收录期刊论文、会议摘要、通信、综述、讨论，以及选自《Science》、《Scientist》、《Nature》中的书评等。

截至 2004 年，ISI 通过定性、定量、文献计量与专家评估相结合的方法，从 15 万种期刊中精选出 6100 余种期刊，作为 Science Citation Index Expanded（SCI-Expanded 扩展版）来源期刊。数据库每周收录 19000 多篇文献、423000 多篇参考文献。所收录的数据最早可回溯到 1945 年。SCI-Expanded 数据库最早可回溯到 1900 年。

（三）SCI 的编排结构

SCI 报道的核心内容是原始文献及所附的参考文献，经计算机编排，被组织成 3 个互有联系的索引，即引文索引、来源索引和轮排主题索引。

1. 引文索引

引文索引（Citation Index，CI）部分由三种索引构成，即作者引文索引、无著者姓名（无名作者、匿名作者）引文索引和专利引文索引。

如前所述，引文即一篇论文中的参考文献。文献 A 引用了文献 B，则 B 为 A 的引文，也称被引文献或参考文献，B 的作者通常称为被引作者；A 是 B 的来源文献，也称源文，A 的作者通常称为引文作者。将所有被收入文献的参考文献按作者的姓氏排列起来编成引文索引，可检索该作者发表过的论著以及被后来其他作者引用的情况。

（1）作者引文索引（Citation Index，Arranged by Author）。每篇文献的著者及其出处构成引文索引中的一个标目，也称被引款目。因此，一个著者无论何时发表的文献，只要被他人的论文所引用，而该文被 SCI 的来源文献所收录，则这个著者以及被引用的文献就会出现在作者引文索引中。

在引文索引中，如果同一著者的多篇文章同时被多人引用，则这些被引文献按发表年份的先后次序排列。如果某一著者的同一篇文章同时被多人引用，则这些引用文献按引用的著者的姓名字顺排列。这里，无论被引著者还是引用著者都只取第一作者。

（2）无著者姓名引文索引（Citation Index，Anonymous）。对于无著者姓名的被引文献，SCI 将它们集中在一起，专门编成了“无著者姓名引文索引”。这个索引以被引文献作为索引款目，按被引文献所刊载的出版物缩写名称字顺编排。刊名相同，则按卷期页码由小到大排。

无著者姓名引文索引的作用与前述的引文索引相仿，但如果需要查找某个科技报告或某个技术标准的被引用情况，这种索引就是唯一可用的检索工具。

（3）专利引文索引（Citation Index，Patent）。SCI 将被引用的专利说明书集中在一起，编成专利引文索引。专利引文索引主要用于由已知专利号查找该专利在期刊文献中的引用情况。

2. 来源索引

把来源出版物的每篇文献按作者的姓氏排列起来编成来源索引（Source Index，SI），以检索引文题目，根据引用率的大小评价个人或机构的学术水平。来源索引报道所收录的期刊上的文献著者及篇名、出处等信息，相当于一般检索刊物的著者索引。来源索引包括 4 种：

（1）作者来源索引。在来源索引中，将来源文献的引文作者按字母顺序逐条排列出来。如为第一著者，其下有全部著录项目，包括文章的著者姓名、语种、题目、期刊名称、卷期、起始页码、出版年、参考文献和第一著者的通信地址；如为合著者，则无文献篇名等，而是用“see”引见到第一著者。无姓名著者的文章按出版物名称排在来源索引的最前面。

（2）来源出版物目录（List of Source Publications）。来源出版物目录附在来源索引之前，它有 3 种：①来源出版物缩写与全称对照表；②新增来源出版物（Source Publications Added）；③引用图书目录（Lists of Books Coverd）。

（3）机构地名、常用词缩写语表和美国州名代码表。这 3 种表用于将来源索引中出现的机构地名和一些常用词的缩写语以及美国州名代码还原成全称。3 种表全部按照缩写语或代码的字顺编排。其中，机构地名缩写列出了 100 余个常见的机构（包括学术团体和政府部门）、公司和地名（主要为国家名）的缩写语。常用词缩写表列出的有部门名、学科名等常见词。例如 U/UNIV 代表 University，ELECTR 代表 Electronics。

（4）团体索引（Corporate Index）。利用团体索引可以了解某一学术机构或研究单位的研究动态及最近发表文章的情况。它是依照来源索引中的著者所属单位及其所在地的名称编制的一种索引。

该索引分为两部分：①地理部分（Geographic Section）。地理索引先按机构所在国的国名（美国单列，按州名排）和城市名的字顺排，再按机构名和分支机构名的字顺排。地理部分是团体索引的主要部分。②机构部分（Organization Section）。机构部分的索引则按机构名称字顺列出该机构所在的国名（州名）、城市名，然后转查“地理部分”。

需要指出的是，团体索引机构部分只提供第一著者和原文出处，如果想知道论文的标题，还须根据著者姓名查阅“来源索引”才能获得结果。团体索引机构部分用于检索者只知机构名称，但不知其所在地时，用本索引查出所在地，然后转查团体索引地理部分，便可得到某机构成员发表的论文。

3. 轮排主题索引

轮排主题索引（Permuterm Subject Index，PSI）是从“来源索引”收录的题目中抽取关键词作标引词，按一定规则轮流排列，使之产生各种可能的词对，然后将每个词对分别列为轮排主题索引中单独的款目。轮排主题索引相当于其他文献检索刊物的主题索引。

以上描述中所谓“一定规则”，就是根据排列原理，从某一篇名所含的全部关键词中每次取 2 个来做一个款目的标目（即 n 中取 2 排列法）。如果该篇文献中有 n 个关键词，就一共可以得到 $Pn^2 = n(n-1)$ 个词对来作标目。

例如，篇名为“神经网络用于汽轮机控制”的文章，篇名有 3 个关键词，按上面方法，应得到以下 6 个词对，然后再用这些词对分别标引这篇文章。

神经网络—┬—汽轮机
　　　　　└—控制
汽轮机—┬—神经网络
　　　　└—控制
控制—┬—汽轮机
　　　└—神经网络

（四）**SCI 的检索方法**

1. 引文索引法

引文索引法是一种将文献的引文作为检索入口的检索方法。检索时，以某篇重要著作为起点，利用引文索引查出所有引用过这篇著作的作者及其文章的出处，再查来源索引，就可以查得一些与课题相关的文献。这里，选择恰当的引文作为检索起点是关键。

2. 来源索引法

如果已知某著者姓名，要查其近期文献，可直接使用 SCI 的“来源索引”。如果需要原文，使用“来源出版物目录”将“来源索引”给出的缩写刊名换成全称，另辟途径获取。

3. 主题检索法

如果只知道要查课题的内容，其他线索一无所知，就可以采用此法。使用“轮排主题索引”，通过概念分析，用所有可用来表达课题要求的词或词组在该索引中试查，选取合乎要求的主要词和配合词后面的著者姓名，再以这些著者姓名转查“来源索引”决定取舍。在联机检索中还可以用某个研究前沿课题名称或其中的关键词作起点，检出当年的研究热点文献。

4. 综合循环检索法

所谓综合循环检索法，就是综合利用各种方法和整体科学引文索引提供的全部检索途径，并以前面的检索结果作为新的检索起点，一次又一次地重复循环上述几种检索过程，直到对检索结果满意为止。这样循环往复的追溯，会得到越来越多的相关文献，充分发挥了科学引文索引的检索作用。

三、社会科学引文索引 SSCI 和艺术与人文科学引文索引 A&HCI

1973 年，ISI 将引文索引法应用于社会科学领域，出版了《社会科学引文索引》（Social Science Citation Index，SSCI）。1978 年，ISI 又将引文索引法应用于艺术与人文科学领域，出版了《艺术与人文科学引文索引》（Arts & Humanities Citation Index，A&HCI）。

（一）SSCI、A&HCI 的出版类型、内容和特点

1. 出版类型

与 SCI 一样，SSCI 和 A&HCI 的出版类型也有印刷版、光盘数据库、网络数据库、联机等 4 种，不过 SSCI 和 A&HCI 的各种出版类型中的内容是基本一致的，不像 SCI 那样有核心收录和外围收录的差别。另外，和 SCI 不同，SSCI 和 A&HCI 的光盘数据库版均是不带文摘的。

2. SSCI 数据库

（1）学科范围：涉及人类学、商业、沟通、犯罪学、经济学、教育、环境研究、家庭研究、地理学、老年医学和老年病学、卫生政策和服务、计划与发展、历史、工业关系与劳工问题、图书馆学和信息科学、语言与语言学、法律、政治科学、心理学、精神病学、公共卫生、社会问题、社会工作、社会学、药物滥用、城市研究、妇女问题等社会科学的交叉学科领域。

（2）收录期刊：SSCI 属于多学科综合性社会科学引文索引，全面收录 1800 多种社会科学期刊，对会议录、编辑部文章、信件、会议报告、书评都进行了加工处理，只对那些时效性很强的内容，如广告、新闻，才略去不收。它同时也收录 SCI-Expanded 期刊中涉及的社会科学研究的论文，还收录了若干系列性专著，对这些文献的处理方式与期刊类似，将其中的每一章作为一个文献单元来处理。

SSCI 数据库收录数据的最早回溯年为 1956 年，每年平均增加 12.5 万条记录。

3. A&HCI 数据库

（1）学科范围：涉及哲学、语言、语言学、文学评论、文学、音乐、哲学、诗歌、宗教、戏剧、考古学、建筑、艺术、亚洲研究、古典、舞蹈、电影/广

播/电视、民俗、历史等。

(2) 收录期刊：A&HCI 数据库完整地收录了 25 个学科的 1150 种期刊，还包括 ISI 各个数据库中有关艺术与人文科学方面的其他 7000 种期刊中的内容。其收录数据的最早回溯年为 1975 年，数据库每年增加 10 万条新记录。

A&HCI 可按被引作者、被引文献等途径进行检索。

(二) SSCI、A&HCI 的结构与编排

SSCI 和 A&HCI 同为 ISI 所编辑和出版，其结构与 SCI 也基本相同，这里不再赘述。

(三) 检索及服务方式

(1) 光盘检索软件及其服务。SSCI 和 A&HCI 的光盘检索软件和 SCI 一样，均是 ISI 公司的 ISI CDE，也分 Windows 版和 DOS 版，目前常用的是 Windows 单机版或网络版。

(2) 网络数据库检索系统及其服务。SSCI 和 A&HCI 的网络数据库服务均与 SCI 一样，在 ISI 的网络数据库检索系统——Web of Science 中提供服务，检索软件的版本、功能，检索界面和使用方法完全一致。

(3) 联机检索服务。SSCI 和 A&HCI 的联机服务比较常见的是在 DIALOG 和 DataStar 等联机检索系统中，尤以 DIALOG 为常见，称作 Social SciSearch 和 Arts & Humanities Search，分别被收录进第 7 号和第 439 号文档。

四、Web of Science 数据库

Web of Science 数据库基于 ISI Web of Knowledge 检索平台，可以直接访问 SCI、SSCI 和 A&HCI 引文数据库。目前我国高校图书馆引进的大多是 SCI、SSCI 和 A&HCI 3 种综合引文库。

(一) ISI Web of Knowledge 平台简介

ISI Web of Knowledge（简称 WOK）平台是一个基于 Web 的整合的数字化研究环境，为不同层次、不同学科领域的学术研究人员提供信息服务。现在，Thomson ISI 推出了增强的跨库联合检索功能，用户不仅可以同时检索所在机构订购的基于 WOK 平台上的所有资源，而且可以通过 WebFeat 提供的跨库联合检索功能，检索数据不在 WOK 平台上但对研究者来说非常重要的学术信息资源。目前，WOK 平台可以提供跨库检索的外部资源共有 13 种，内容涉及生物医学与农业科学、工程计算与物理科学、社会与行为科学等研究领域。

WOK 平台的访问网址为 http://www. isiknowledge. com。ISI 通过国际专线提供检索服务，各组数据库通过 IP 范围控制访问权限，校园网用户可从各高校图书馆主页的“电子资源”栏目中的“Web of Science”进入，检索界面如图 5-1 所示。

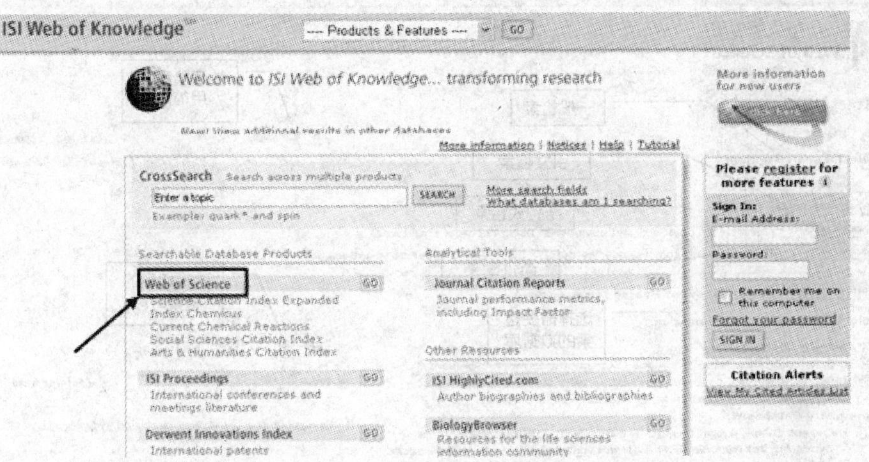

图 5-1　ISI Web of Knowledge 检索界面

ISI Web of Knowledge 平台内容包括：

（1）8700 多种多学科、影响广泛、国际性、权威性的学术期刊。

（2）1100 多万件基本发明专利情报。

（3）每年 12000 多种学术会议录。

（4）1840 年以来的化学结构与反应信息（1993 年以来的化合物信息）。

（5）多达 4000 多万件专利全文及链接。

（6）独有的科研分析资源和信息分析工具：JCR，ESI，RefViz，Derwent Analytics。

（7）4500 个严格评估的学科网站标引与导航，超过 45 万篇网站文献。

（8）全球高引用科学家专家库：ISIHighlyCited. com

（9）强大的信息管理与写作工具：EndNote，Reference Manager，ProCite，WriteNote。

（10）集成了 ISI Proceedings（ISTP、ISSHP）、INSPEC、Biosis Previews 及 JCR 等数据库。

（二）Web of Science 检索界面

点击 Web of Knowledge 首页中的“Web of Science”（如图 5-1 中所示），即可进入 Web of Science 数据库。进入后的检索界面如图 5-2 所示。

（三）Web of Science 的检索功能

Web of Science 的检索功能包括：一般检索，引文检索，结构式检索和高级检索。

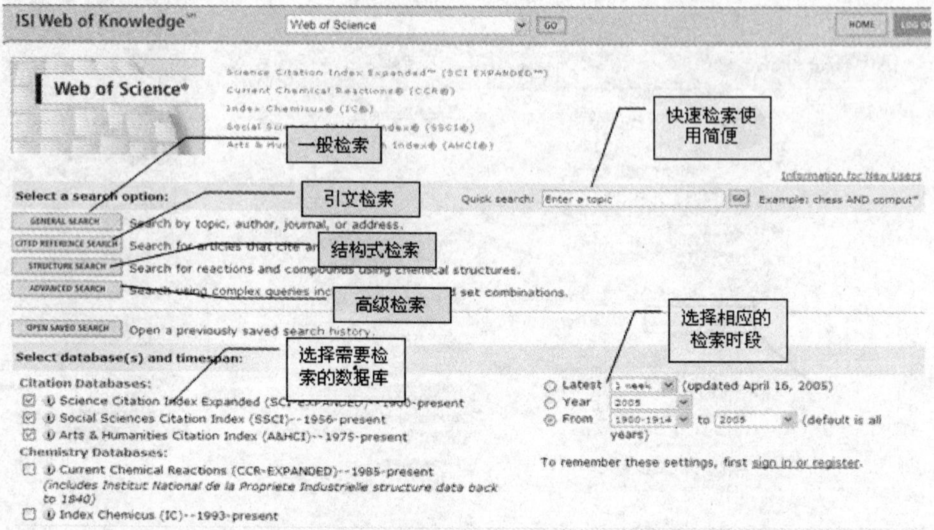

图 5-2 Web of Science 检索界面

1. General Search（一般检索）

检索途径：用主题、著者、来源期刊名或著者地址检索文献。

Topic（主题）——用在文献篇名（Title）、文摘（Abstract）及关键词（Keywords）字段可能出现的主题词（词组）检索，也可选择只在文献篇名（Title）中检索。

Author（著者）——用著者姓名检索。Web of Science 标引收录文献的全部著者和编者。若在著者姓名中恰巧包含禁止使用的检索词，可以利用引号，如 KOECHLI "OR" 检索 O. R. Koechli 发表的文献。

Source Title（来源出版物）——用期刊的全称检索，或用期刊刊名的起始部分加上通配符"*"检索。Source List 列出了收录的全部期刊，可以通过它粘贴拷贝准确的期刊名称。

Address（地址）——用著者地址中所包含的词（组）检索。

【例 5-1】 检索有关在中国离婚对儿童的影响的研究，并要求了解有关课题的起源、最新进展和相关文献。（主题检索）

检索步骤：

（1）选择 General Search 后的检索界面如图 5-3 所示。

（2）课题分析：该检索属于主题检索范畴。

（3）选择适当的数据库：本例属于社会科学研究范畴，可选择 SSCI 和 A&HCI 数据库。

（4）选择检索时段：选择时间跨度。

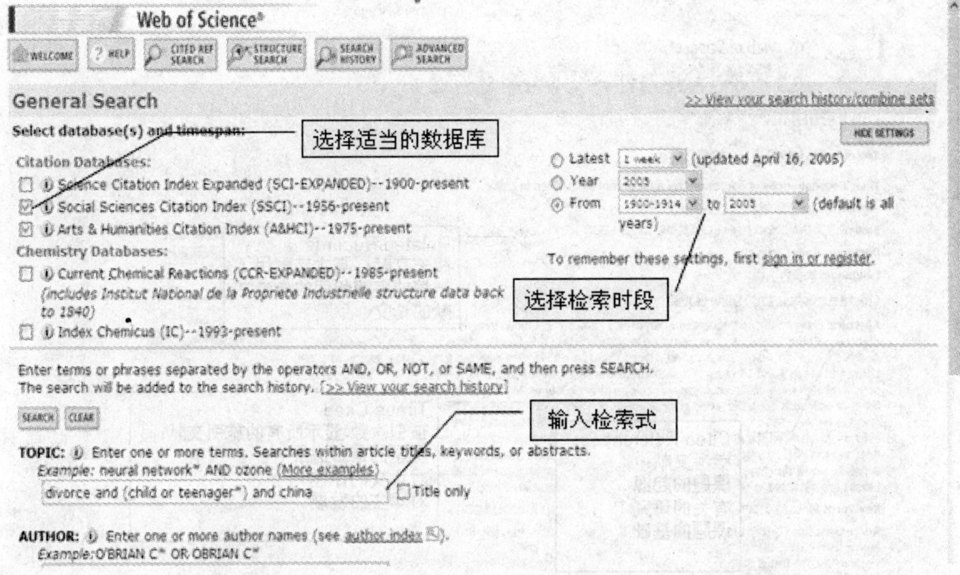

图 5-3　General Search 检索界面

（5）在“Topic”栏输入检索式：divorce and（child or teenager *）and china。检索结果如图 5-4 所示。

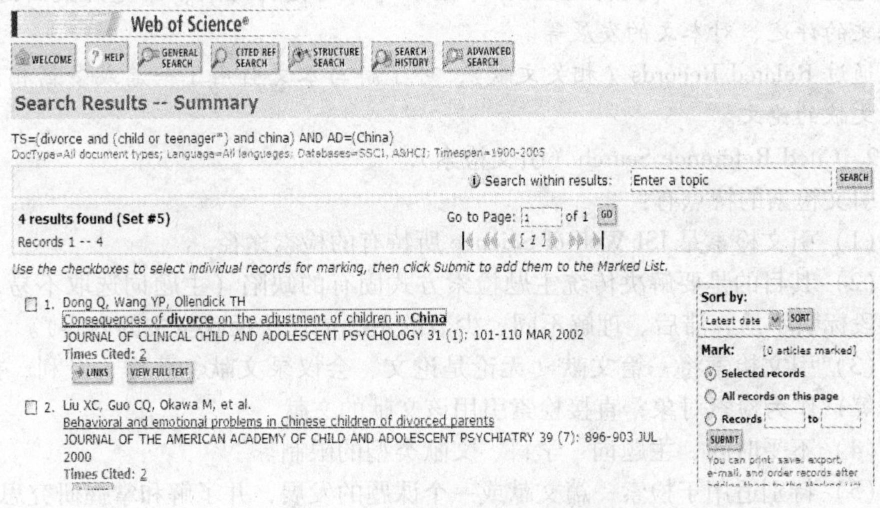

图 5-4　General Search 检索结果

（6）全记录分析：点击图 5-4 检索结果中的某一篇文献（本例为 1 号文献）

可获得该文献的论文摘要、关键词、地址及出版物信息，如图5-5所示。

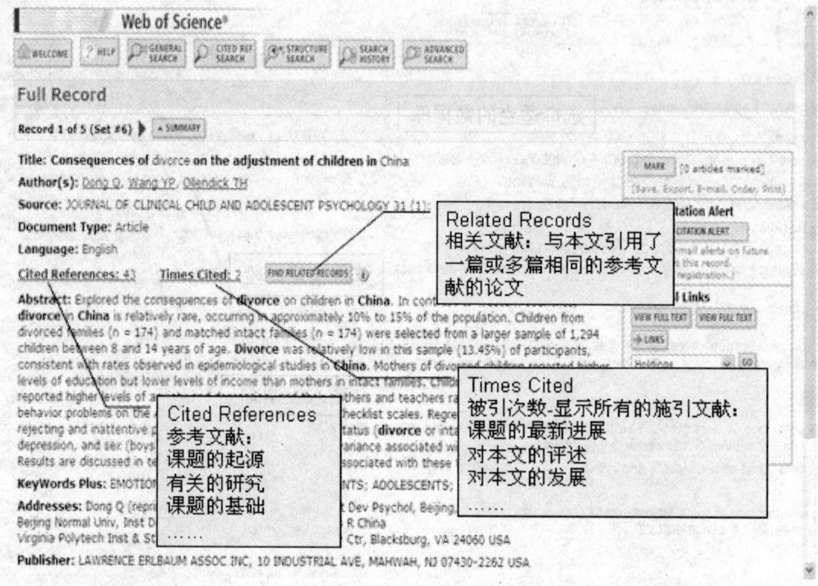

图5-5　全记录分析

通过Cited References（参考文献）可了解课题的起源、有关的研究及课题的基础。

通过Times Cited（被引次数），可显示所有的施引文献、课题的最新进展、对本文的评述、对本文的发展等。

通过Related Records（相关文献），可了解与本文引用了一篇或多篇相同的参考文献的论文。

2. Cited Reference Search（引文检索）

引文检索的特点有：

（1）引文检索是ISI Web of Science所特有的检索途径。

（2）其目的是要解决传统主题检索方式固有的缺陷（主题词选取不易，主题字段标引不易、滞后、理解不同，少数的主题词无法反映全文的内容）。

（3）引文检索将一篇文献（无论是论文、会议录文献、著作、专利、技术报告等）作为检索对象，直接检索引用该文献的文献。

（4）不受时间、主题词、学科、文献类型的限制。

（5）特别适用于检索一篇文献或一个课题的发展，并了解和掌握研究思路。

检索途径：以被引著者、被引文献和被引文献发表年代作为检索点进行检索。

Cited Author——被引著者。一般是利用被引文献的第一著者进行检索，但如果被引文献被Web of Science收录，且购买了这段时间的数据库，则可以用被引文献的所有著者检索。

Cited Work——被引著作。检索词为刊登被引文献的出版物名称，如期刊名称缩写形式、书名或专利号。点击“list”，查看并复制粘贴准确的刊名缩写形式。

Cited Year——被引文献发表年代。检索词为 4 位数字的年号。

说明：上面 3 个检索字段可以单独使用，也可同时使用，系统默认多个检索途径之间为逻辑“与”的关系。当需要 AND，OR，NOT，SAME 或 SENT 作为检索词而不是作为算符时，可以用引号“”将这些词括起来。

【例 5-2】 了解张五常（Cheung S）1969 年博士论文《佃农理论》（THEORY of SHARE TENANCY）的被引用情况，并掌握其研究的发展。

检索步骤：

（1）进入 Cited Reference Search（引文检索）的检索界面如图 5-6 所示。

（2）在 Cited Author 输入被引用的作者姓名：Cheung S。

（3）在 Cited Work 输入被引用的研究工作出处：期刊名、专利号、书名等。

（4）在 Cited Year 输入该文献的发表/公布年份。

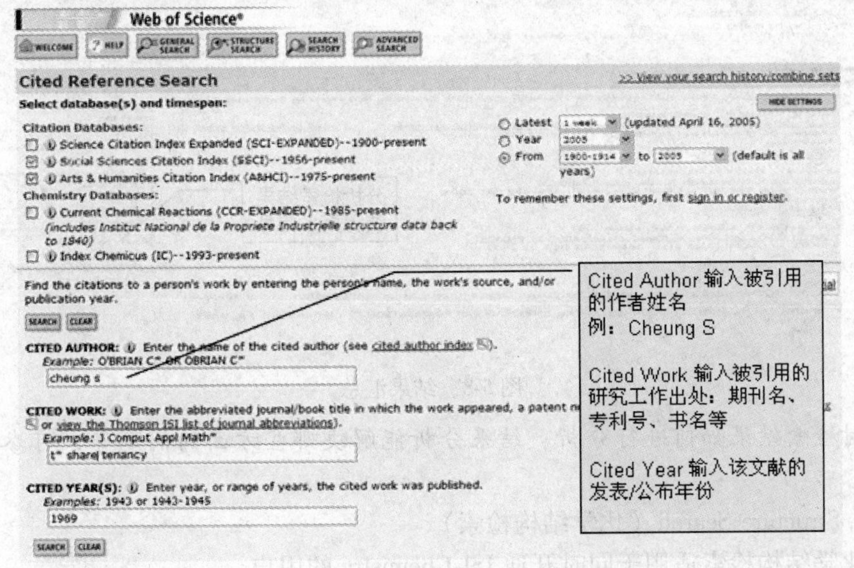

图 5-6　Cited Reference Search 检索界面

（5）Cited Reference Search 的结果列表列出被引用情况，浏览列表并找到自己最感兴趣的被引文献，如图 5-7 所示。从图中可以发现，该博士论文被引用 37 次，选取后即可了解所有引用本文的 37 篇文献。

（6）选定自己最感兴趣的被引文献后，可列出检索结果，进而进行结果分

Web of Science
Cited Reference Search
Your search has found the following references.
Select only those cited references you want to include,
then click FINISH SEARCH.
(Hint: Look for variants. Papers are sometimes cited incorrectly.)

Select	Times Cited**	Cited Author	Cited Work	Year	Volume
☐	1	CHEUNG S	J LAW EC	1969	12
☐	2	CHEUNG S	J LAW EC APR	1969	
☐	1	CHEUNG S	J LAW ECONOMICS	1969	19
☑	1	CHEUNG S	THEORY SHAE TENANCY	1969	
☑	33	CHEUNG S	THEORY SHARE TENANCY	1969	
☑	2	CHEUNG S	THEORY SHARETENANCY	1969	
☑	1	CHEUNG S	THEORY TENANCY	1969	

Cited Reference Search的结果列表，列出被引用情况，浏览列表并找到自己最感兴趣的被引文献：例：该博士论文被引用37次，选取后即可了解所有引用本文的37篇文献（见下页）

图 5-7　Cited Reference Search 的结果列表

析，如图 5-8 所示。

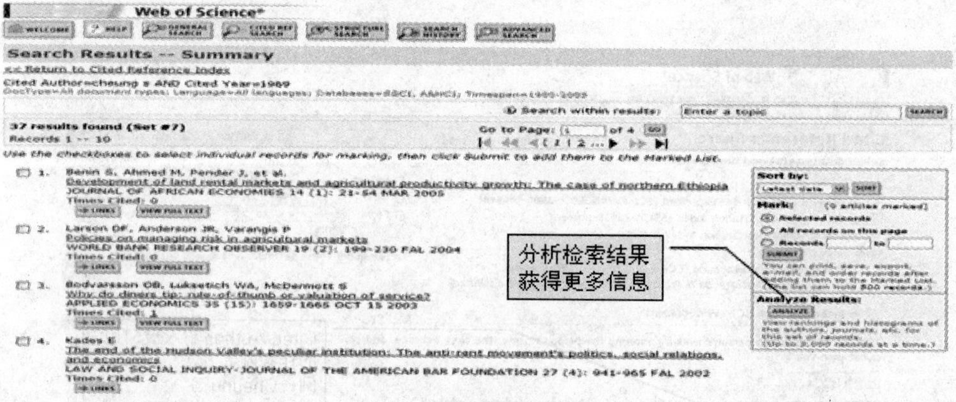

图 5-8　结果汇总

对检索结果如何进行分析、结果分析能解决哪些方面的问题等，可参见下文内容。

3. Structure Search（化学结构检索）

化学结构检索适用于同时开通 ISI Chemistry 的用户。

自 2003 年 ISI Web of Science 升级到 6. 0 版，ISI Web of Science 将 ISI Chemistry 与 SCIE 完全整合到一起，从而为 ISI Web of Science 提供了化学结构信息的检索和更为丰富的化学内容，包括：

（1）Current Chemical Reactions（CCR，加上了 INPI 数据）：1840 年以来的共 75 万条化学反应，每月增加 3000 个反应，并提供详细的化学反应过程信息。

（2）Index Chemicus（IC）：1993 年以来的共 190 万个化合物信息，每周增

加3500个化合物，并提供化合物的生物活性、化学结构、分子量等信息。

CCR和IC的主要用途有：

（1）取得分子合成反应的信息，检查某类分子是否已被分离、合成，以及有关的文献资料。

（2）了解最新的催化剂，各类分子的生物活性、天然来源等信息。

（3）了解新的有机金属化合物设计、合成与应用。

（4）了解各种单体分子的合成，催化剂的利用，材料的各种合成途径。

（5）了解化合物/药物分子的生物活性，迅速发现潜在的药物母体及其合成，"组合化学"所必需的固相合成反应。

（6）缩短项目的研究周期，减少不必要的重复开发，提高工作效率。

4. Advanced Search（高级检索）

所谓高级检索，主要是利用ISI Web of Science提供的字段标识符构成复杂的检索式进行检索。下面介绍ISI Web of Science的检索算符与检索字段。

逻辑算符——"NOT"（非）、"AND"（与）、"OR"（或）。

位置算符——"SAME"或"SENT"。二者作用相同，规定其前后连接的两个词在检索记录中出现在同一句中，或同一个词组中（keyword字段）。

通配符——"＊"和"?"。通配符用在检索词的中间和词尾，"?"代表一个字符，"＊"代表零个或若干个字符。

各检索字段允许使用的检索算符用字母"y"标明，各检索字段允许使用检索算符的情况如表5-1所示。

表5-1　检索算符允许使用的情况

检索方式	检索字段	SAME/SENT	NOT	AND	OR	*	?
Easy Search	Topic	y	y	y	y	y	y
	Person	y	y	y	y	y	y
	Place	y	y	y	y	y	y
General Search	Topic	y	y	y	y	y	y
	Author		y	y	y	y	y
	Source Title				y	y	y
	Address	y	y	y	y	y	y
Cited Reference search	Cited Author		y	y	y	y	y
	Cited Work				y	y	y
	Cited Year				y		

（四）检索结果的分析

1. 结果分析方式

在 Web of Science 数据库中，可以对检索结果按照以下方式进行分析：

（1）按照作者分析：了解某个研究的核心研究人员是谁。

（2）按照国家和地区分析：了解核心研究国是哪里。

（3）按照文献类型分析：了解该研究通常以什么途径发表。

（4）按照机构名称分析：了解有哪些机构在从事这项研究。

（5）按照语种分析：了解该研究是以什么语种发表的。

（6）按照出版年分析：了解该研究的发展趋势。

（7）按照期刊标题分析：了解该研究通常发表在哪些期刊上。

（8）按照学科分类分析：了解该研究涉及了哪些研究领域。

2. 结果分析能解决的问题

对引用文献进行分析有助于解决以下一些问题：

（1）了解哪一个作者引用了你选定的论文的次数最多，从而确定谁在延续跟踪并从事这一领域的研究工作。

（2）知道引用了你选定的论文的文献主要以什么文献类型进行发表。

（3）知道哪一个机构最经常引用你感兴趣的研究论文。

（4）知道引用了你选定的文献的主要语种是什么。

（5）知道你选定的文献的文章主要发表在什么时间，从而显示这篇文章被引用的时间趋势。

（6）了解你选定的文献经常被哪些杂志所引用，以便选择你未来的论文投稿方向。

（7）了解一篇论文被不同领域的研究论文引用的状况，从而了解该课题研究的学科交叉趋势。

（五）其他

Web of Science 还提供了其他一些功能。如：

（1）可保存、打印、Email 所得的记录及检索式。

（2）通过 WWW 超文本特性，能链接到 ISI 的其他数据库。

（3）部分记录可以直接链接到电子版原文，或者链接到本地资源。

第三节　美国《工程索引》

一、概述

《工程索引》（The Engineering Index，Ei）于 1884 年由华盛顿大学土木工程系教授 J. B. Johnson 发起创办，最初只是《美国工程学会联合会刊》上设立的

“索引专栏”。一百多年来，Ei 编辑机构几经变迁，1981 年起由美国工程信息公司（The Engineering Information Inc.）编辑出版，其“后盾”是美国工程学会图书馆。Ei 目前已成为各国工程技术人员、研究人员经常使用的检索工具之一，也是历史最为悠久的一部大型综合性检索工具。

（一）Ei 的学科范围

Ei 的学科覆盖面很广，涉及航空与航天工程、应用物理、生物工程和医学设备、化学与化工、光学技术、民用建筑、电子、计算机、通信工程、控制工程、矿产、原子和机器人等学科领域，每年约新增 20 万条记录，但不收录纯理论性的基础学科文献、工程管理文献和专利文献。Ei 精选世界上 48 个国家、15 种文字的 3500 多种期刊和 1000 多种世界范围的会议录、论文集、科技报告等。

（二）Ei 的出版形式

Ei 目前主要有 6 种出版形式：

1. 印刷版

（1）《工程索引月刊》（The Engineering Index Monthly）。该刊创刊于 1962 年，1986 年前由依据标题词编排的文摘正文和著者索引构成，1987 年后新增主题索引。其特点是报道迅速，可查确定课题的最新资料，报道时差为 6 ~ 8 周。

（2）《工程索引年刊》（The Engineering Index Annual）。该刊将 Ei 月刊上报道的文献按标题词（或叙词）的字顺汇集成册，每年出版 1 卷。该刊由正文、著者索引、著者单位索引（1988 年后停刊）、来源出版物目录（Publications Index for Engineering，PIE）等辅助索引和附表组成。其特点是适用于回溯性检索。

（3）《工程索引累积索引》（The Engineering Index，Cumulative Index）。该索引将几年（通常为 3 ~ 5 年）的工程索引文献按标题词（或叙词）的字顺汇集成册。根据文献数量的不同，册数有所不同。

2. 缩微版

《工程索引缩微胶卷》（Ei Microfilm）1970 年开始出版，并把 1884 ~ 1970 年间的 200 多万条文摘存于微缩资料库。1975 年停刊。

3. 磁带版

《工程索引磁带》（Compendex）是 1969 年以来的 Ei 的机读形式，可使用联机检索终端或租用线路进行国际联机检索。

4. 机读版

Ei 机读版数据库（Ei COMPENDEX PLUS）的时间范围从 1970 年至今，数据库每周更新，目前在 DIALOG、ORBIT、STN、ESA/IRS 等大型联机检索系统中运行。

5. 光盘版

《工程索引光盘》(Dialog on Disc^{TM}Compendex plus CD-ROM) 容量大、价格低廉，覆盖时间从1988年至今。《工程索引光盘》分为单机版和网络版。随着校园网等局域网的普及使用，网络版光盘的使用率正在逐步提高。这种光盘每季度更新一次。

6. 网络版

网络版检索系统原来叫做 Ei Compendex Web，2003 年起升级为 Ei Village 2 (Engineering Information Village)。Ei Village 2 是一个综合的检索平台，除提供 Ei 网络版的检索服务外，还提供了其他数据库产品（如 INSPEC 等）和网络资源的检索。Ei Village 2 比 Ei Compendex Web 的检索功能更加强大，但 Ei Compendex Web 仍是 Ei Village 2 的核心数据库。

下面主要介绍 Ei 的印刷版出版物和 Ei 网络版数据库。

二、Ei 体系结构与检索方法

（一）Ei 的体系结构

Ei 月刊和年刊所收录的内容完全相同，它们的编排结构基本相同，主要由文摘部分和索引部分组成。

1. 文摘部分

文摘部分是 Ei 的主体部分，采用字顺主题索引的组织方法，使用的主题词是一种规范化、权威性的标题词表 SHE。

月刊和年刊的正文是以主、副二级标题词为标目的文摘。如果我们翻开 Ei 的月刊或年刊，可以发现主标题词采用黑体大写字母印刷，副标题词则以首字母大写印刷。主、副标题词分别按字顺排列，这些词全部取自 SHE。

2. 索引部分

索引部分包括著者索引、主题索引、出版物索引。

（1）著者索引（Author Index）。它将文摘正文中出现的著者全部收入，并按著者姓名的字顺排列。

1974 至 1987 年间，Ei 年刊设有著者单位索引（Author Affiliation Index）。这个索引将文献的第一著者的所属单位集中，按字顺排列后列出该单位所发文献的全部文摘号。通过该索引，可以部分地掌握某机构的科研进展动态和水平，是一种特色辅助索引。著者索引于 1988 年后停刊。

（2）主题索引（Subject Index）。1987 年以后，Ei 的月刊和年刊均增加了主题索引，同时取消了正文文摘中主、副标题词后的参见项（See also）。用主题索引代替参见项改善了 Ei 的检索性能。

（3）工程出版物索引（PIE）。《工程出版物索引》（Publications Indexed for Engineering，PIE）从 1977 年开始出版，位置排在各年刊的著者索引之前。到

1987 年，《PIE》被单独编成单行本，1988 年后改名为《出版物一览表》（Publication List，PL）和《会议一览表》（Conference List，CL），列于主题索引之后。

《PL》是来源刊物的刊名缩写，是查找刊名全称的主要辅助索引。在利用 Ei 查得一批相关文摘后，如果需要进一步获取原文，应先使用《PL》将刊名缩写还原成全称，再查馆藏目录。《CL》以会议名称字母为序给出当年 Ei 报道的全部会议录名称、会议主办单位名称、会议举办地和时间以及该会议的 Ei 编号。

（二）Ei 的检索方法

1. Ei 的检索途径

印刷版 Ei 的检索途径主要有两个：主题途径，著者途径。

（1）利用主题途径检索时，可通过关键词索引查找与检索词相匹配的索引关键词，也可直接在文摘部分查找与检索词相匹配的标目关键词。

（2）利用著者途径检索时，可通过著者索引查找与之相匹配的著者。

2. Ei 的检索步骤与方法

根据课题要求和已有线索情况，Ei 的检索方法大致有 3 种，详细检索流程如图 5-9 所示。

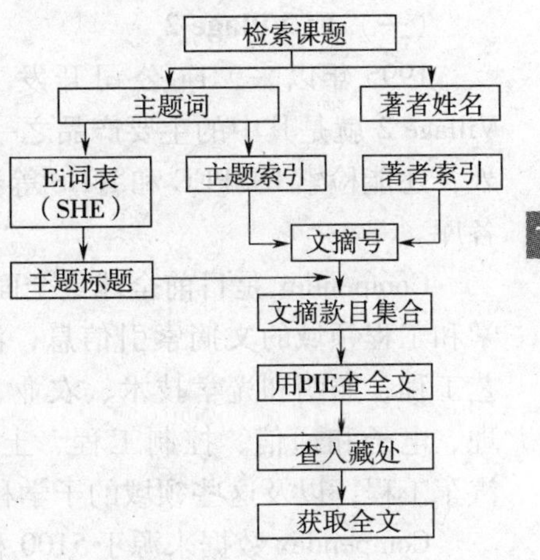

图 5-9　Ei 检索流程

（1）已知著者姓名，可利用 Ei 年刊的著者索引查找历年线索，再利用当年 Ei 月刊的著者索引查找具体文献。

（2）已知某研究单位或公司名称，可利用 1974 ~1987 年间 Ei 年刊中的著者单位索引查找。

（3）未知课题任何线索，直接以课题涉及的概念，用 Ei 年刊或月刊的主题索引试查，取得文摘号后转查正文。也可以先分析课题的主体面、从属面和通用面概念，在《SHE》中核查，确定主、副标题词，然后在 Ei 年刊或月刊的主题索引或正文中直接查找。

以上 3 种方法所得的结果是文献的篇名、摘要和出处。如果还需转查原文，则可使用《PL》，将刊名缩写还原成全称，再通过各种馆藏目录索取原文。

（三）Ei 检索示例

【例 5-3】　查找“控制城市污染”方面的资料（手工检索）。

1. 利用主题索引查找文献

（1）分析课题，利用《工程标题词表》或《工程索引叙词表》，确定相关的规范词：POLLUTION CONTROL，NOISE CONTROL，MOBILE POLLUTION。

（2）利用规范词“POLLUTION CONTROL”，查找 Ei 月刊或年刊的“主题索引”。通过所给出的文摘流水号翻看对应的文摘。

(3) 若文摘来自于会议文献，可以利用《馆藏联合期刊目录》查找该会议文献的馆藏。

(4) 如果文摘来自于期刊文献，则首先利用《PIE》查找出该期刊名称的全称，然后再利用《馆藏联合期刊目录》查找该期刊的馆藏。

(5) 有了馆藏后，就可以利用馆际互借得到原文。

2. 利用著者索引查找文献

利用著者索引查找文献，可以直接查找 Ei 月刊或年刊的“著者索引”。其后的步骤同上面的 (2)、(3)、(4)、(5)。

三、Ei 网络版数据库

(一) Ei Village 2

1995 年以来，Ei 公司开发了称为“Village”的一系列产品，Engineering Village 2 就是其中的主要产品之一，该平台除了能检索 Compendex（Ei 网络版）外，还能检索 INSPEC 和 NTIS 等数据库。如果同时检索三库，可在网页中勾选各库。

Compendex 是目前全球最全面的工程领域二次文献数据库，侧重提供应用科学和工程领域的文摘索引信息，涉及核技术、生物工程、交通运输、化学和工艺工程、照明和光学技术、农业工程和食品技术、计算机和数据处理、应用物理、电子和通信、控制工程、土木工程、机械工程、材料工程、石油、宇航、汽车工程，以及这些领域的子学科。

Compendex 数据来源于 5100 种工程类期刊、会议论文集和技术报告，含 700 多万条记录，每年新增约 25 万条记录。国内用户可在网上检索 1970 年至今的文献。目前各高校校园网内的用户可以直接访问清华大学图书馆的镜像站点来使用该数据库，也可从校图书馆主页的电子资源中链入。

(二) 数据库检索功能

数据库提供了 Easy Search（基本检索）、Quick Search（快速检索）和Expert Search（高级检索）功能。

1. Easy Search

Easy Search 只提供简单的基于关键词的检索，检索界面如图 5-10 所示。

2. Quick Search

Quick Search 能够进行直接快速的检索，其界面允许用户从一个下拉式菜单中选择要检索的各个项，检索界面如图 5-11 所示。

3. Expert Search

Expert Search 提供更强大而灵活的功能，与快速检索相比，用户可使用更复

图 5-10　Easy Search 检索界面

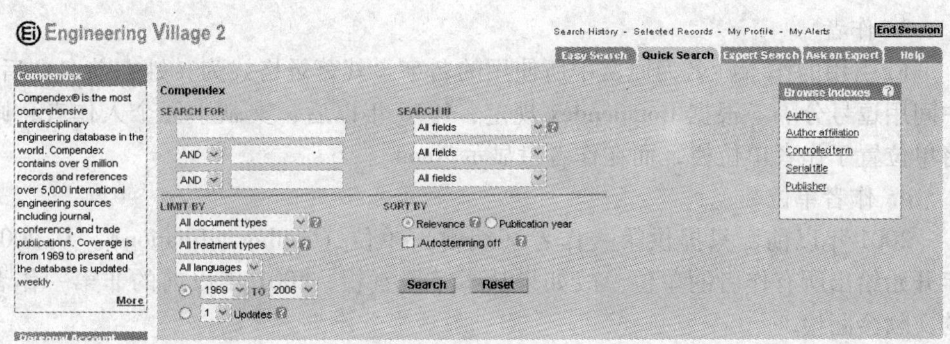

图 5-11　Quick Search 检索界面

杂的布尔（Boolean）逻辑方式。该检索方式包含更多的检索选项。其检索界面如图 5-12 所示。

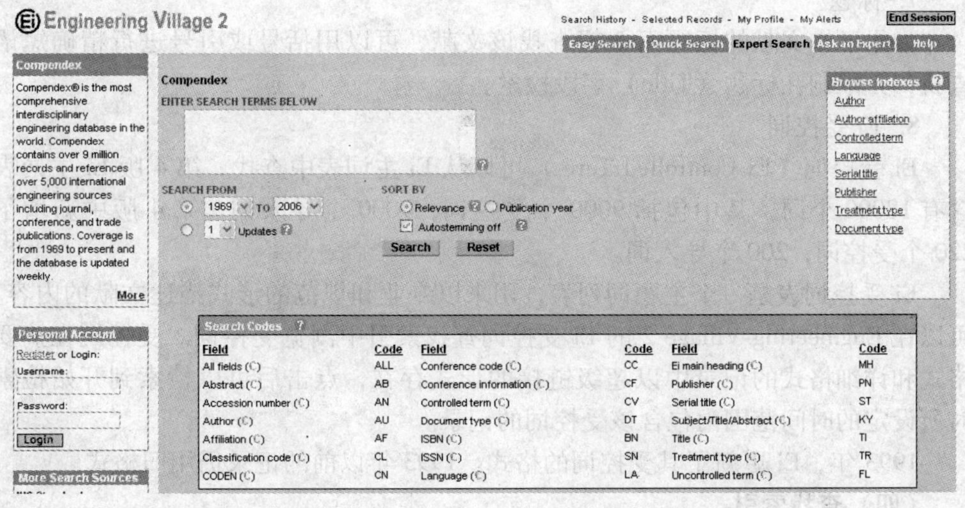

图 5-12　Expert Search 检索界面

（三）检索字段

1. 所有字段

检索 Compendex 数据库时的默认值是所有字段（All Fields），包括以下列出的所有字段。

2. 主题/标题/摘要

这组字段包括：摘要（Abstract），题目（Title），翻译的题目（Translated title），Ei 受控词（Ei controlled terms），Ei 主标题词（Ei main heading），自由词（Uncontrolled terms）。

3. 作者

Ei 引用的作者姓名为原文中所使用的名字。其著录格式为：姓在前名在后，中间用逗号分隔。根据 Compendex 规定，1976 年以后，文献中无个人作者，则将单位置于作者单位栏，而在作者栏显示 Anon.。

4. 作者单位

2001 年以前，只提供第一作者（编辑）单位（Author affiliation）。从 2001 年开始给出所有作者的单位。故如果从本字段查检，2001 年以前的非第一作者的文献会漏检。

5. 出版商

在出版商（Publisher）一栏，可以搜索某一出版商所出版的期刊。

6. 刊名

用刊名（Serial Title）检索可以确定期刊、专著或会议论文集的名称。

7. 标题

如果已知文献的标题而希望查找该文献，可以用括号或引号进行精确短语查找，并限制在标题（Title）字段检索。

8. Ei 受控词

Ei 受控词（Ei Controlled Term）可以从 Ei 主词表中查找。第 4 版 Ei 主词表含有 18000 个词，其中包括 9000 个受控词，9000 个导入词。第 4 版中新增了 220 个受控词，200 个导入词。

Ei 受控词表是一个主题词列表，用来以专业和规范的形式描述文献的内容。可以在 Engineering Village 2 的 Ei 受控词查找索引中浏览受控词。受控词在摘要格式和详细格式的记录中以超级链接的形式存在，点击后可以检索到开始检索时所设定的时间范围内包含该受控词的记录。

1993 年，Ei 更新了其受控词的格式。1993 年以前的记录仍用旧格式。

（四）查找索引

查找索引（Browse indexes）可帮助用户选择用于检索的适宜词语。Compendex 数据库有作者（Author）、作者单位（Author Affiliation）、刊名（Serial Title）、出版

商（Publisher）和Ei受控词（Ei Controlled Term）的索引。

在浏览索引框（位于快速检索 Quick Search 页的右边）中点击所用索引旁边的按钮，然后点击浏览（Browse），相应的索引就会出现。

一旦某索引出现，用户选择所要检索词语的第一个字母或者在 SEARCH FOR 栏中输入词语的前几个字母，然后点击“Find”按钮，就可浏览。此外，用户也可通过点击每页下面的“Previous”或“Next”按钮浏览索引。

当用户选择了索引中的某词后，它将自动被粘贴到第一个可用的检索框中，SEARCH IN 栏也将切换到相应的字段。在索引中删除一个词语，此词语将从相应的检索框中去除。用户如果选择了超过3个词语，第4个词语将覆盖第3个检索框中的词语。

用户也可以用布尔运算符 AND 或 OR 连接从索引中粘贴到检索框的第2个和第3个词语。

（五）检索限定

采用检索限定（Search Limits）是一种有效的检索技巧，使用此方法，用户可得到更为精确的检索结果。Ei 的检索限定包括：文件类型（Document type）限定，处理类型（Treatment type）限定，语言（Language）限定。

1. 文件类型限定

文件类型指的是所索引的文章源自的出版物类型。Compendex 数据库从1985年起增加了文件类型字段。注意，如果用户把检索范围限定在某个文件类型，将检索不到 Compendex 数据库1985年以前收录的文献。

文件类型限定包括：全部（All Document Types，默认），期刊论文（Journal Article），会议论文（Conference Article），会议论文集（Conference Proceeding），专题论文（Monograph Chapter）、专题综述（Monograph Review），学位论文（Dissertation）。

2. 处理类型限定

处理类型（Treatment Type）用于说明文献的研究方法及所探讨主题的类型，包括：应用（Applications），传记（Biographical），经济（Economic），实验（Experimental），一般性综述（General Review），历史（Historical），文献综述（Literature Review），管理方面（Management Aspects），数值（Numerical），理论（Theoretical）。一个记录可能有一个或几个处理类型，但并不是每个记录均赋有处理类型。

如果对某个主题作一般性的概览，可选择 General Review。如果对某一研究领域的历史概览感兴趣，则选择 Historical Treatment。

3. 语言限定

语言只有在某篇文章所用的语言不是英语时才在引文中标出。如果所用的语言有一种以上，则用逗号将其分开，例如：French，German。

在快速检索（Quick Search）中，可使用在下拉式菜单中对语种所作的以下限定：全部（All languages）、英语（English）、汉语（Chinese）、法语（French）、德语（German）、意大利语（Italian）、日语（Japanese）、俄语（Russian）和西班牙语（Spanish）。

用户如果要检索更多的语言，或要检索快速检索（Quick Search）下拉式菜单中所未列的语言，可使用高级检索（Expert Search）。Compendex 数据库中所用的全部语言的列表可由高级检索中的语言查找索引（Language Look-up Index）查找。不论原文使用的是何种语言，Compendex 数据库中所有的摘要和索引均用英文编写。

第四节 英国《科学文摘》

一、概述

INSPEC（Information Services in Physics，Electronics Technology and Computer & Control）是目前全球在物理和工程领域中领域中最全面的二次文献数据库之一，它的前身是《科学文摘》（Science Abstracts，SA）。目前，《科学文摘》以印刷版、光盘版、网络版、联机检索 4 种形式并行出版，已成为物理学、电子工程、计算机及信息科学领域的权威性英文参考数据库，是理工学科中最重要、使用最为频繁、最受理工科学校欢迎的文献数据库之一。

（一）学科范围

INSPEC 目前包含以下 5 个学科：

A：Physics（物理科学）

B：Electrical & Electronics Engineering（电子电机工程学）

C：Computer & Control Engineering（计算机与控制工程学）

D：Information Technology（信息技术）

E：Production & Manufacturing（生产与和制造工程学）

此外，对光学技术、材料科学、海洋学、核能工程、交通运输、地理、生物医学工程、生物物理学和航天航空等领域也有很广泛的覆盖。

（二）收录内容

INSPEC 数据来源于全世界 80 多个国家的 4000 多种科学与技术期刊、2000 种会议录以及大量的著作、报告和论文。

INSPEC 的所有文献都含有目录和摘要，数据每周更新。从 1969 年至今，

INSPEC 数据库含有近 820 万条文献，并且以每年 40 万条新文献的速度增加。

2004 年，INSPEC 将早期收录自 1898 年至 1968 年的印刷版《科学文摘》数字化。这些 XML 档案包括 85 万条文献记录，包含所有原始的索引并且经过了现代的改进。另外，INSPEC 收录了 100 万条含有 DOI 的文献，能够被链接的文章将达 60%。

（三）主题索引机制

INSPEC 除了以它广而深的学科覆盖和准确的目录标引广受使用者欢迎外，还以专业而完善的主题索引机制而著称。其中包括：

（1）自由词/重要概念索引。

（2）INSPEC 叙词表中的控制词索引。

（3）INSPEC 分类系统的分类代码索引。

（4）处理代码索引。

（5）化学物质控制词索引。

（6）航空航天对象索引。

（四）主要特点

（1）既可以用于检索研究课题，也可起到以下作用：①了解当今研究现状；②了解新产品信息；③进行技术发展预测；④获得企业竞争情报；⑤进行相关专利的检索。

（2）INSPEC 提供了控制词表、叙词和主题分类，这可以帮助：①识别某个概念和想法；②查到通过自由词检索无法获得的相关文献；③获取高度相关的全面的检索；④按照需求缩小或者扩大检索范围，提高准确性。

（3）通过 ISI Web of Knowledge 使用 INSPEC，可以实现：①链接获取全文；②通过 ISI Web of Knowledge 建立定题跟踪服务；③通过 Web of Science 链接获取被引参考文献、相关记录信息以及施引文章等；④在 ISI Web of Knowledge 平台上跨库检索其他数据库。

二、《科学文摘》印刷版

《科学文摘》印刷版（SA）创刊于 1898 年，由英国电气工程师学会（IEE）和美国电气与电子学工程师学会（IEEE）联合出版。

目前分 4 个分辑：

A 辑：物理文摘（Physical Abstracts，PA），半月刊。

B 辑：电气与电子学文摘（Electrical and Electronics Abstracts，EEA），月刊。

C 辑：计算机与控制文摘（Computer and Control Abstracts，CCA），月刊。

D 辑：信息技术文摘（Information Technology，IT）。

半月刊或月刊形式出版的 A、B、C 三辑称为期文摘，是《SA》的主体内容。每隔半年或 3~5 年，《SA》还出版配套的半年或多年累积索引。《SA》各辑的编排结构和著录格式都是相同的。

（一）《SA》月刊

《SA》月刊的正文部分按分类编排。它的组成包括：分类目次表，主题指南，正文部分及辅助索引部分。

分类目次表（Classification and Contents）列出本期所报道的文献的类目，它是按分类途径查找文摘正文条目的依据。分类目次表为三栏式结构，第一栏为分类号，第二栏为类目，第三栏为页码。

主题指南（Subject Guide）是从主题词出发查找类目的辅助性工具。这些主题词未经规范化处理，按字顺编排，在主题词后列出分类号。涉及多个类目的主题词后会有若干个分类号。如不知课题所属的类目，可利用主题指南帮助确定所查课题的分类号。

《SA》各辑的文摘正文（Abstract Section）依分类编排。每页的页眉线中部有本页类号，类名下面是本类本期报道的文摘。在每类的最后有与本类相关报道的文摘，还有与本类相关但在其他类下的文献的篇名及文摘号。《SA》的文摘款目由三段构成，第一段描述文献题名、著者及其单位，第二段描述文献来源，第三段描述文献的内容要点。

辅助索引部分包括著者索引、图书索引、会议索引、团体著者索引、参考文献目录索引、引用期刊目录补篇。

（二）SA 半年累积索引

《SA》每年将 1~6 月，7~12 月期刊内容分别汇集成两套半年累积索引。半年累积索引包括：累积著者索引，累积主题索引，引用期刊目录。

（三）《INSPEC 叙词表》

1. 叙词语言的特点

叙词语言也是一种主题检索。《INSPEC 叙词表》给出的正是一种典型的叙词语言。叙词语言吸收了多种检索语言的优点，是采用表示单元概念的规范化词语的组配来对文献主题进行描述的性能优良的检索语言。

与标题词语言相比，尽管都以事物名称为主，但叙词语言收词范围扩大，它可包含表示事物名称、性质、方法、工艺和学科名称等，包含文献类型（如手册、综述等）名称，还包含通用名词术语（如管理、设计等），而且所有正式主题词之间一律平等，不再有主、副关系。从词组构成来说，叙词语言一律以名词或其词组构成，取消了标题词中的倒置和介词词组等形式。从用法来说，叙词可以任意组配。

与分类语言相比，叙词语言的等级表尽管也以学科体系为基础，但其族首词有集中跨类事物的功能。

与关键词语言相比，叙词语言的语词经严格规范化，并保留了大量自由词（关键词）作为正式主题词的引入词，既克服了关键词误查、漏查率高的缺点，又吸收了关键词选词方便的优点，方便了使用。

2.《INSPEC 叙词表》的组成

《INSPEC 叙词表》由 INSPEC 编辑、出版，是用以确定课题检索所需主题词、分类号，藉以通过主题途径、分类途径查找《SA》中相关文献的一个极为重要的辅助工具书。从 1973 年第 1 版起，《INSPEC 叙词表》经过了多次更新重版；但无论哪一种版本，它的基本内容都由字顺表（主表）和等级表（附表）两部分组成。

字顺表（Alphabetic Display of Thesaurus Terms）是该词表的正文内容。它总共给出约 8600 个正式主题词、7700 个非正式主题词。这些词全部按字顺排列，其下再给出有关信息。

等级表（Hierarchical List of Thesaurus Terms）是字顺表的辅助表，主要起到主题分类作用。

（四）SA 的检索方法

《科学文摘》各辑除正文部分文摘外，还有许多索引，因此利用《SA》查找文献资料的途径和方法有多种，但最主要的有 3 种检索途径，即分类途径、主题途径和著者途径，如图 5 13 所示。

1. 分类途径

《SA》各辑文摘都是按学科体系编排的，分类途径的检索步骤为：

（1）分析所查课题的内容与要求及学科归属，以确定《SA》的分辑。

（2）细查“分类目次表”，找出与课题对应的分类号及其所在起始页码。若不熟悉分类目次表或难以确定该课题类别，可选定相应的主题词，利用“主题指南”查出分类号，进而再转查“分类目次表”得到该分类号所在的页码。

（3）按查得的起始页码，依次逐项查阅文摘正文部分，即可查得课题所需的文摘款目。

（4）如需阅读原文，查引用期刊目录等。

2. 主题途径

从主题途径查找文献的关键是选准主题词。其检索方法及步骤为：

（1）分析课题，提取检索关键词。

（2）用《科学文摘主题词表》核对主题词，确定可使用的主题词。

（3）选定主题词后，利用主题索引查找，得到文献线索——文摘号，注意阅读说明语。

（4）利用相关主题词进一步查找。

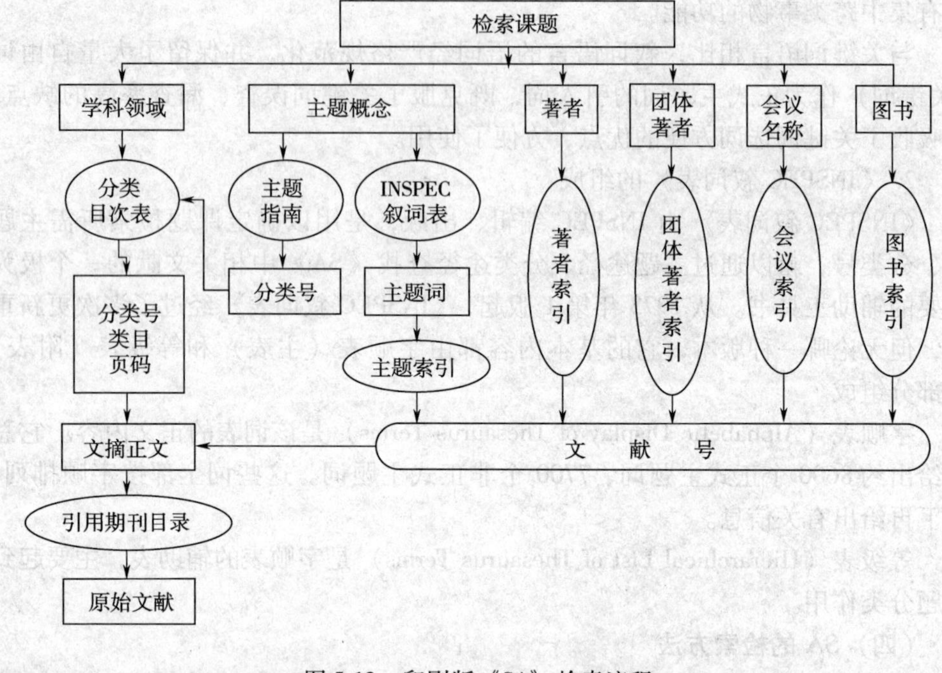

图 5-13 印刷版《SA》检索流程

(5) 根据所查得的文摘号查找文摘正文，找到课题所需的文摘款目。

3. 著者及其他途径

著者途径的检索方法与主题检索方法一样，可用月刊、半年累积索引或多年累积索引来检索。

三、INSPEC 网络版数据库

目前，在网上可以从 INSPEC 网络版数据库检索到自 1969 年以来全球 80 多个国家出版的 4000 种科技期刊、2000 种会议论文集以及其他出版物的文摘信息。其中，期刊约占 73%，会议论文约占 17%，发表在期刊的会议论文约占 8%，其他共计 2%。截至 2005 年 3 月，INSPEC 共有 820 万条文献，每年新增近 45 万条文献、即每周新增近 9000 条文献，数据每周更新。

INSPEC 的网络版检索系统已有 OVID（美国 OVID 信息公司）、ProQuest、Web of Knowledge、INSPEC-China 等。

清华图书馆与北大图书馆设立了镜像服务器，提供基于 Web 方式的科学文摘数据库（INSPEC）的检索服务。采用校园网 IP 控制访问权限，用户无需支付网络费用。下面以 Web of Knowledge（WOK）为主，介绍 INSPEC 的检索方法。

数据库访问网址：http：//162. 105. 138. 218

清华图书馆数据库访问网址：http：//ovid. lib. tsinghua. edu. cn

检索主页如图 5-14 所示。

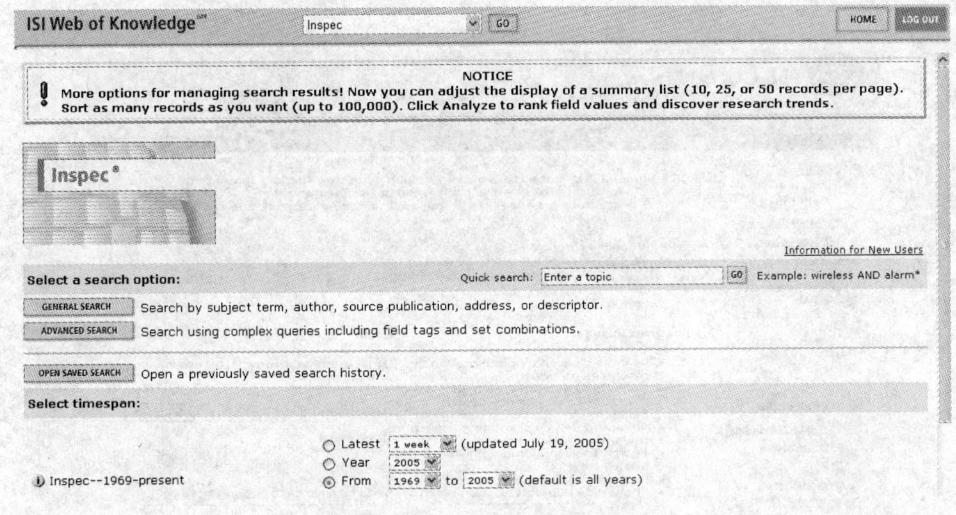

图 5-14 INSPEC 数据库检索界面

当打开 INSPEC 数据库之后，页面上有各种检索提示。由于采用 ISI Web of Knowledge 同一平台，其使用方法与 Ei Compendex Web 数据库相似，只是受控词不一样。

（1）INSPEC 数据库中的受控词用于标引 INSPEC 的记录。

（2）INSPEC 受控词可以从 INSPEC 主词表中查找。

（3）受控词在摘要格式和详细格式的记录中以超级链接的形式存在，点击后可以检索到开始检索时所设定的时间范围内包含该受控词的记录。

第五节 美国《剑桥科学文摘》数据库

一、概述

剑桥科学文摘（Cambridge Scientific Abstracts，CSA）数据库由美国同名公司出版发行。它是基于网络服务的文献信息检索系统，已有 30 多年的历史。CSA 是近几年发展最快的、大型的、综合性的数据库，目前提供 70 多个数据库的检索，覆盖生命科学、水科学与海洋学、环境科学、计算机科学、材料科学以及社会科学等领域。其检索结果为文献的题录文摘信息。

CSA 采用 Illumina 平台（http：//www. csa. com），如图 5-15 所示。1999 年 8 月，清华大学与美国剑桥科学文摘出版公司合作，在清华大学图书馆设立了

CSA 镜像服务器，向国内提供基于 Web 方式的剑桥科学文摘（CSA）的咨询服务。

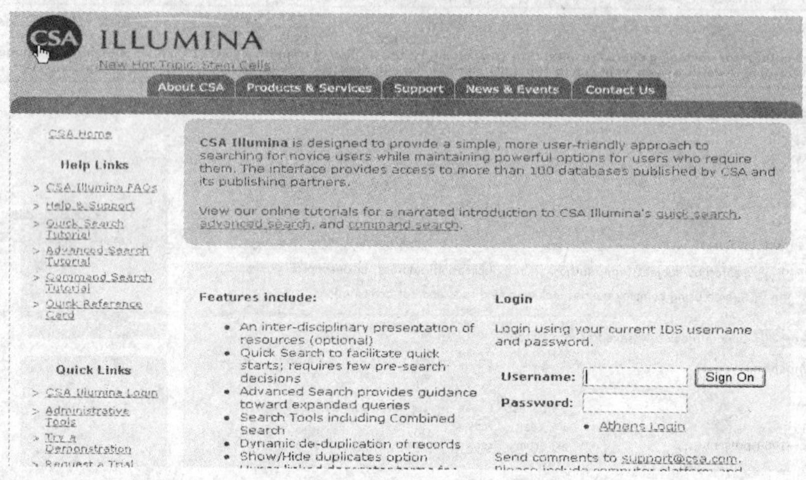

图 5-15　CSA 主页

（一）数据库特点与功能

（1）可链接的跨库引用索引，并可链至全文。

（2）可保存用户的检索策略，以便日后进行单一或组合检索。

（3）提供通告服务，每周通过电子邮件给用户发送一次内容更新信息。

（4）浏览、下载及打印检索结果的数量不设限制。

（5）交互式叙词检索功能。

（6）提供刊名、作者及出版类型索引。

（7）可选择显示跨库检索结果。

（8）由检索结果链接至国内联合目录。

（9）具备多语种显示界面。

（二）专题服务

CSA 的另一特色是，该系统将当今社会和科学领域的热门课题每月做成一个专题，名为“Hot Topics”放在其标题栏上，只要进入该项系统的读者都可以进行浏览。最早可以查询到 1998 年的专题，它将积累下来的专题分成生物医学、环境、社会科学和人文、工程材料四大类。

每个专题下设内容专栏有：Overview（综述），Key Citations（重要引文），Web sites（网站），Glossary（术语表），Source（来源），Correspond with the Editor（和编辑联络）等。

二、CSA 主要数据库

CSA 数据库的网络服务系统称为 Internet Database Service，简称 IDS。按 CSA 所涉及的 10 个学科领域，表 5-2 给出了其对应的主要数据库。

表 5-2　CSA 主要数据库

学科范围	主要数据库
1. 航空航天科学 (Aerospace Sciences)	Aerospace Database（航空航天数据库）；NTIS
2. 农业科学 (Agricultural Sciences)	AGRICOLA；Agricultural & Environmental Biotechnology Abstracts（农业与环境生物技术文摘）；NTIS；Plant Science（植物科学）
3. 水科学 (Aquatic Sciences)	ASFA；Aquatic Sciences & Fisheries Abstracts（with subfiles）（水科学与渔业文摘）；Conference Papers Index（会议论文索引）；NTIS；Oceanic Abstracts（海洋文摘）；Water Resources Abstracts（水资源文摘）
4. 生物医学科学 (Biological & Medical Sciences)	Biological Sciences（生物文摘）；Biotechnology & Bioengineering Abstracts（生物技术与生物工程文摘）；AGRICOLA；Biology Digest（生物学文摘）；Conference Papers Index（会议论文索引）；International Pharmaceutical Abstracts（国际医药文摘）；MEDLINE；NTIS；Plant Science（植物科学）；TOXLINE
5. 计算机技术 (Computer Technology)	Computer Abstracts（计算机文摘）；Computer & Information Systems Abstracts（计算机与信息系统文摘）；Internet & Personal Computing Abstracts（Internet 与个人计算文摘）；NTIS；Soft Base（软件数据库）
6. 工程特性 (Engineering Specialties)	Aerospace Database（航空航天数据库）；Bio Engineering Abstracts（生物工程文摘）；Computer & Information Systems Abstracts（计算机与信息系统文摘）；Electronics & Communications Abstracts（电子与通信文摘）；Engineered Materials Abstracts（工程材料文摘）；Environmental Engineering Abstracts（环境工程文摘）；Mechanical Engineering Abstracts（机械工程文摘）；NTIS；Solid State & Superconductivity Abstracts（固态与超导文摘）
7. 环境科学 (Environmental Sciences)	Environmental Sciences & Pollution Management（with subfiles）（环境科学与污染管理）；API Encompass：News；Conference Papers Index；International Pharmaceutical Abstracts；NTIS；TOXLINE

（续）

学 科 范 围	主要数据库
8. 市场研究 （Market Research）	Findex
9. 材料科学 （Materials Science）	Aerospace Database；Aluminium Industry Abstracts（铝工业文摘）；Copper Data Center Database（铜数据中心数据库）；Engineered Materials Abstracts；Materials Business File（材料商务文件）；Mechanical Engineering Abstracts；METADEX；NTIS；WELDASEARCH；World Ceramics Abstracts（世界陶瓷文摘）
10. 社会科学 （Social Sciences）	EconLit；ERIC；Linguistics & Language Behavior Abstracts；Political Science Abstracts（政治科学文摘）；PsychINFO；Social Science Abstracts（社会科学文摘）；Sociological Abstracts（社会学文摘）

三、CSA 数据库检索方法

（一）检索方式

CSA 数据库按主题分为若干组，可选择某一个主题领域检索。也可以选择“Alphabetical List of IDS Databases”，在整个系统的全部数据库中检索（注：只有订购了的数据库才能进行选择与检索）。

1. 简单检索

（1）选定一个主题，点击“Quick Search”。

（2）右栏选择需要检索的一个或多个数据库；左栏用于用户实施检索策略。

（3）选择检索字段：as keywords（标题、文摘、叙词和识别词字段检索），in title（标题），as author（著者），in journal name（刊名），anywhere（任意字段）。

（4）确定检索词之间的逻辑关系：Exact phrase（精确短语），Any of the words（逻辑或），All of the words（逻辑与）。

（5）时间范围限制：用 FROM 和 TO 的下拉列表，选择文献发表时间范围。

（6）选择检索结果的显示格式：题录（包括标题、著者、出处），题录 + 文摘，全记录。

（7）点击“Search”按钮开始检索。

2. 高级检索

高级检索（Advanced Search）包括 Build your Search Strategy（菜单式检索）、Command Line Search（命令式检索）两种检索方式。

菜单检索比较适合于新手，每一行检索式选定一个检索字段，各行检索式之间可用逻辑算符（AND、OR、NOT）组配，可填写三行检索式，并用 From 和 To 的下拉列表限制出版时间范围；然后选择检索结果排序方式和显示格式（同“快速检索”）；点击 Search 按钮开始检索。

如果用户熟悉命令式检索，可以利用字段代码将完整的检索式输入 Command Line 检索框，执行检索。如果在 Build your search Strategy 检索框和 Command Line 检索框中都有检索式，系统只处理 Command Line 中的检索式。

3. 词表检索

点击“Thesaurus Search”（词表检索）用叙词（Descriptors）作主题检索，可提高查全率和查准率。词表中列出了主题词之间的等级关系，其中，Broader Terms 表示概念上范围更宽的叙词，Narrower Terms 表示范围更窄的叙词，Related Terms 表示意义相关叙词。

4. 浏览索引（Brower index）

索引有著者索引和期刊名称索引。

（二）检索技术

（1）布尔逻辑算符：and（与）、or（或）、not（非）。

（2）位置算符：within ×（两词之间不得多于×个词，前后次序不限）。

（3）截词符：“＊”和“?”。“＊”代表一个字符串（截词符不能用在检索词最前面）；“?”表示不同拼法，一个问号代表一个字符。

（4）无算符：几个词相邻，且其间无算符，表示这些词为一个词组（Exact phrase）。

（5）括号（）：在检索式中有逻辑算符时，可以用（）表明词组或规定优先执行步骤。

（6）禁用词：有些词因为单独使用时无实际意义，或者出现频率过高，规定这些词为禁用词。禁用词不能作为检索词。

（三）检索结果处理

（1）检索结果的上部列出所选的数据库、该数据库检索命中记录数；下部显示数据库对应的检索结果。系统有题录（包括标题、著者、出处）、题录＋文摘、全记录三种显示格式供选择，默认为题录格式。同时可以对结果进行浏览和标记等进一步处理。

（2）检索结果存盘、打印或 E-mail 发送：点击“Save/Print/E-mail Records”按钮，可以对多达 500 条记录进行存盘、打印处理，还可以用 E-mail 发送检索结果，并可以对输出范围、格式、方式等进行选择。

（3）检索历史：

1）查阅检索策略：点击“Search History/Alerts”图标，可以看到当前登录所作检索的情况（Current Searches），包括检索策略，以及在各个数据库中检索命中的篇数。“List Saved Searches”可查看半年之内保存检索策略；“List Saved Alerts”可查看半年之内定题服务检索策略。

2）保存检索式：标记保存的检索式，点击“Save Marked Searches”图标，按要求输入 E-mail 地址和自己选定的个人标识代码（ID）。

3）重新检索：显示检索历史后，点击“RUN”按钮，可以对任何一个检索式重新检索。还可以利用窗口左侧的“Combine marked strategies”对这些检索式进行组配。

（4）定题服务

点击记录右侧“Save as alert”，系统每周会在你所选的数据库中用你的检索策略自动搜索，如发现新的资料，系统会将资料发到你的电子邮箱中直至半年以后。

（四）获取原文方式

为了满足读者对全文的需要和适应发展，系统为原文获取提供了多种方式。

（1）连接馆藏目录（Your local library collection）。本系统与订购单位的图书馆进行合作，将订购单位的图书馆的期刊的馆藏目录进行连接，当读者检索时可自动连接到馆藏目录并显示馆藏状况。

（2）电子期刊全文连接（Retrieved as electronic full text）。当图书馆订购有电子期刊，同时剑桥科学文摘社（CSA）与该出版社有合作关系时，即可直接连接该出版社的电子期刊全文。

（3）通过馆际互借获取原文（Requested through interlibrary loan）。系统检索结果提供该文献的馆藏状况，可直接通过馆际互借申请来获取原文，系统提供馆际互借申请单供读者填写。

（4）通过文献传递获取原文（Requested through document delivery services）。如果上述三种方式均无法获得全文时，可以通过它的文献传递中心获取原文。

第六节　美国《化学文摘》

一、概述

《化学文摘》（Chemical Abstracts，CA）是当今世界上公认的大型、最权威的化学化工信息检索工具。它以报道世界各国化学、化工文献为主，同时收录大量生物学、医学、药学、卫生学等相关专业的文献。它摘录世界上有关化学化工方面的文献约达98%，CA 也因此被称为“打开世界化学化工文献的钥匙”。

CA 创刊于1907 年，由隶属于美国化学学会的美国化学文摘社（Chemical

Abstracts Service，CAS）编辑出版，总部设在美国俄亥俄州（Ohio）首府哥伦布城（Columbus）。CA的前身为1895年创刊的《美国化学研究评论》（Review of American Chemical Research）以及《美国化学会志》两种期刊的文摘部分，出版初期主要收录美国的化学文献，随着发行范围的扩大，逐渐成为世界性的重要参考文献。1969年，CA兼并了出版最早的具有140年历史的著名的德国化学文摘（Chemical Zentralblatt）。从20世纪60年代开始，CA的编辑出版工作就开始从传统方法逐步向自动化过渡，1969年建立数据库，20世纪70年代初开始进入DIALOG联机检索系统，1996年制作了光盘数据库（CA on CD），最近又推出网络版数据库（SciFinder）。

目前，CA收录的信息来源于世界上150多个国家和地区用56种文字出版的17000多种期刊，29个国家和2个国际专利组织的专利文献，以及专著、会议录、技术报告、学位论文、档案资料、图书等类型的科技文献资料。

（一）出版形式

（1）印刷版：周刊，分文摘和索引两大部分，其中索引除每期有期索引外，还有卷索引和累积索引。此外还有其他出版物，如索引指南、登记号手册、文献资料索引等。CA印刷版同时还出缩微胶片。

（2）光盘数据库：CA on CD，月更新，收录的范围与印刷版对应，文摘号也一致，只是内容编排有些区别，进一步提高了CA的可检索性和快速性。CA on CD最新版本的软件是在Windows环境下运行的下拉式菜单软件，操作非常简单，熟悉Windows操作的用户根据软件的屏幕提示即可进行检索。

（3）网络数据库：SciFinder，将数据库分为书目数据库、化学反应、化学物质等。

（4）联机数据库：在DIALOG和STN系统均提供联机服务，数据起始于1967年，内容对应于CA印刷版。

（二）CA的特点

（1）历史悠久，数据量大而全，不仅方便检索新资料，还有利于回溯检索。

（2）文献类型齐全。

（3）累积回溯工作好。

（4）文摘标引质量高。

（5）时效性强，如北美、西欧等国的出版物，报道时差仅为1~3个月，美国专利在发行后12小时便可传送到文摘社。

（6）索引种类齐全、体系完整、检索途径多是CA的最大特点。

二、CA印刷版

CA印刷版由三大部分组成：类目表、文摘部分和索引部分。1907~1960年每年一卷，共24期；1961～1966年为双周刊；自1967年开始，其文摘部分每周出版一期，26期为一卷。

（一）类目表

CA每期第一页都有《化学文摘》5个主题（大类）、80个小类的类目表及其使用说明。这80个小类以“Sections”的形式反映在目次表上，这些分类词在数据库中可作为检索字段。CA的5个主题是：

第一主题：Biochemistry Sections（生物化学部分），包括20个小类。

第二主题：Organic Chemistry Section（有机化学部分），包括14个小类。

第三主题：Macromolecular Chemistry Sections（大分子化学部分），包括12个小类。

第四主题：Applied Chemistry and Chemical Engineering Sections（应用化学与化学工程部分），包括18个小类。

第五主题：Physical，Inorganic，and Analytical Chemistry Sections（物理化学、无机化学与分析化学部分），包括16个小类。

（二）文摘部分

文摘部分是CA的主要内容。每一类目下的文摘按文献分为4个部分，每部分之间以虚线隔开。4个部分的编排次序依次为：期刊论文（综述位于最前面）、会议录和资料汇编、技术报告、学位论文等类型的文献；新书及视听资料；专利文献；互见参考。

（1）文摘部分从五大主题的80个小类依次编排，每一大类排完后均为参见项目：“参见下列有关资料”（For papers of related interest see also section），罗列一些与本大类有关但载于其他类中的资料。

（2）文摘号的编号。同卷文摘号的编排从始至终为连贯号码，即期期尾首相接。

（三）索引部分

CA各期的正文后均附3种索引（称为期索引）：关键词索引，专利索引，著者索引。期索引中的关键词索引适用于定题检索，如以“Reviews”作为关键词，可查看有关课题的最新综述，而著者索引、专利索引可跟踪最新进展。

1. 关键词索引

CA关键词索引（Keyword Index）从1963年58卷起开始编制，是以关键词作为检索标识，按关键词英文字母顺序排列的索引。出自同一篇文章的关键词采用轮排形式，按字顺依次排列在各自相应的位置。一条索引中每个关键词之间是简单的排列组合，彼此之间不存在语法上的结构关系。关键词是从文献的题目、正文或摘要中选出，表达文献主题内容。在卷索引尚未出版以前，这是唯一的主题检索途径。

2. 专利索引

专利索引（Patent Index）是 CA 1981 年第 94 卷出现的新索引。它把原来的两种索引“专利号索引”和“专利对照索引”结合在一起，功能比以前有所发展。此索引把 CA 所收录的 26 个国家的专利先按国别字顺排列，同一国的专利再按专利号排列，专利号之后列出文摘号。

3. 著者索引

CA 从创刊时就编有著者索引（Author Index）。这种索引的编排与检索比较简单，将著者（个人作者、团体作者、专利发明人）的姓名以姓在前、名在后的方式，按英文字母顺序排列，以引见文献篇名和文摘号。

4. CA 其他索引

除前面介绍的期索引外，CA 还包括卷索引、累积索引和一些辅助索引。

卷索引用于检索一卷中各期文摘。CA 每半年出版一卷，全年出两卷。每卷索引有：主题索引（包括普通主题索引和化学物质索引），专利索引，著者索引，分子式索引，环系索引，杂原子索引。

累积索引适用于追溯性检索，CA 在 1907 ~ 1956 年间每 10 年出版一次累积索引，1957 年以来每 5 年出版一次，到目前为止已出版到第 13 次累积索引。它将各种卷索引汇编成 10 卷（10 年或 5 年）的累积本，其意义在于一次性查全 5 年或 10 年相关信息。

辅助索引为检索文摘索引服务，它包括索引指南、登记号手册、母体化合物手册、环系索引及杂原子索引。《资料来源索引》也是辅助索引的一种，用来协助查找刊载原始文献。

三、CA 网络版数据库（SciFinder）

化学文摘网络版（SciFinder Scholar）整合了 Medline 医学数据库、欧洲和美国等 30 几家专利机构的全文专利资料以及化学文摘 1907 年至今的所有内容。它涵盖的学科包括应用化学、化学工程、普通化学、物理、生物学、生命科学、医学、聚合体学、材料学、地质学、食品科学和农学等诸多领域。它可以通过网络直接查看“化学文摘”1907 年以来的所有期刊文献和专利摘要，以及 4000 多万种化学物质记录和 CAS 注册号。

（一）SciFinder 的特点

与印刷版 CA Prints 和光盘版 CA on CD 以及其他类似产品相比，SciFinder 具有更丰富的内容和更强大的功能。

1. 收录内容更丰富

SciFinder 数据库收录的文献资料来自全球 200 多个国家和地区（60 多种语言），种类超过 10000 种，包括期刊、专利、评论、会议录、论文、技术报告和图书中的各种化学研究成果。

（1）期刊和专利记录2300余万条；每天更新4000条以上；数据始自1907年。

（2）有机和无机化学物质2400余万种，生物序列4800余万条；每天更新约40000条；每种化学物质有唯一对应的CAS注册号；数据始自1900年。

（3）化学反应850多万条；46万条来自文献和专利的反应记录；每周更新约600~1300条；数据始自1840年。

（4）商业化学物质740多万条；来自全球729家化学品供应商的828种产品目录，包括产品价格信息和供应商联络方式。

（5）国家化学物质清单24万多条，来自13个国家和国际性组织，每周更新50条以上。

（6）MEDLINE医药文献记录1400多万条；来自4600多种期刊；数据始自1951年；每周更新4次。

特别说明：CAS拥有容量异常庞大的专利信息数据库，收录了超过50家专利授予机构所颁发的专利。SciFinder比任何其他科学资源有更多的期刊和专利链接，到目前为止，SciFinder已收文献量占全世界化工化学总文献量的98%。

2. 检索功能更多

（1）可根据化学物质名称、结构式（包括完整反应式和亚结构式）、研究主题、作者名称以及公司或机构名称等进行检索。

（2）可根据核苷和蛋白质的序列片段检索。使用BLAST技术可快速获取近似符合所设定的条件的序列，是生命科学研究不可或缺的工具。

（3）对参考文献和结构式答案集进行分类、分析和二次检索。

（4）用全景功能采集参考文献答案集中的数据并使之可视化。这对及时了解某领域的发展趋势及其相互联系有帮助。

（5）链接引文。通过引用和被引用的情况，对研究工作的历史一目了然。

（6）链接到化学物质的目录资讯、商业来源、市场信息以及3D模型。

（7）浏览科技期刊目录。

（8）密切跟踪最新信息。

（9）保存和打印结果。

（10）通过ChemPort网站可访问文献全文。

（11）通过专业的化学搜索引擎eScience链接到网络资源。

（二）SciFinder可检索的数据库

（1）CAPLUSSM（书目参考数据库）：始自1907年，数据容量达2150万条参考书目记录，每天更新3000条以上，内容基本上与CA印刷版一致。

（2）CAS REGISTRYSM（化学物资数据库）：始自1957年，收录CAS注册的化学物质 2000 万条记录，每天更新约 4000 条，每种化学物质有唯一对应的 CAS 注册号。

(3) CASREACT®（化学反应数据库）：始自 1974 年，数据库包括 570 万条反应记录，每周更新约 600～1300 条。

(4) CHEMCATS®（商业化学物资数据库）：来自 655 家供应商的 766 种目录，包括 390 万条商业化学物质记录。

(5) CHMLIST®（化合物目录数据库）：来自 13 个国家和国际性组织，包括 22.7 万种化合物的详细清单。

(6) MEDLINE（医学数据库）：始自 1958 年，来自 3900 多种期刊，包括 1200 万参考书目记录。

第七节　国外常用全文数据库选介

全文数据库可以解决用户获取一次文献所遇到的困难，能向用户提供一步到位的查找原始文献的信息服务。近年来，全文数据库发展很快。据统计，在美国，全文数据库从 1985 年的 28% 增加到 1995 年的 52%，其数量是书目型数据库的一倍。

为便于读者选择数据库，下面简要介绍我国引进的一些国外常用的全文数据库。

一、ACM 及其 ACM Digital Library 全文库

ACM（Association for Computing Machinery，美国计算机学会）创立于 1947 年，目前提供的服务遍及 100 余个国家，会员人数达 80000 多位专业人士，并于 1999 年起开始提供电子数据库服务——ACM Digital Library 全文数据库，该库由 iGroup Asia Pacific Ltd. 代理。2002 年 10 月 21 日，iGroup 公司在清华大学图书馆建立了镜像服务器。

其收录情况及数据库特色为：

(1) ACM 全文期刊 29 种，会议录近 170 种。

(2) 来自期刊、杂志、和会议录的超过 69000 篇全文文章。

(3) 1954 年至今出版的期刊、杂志目录以及超过 23000 篇的引用文献。

(4) 1985 年至今出版的 990 多卷会议记录的文章目录以及超过 48000 篇的引用文献。

(5) 与 ACM 文章关联的大约 150 万篇参考文献。其中 20 万篇参考文献链接有全部书目资料，5 万篇可以链接全文。

(6) 更多的参考链接和被引用的链接。

ACM 的“在线计算机文献指南”可以查询和浏览来自计算机领域重点出版社的巨大书目资料库，包括图书、期刊、会议录和论文。同时 ACM 也提供了如何浏览计算机文献引文书目的指导方式。

二、ASE 学术期刊全文库

学术期刊全文库（Academic Search Elite，ASE）收录了有关工商经济、信息科技、人文科学、社会科学、通信传播、教育、艺术、文学、医药、通用科学等领域的 3000 多种期刊，其中有同行评审刊（Peer-Reviewed）1700 种，全文刊 1250 种，最早收录时间为 1990 年，有图像。

三、BSP 商业资源数据库

商业资源电子文献全文数据库（Business Source Premier，BSP）是 Business Source Elite 的升级版本，包括 2000 余种期刊的索引和文摘，其中全文刊约占 2/3，有 1300 余种。

该库涉及的主题范围有国际商务、经济学、经济管理、金融、会计、劳动人事、银行等，著名的如《每周商务》(Business Week)、《福布斯》(Forbes)、《哈佛商业评论》（Harvard Business Review）、《经济学家预测报告》（country reports from the Economist Intelligence Unit，EIU）等。全文最早收录时间为 1990 年，有图像。

四、EBSCO 数据库

Academic Search Elit 和 Business Source Premier 是 EBSCO 公司的网络版数据库。检索结果为文献的目录、文摘、全文（PDF 格式）。

1. Academic Search Elit（学术期刊数据库）

该库是专门为学术研究机构提供的全文数据库，是全球最大的多学科的数据库之一，收录有关社会科学、人文、教育、计算机科学、工程、物理、化学、语言文学、艺术、医学、种族研究等领域的 4700 多种全文期刊，其中包括 3600 多种专家评审期刊，同时还收录 8175 种期刊的索引和文摘。全文和文摘最早可回溯到 1965 年。数据每日更新。

2. Business Source Premier（商业资源数据库）

该库是 EBSCO 公司出品的目前最大的专门为商学院和图书馆提供的全文数据库，收录有关商业、管理各领域的 7400 多种全文期刊，其中包括 1100 多种专家评审期刊。

较著名的有：

- Harvard Business Review
- California Management Review
- Administrative Science Quarterly
- Academy of Management Journal
- Academy of Management Review
- Industrial & Labor Relations Review
- Journal of Management Studies
- Journal of Marketing Management
- Journal of Marketing Research（JMR）
- Journal of Marketing
- Journal of International Marketing

该数据库还全文收录 EIU、Global Insight、ICON Group and Country Watch 出版的各国经济报告，全球 10000 多家大公司的详细信息。全文和文摘最早回溯至 1965 年，个别期刊回溯年份更早，最早至 1922 年。数据每日更新。

五、IEEE/IEE Electronic Library

IEEE/IEE 为美国电气电子工程师学会/英国电气工程师学会缩写，其出版的出版物是电气和电子工程领域最重要的文献资料，约占全世界该领域核心文献的 30%。

目前 IEEE 推出了其全文出版物的检索网站 IEEE/IEE Electronic Library（IEL），内容包括 1988 年至今 IEEE/IEE 出版的所有期刊、会议录和标准全文信息，以及 IEEE/IEE 的其他学术活动信息，总计 12000 多种出版物，65 万多篇论文。

用户通过检索可以浏览、下载或打印与印刷型出版物版面完全相同的文字、图表、图像和照片的全文信息（浏览全文需要下载、安装 Acrobat Reader 软件）。

六、Kluwer Online

荷兰 Kluwer Academic Publisher 是具有国际性声誉的学术出版商，它出版的图书、期刊一向品质较高，备受专家和学者的信赖和赞誉。Kluwer Online 是 Kluwer 出版的 800 余种期刊全文的网络版，专门基于互联网提供 Kluwer 电子期刊的查询、阅览服务。

Kluwer Online 目前提供 800 余种电子刊，包括生物、物理、地球科学、数学、化学、环境科学、材料科学、计算机、工程、心理学、教育、法律、语言学、哲学、社会科学、工商管理、人文科学等 20 多个学科专题。

七、Elsevier Science

荷兰 Elsevier Science 是世界上公认的高品位学术期刊出版公司，也是全球最大的出版商之一。提供 1995 年以来 Elsevier 公司 1800 余种（数字随着时间在不断地增加）全文电子期刊。

该数据库涵盖了数学、物理、化学、天文学、医学、生命科学、商业及经济管理、计算机科学、工程技术、能源学、环境科学、材料科学、社会科学等众多学科。

八、Springer Link

德国 Springer-Verlag 是世界上著名的科技出版集团，通过 Springer Link 系统提供学术期刊及电子图书的在线服务。

Springer Link 覆盖了生命科学、医学、数学、化学、计算机科学、经济、法律、工程学、环境科学、地球科学、物理学与天文学等学科领域。该系统收录了 1996 年至今的学术期刊约 500 种，其中近 400 种为英文期刊。

Springer Link 中的大多数全文电子期刊是国际重要期刊，是科研人员的重要信息源。

九、美国物理学会

APS（American Physical Society，美国物理学会）出版的 Physical Review（A-E）和 Physical Review Letters 等期刊是物理学的核心期刊，在物理学界享有很高的声誉。

目前读者可在线免费浏览、检索、下载其全部内容，时间是 1999 年到现在。

十、美国数学学会

AMS（American Mathematical Society，美国数学学会）是世界上最权威的数学学术团体，出版有 8 种电子期刊，其中有 3 个数据库可免费检索全文。它们是：

- Bulletin of the American Mathematical Society
- Electronic Research Announcements
- Notices of the American Mathematical Society

十一、美国化学学会

ACS（American Chemical Society，美国化学学会）成立于 1876 年，现已成

为世界上最大的科技协会之一，也是享誉全球的科技出版机构。ACS 的期刊被 ISI 的 Journal Citation Report（JCR）评为化学领域中被引用次数最多的化学期刊。

ACS 出版 30 余种期刊，内容涵盖生化研究方法、药物化学、有机化学、普通化学、环境科学、材料学、植物学、毒物学、食品科学、物理化学、环境工程学、工程化学、应用化学、分子生物化学、分析化学、无机与原子能化学、资料系统计算机科学、学科应用、科学训练、燃料与能源、药理与制药学、微生物应用生物科技、聚合物、农业学等领域。

从 1879 年至今的数据均可在网上浏览。

十二、High Wire Press

斯坦福大学 High Wire Press 是著名的学术出版商，目前已成为全世界三个最大的能够联机提供免费学术论文全文的出版商之一。High Wire Press 目前提供免费全文的期刊为 170 多种，主要包括物理、生物、医学和社会学领域的核心期刊。

该机构检索界面上列出了所有可供检索的期刊名称，右边标识为“free site”的期刊完全免费，可以看到数据库里任意卷期的全文；标识为“free trial”的是免费试用的期刊，在一段试用期内可以免费得到期刊全文；标识为“free issues”的期刊是指不能看到最新出版卷期的论文，但可以回溯几个月以前或 1 ~ 2 年以前所有的过刊文章。

十三、Lexis-Nexis 数据库

美国 Lexis-Nexis 公司创始于 1973 年，其数据库内容涉及新闻、法律、政府出版物、商业信息及社会信息等，其中法规法律方面的数据库是 Lexis-Nexis 的特色信息源，具有非常大的影响力，尤其在法律业界具有很高知名度。

LexisNexis-Academic Search Form 是 Lexis-Nexis 数据库产品中面向大学和学术研究设计的数据库。其收录内容选自 5300 种出版物的内容，主要包括以下几个方面的主题：

（1）综合性新闻：包括全球范围内最新时事消息，也可追溯 20 年前的信息。

（2）公司商业信息：包括公司最新动态、金融状况、企业与市场预测、财政税收等。

（3）政府规章、政治新闻、法律研究：包括美国法律业界新闻、法律评论、判例分析、联邦法律研究、美国各州法律研究等。

（4）医学、保健信息：可浏览有关药物、癌症、外科治疗等方面的研究文

章，可查3500种医学期刊的文摘。

（5）参考性资料数据库：包括人物字典、年鉴、公司名录等。

十四、《Nature》全文在线

英国著名杂志《Nature》是世界上最早的国际性科技期刊，自从1869年创刊以来，始终如一地报道和评论全球科技领域里最重要的突破。《Nature》全文在线服务网站设在美国。

《Nature》网站涵盖的内容相当丰富，不仅提供1997年6月到最新出版的《Nature》杂志的全部内容，而且可以查阅其姊妹刊物——《Nature》出版集团（The Nature Publishing Group）出版的6种月刊：

- 《自然生物技术》（Nature Biotechnology）
- 《自然细胞生物学》（Nature Cell Biology）
- 《自然遗传学》（Nature Genetics）
- 《自然医学》（Nature Medicine）
- 《自然神经科学》（Nature Neuroscience）
- 《自然结构生物学》（Nature Structural Biology）

十五、UMI数据库

美国UMI公司成立于1938年，是全球最大的信息存储和发行商之一，也是美国学术界著名的出版商，它向全球160多个国家提供信息服务。

UMI提供的著名数据库有：

（1）学术研究图书馆（Academic Research Library，ARL）。该库为人文社会科学期刊论文数据库，涉及社会科学、人文科学、商业与经济、教育、历史、传播学、法律、军事、文化、科学、医学、艺术、心理学、宗教与神学、社会学等学科，收录2300多种期刊和报纸，其中全文刊占2/3，有图像，可检索1971年来的文摘和1986年来的全文。

（2）商业信息数据库（ABI/INFORM）。ABI是Abstracts of Business Information的缩写，它是世界著名商业及经济管理期刊论文数据库，收录有关财会、银行、商业、计算机、经济、能源、工程、环境、金融、国际贸易、保险、法律、管理、市场、税收、电信等主题的1500多种商业期刊，涉及这些行业的市场、企业文化、企业案例分析、公司新闻和分析、国际贸易与投资、经济状况和预测等方面。

其中的全文刊超过50%，其余为文摘，有图像。

（3）医学电子期刊全文数据库（ProQuest Medical Library）。该数据库收录有220种全文期刊，文献全文以PDF格式或文本加图像格式存储。其收录范围包括所有保健专业的期刊，有护理学、儿科学、神经学、药理学、心脏病学、物理治疗及其他方面。

（4）ProQuest 博士论文全文检索系统。PQDD 的全称是 ProQuest Digital Dissertations，是世界著名的学位论文数据库，收录有欧美 1000 余所大学文、理、工、农、医等领域的博士、硕士学位论文，是学术研究中十分重要的信息资源。

习　题

1. 何谓参考数据库？参考数据库的主要用途反映在哪些方面？

2. 列出国外常用的参考数据库（不少于 7 种），并简要说明它们的特点。

3. 引文索引的核心思想是什么？通过引文检索主要能解决哪些问题？

4. 通常说的“三大索引”指的是什么？它们和一般的参考数据库有何不同？

5. 某作者发表了一篇有价值的论文后，想了解该论文被其他哪些文献引用过、其他人对该论文的评论以及进一步研究进展怎样，应该采用何种检索方法？

6. 熟悉并掌握 Web of Science 数据库的检索方法、可检索字段及检索技术。

7. Ei 侧重哪些学科领域？哪些内容它不收录？

8. Ei 有哪些索引？到图书馆查抄其中一个索引的著录格式示例。

9. 熟悉并掌握 Ei 网络版的检索平台，包括检索方法以及所支持的检索技术。

10. SCI 的编排方法与 Ei、SA 等有何不同？

11. 简述 SCI 的收录范围、结构、著录格式。

12. INSPEC 是哪些学科使用最频繁的数据库？目前 INSPEC 数据库涵盖哪些学科范围？

13. 到目前为止，INSPEC 的网络版检索系统有哪些？如果采用 ISI Web of Knowledge 平台，它与 SCI 检索有何异同？

14. 怎样使用 INSPEC 叙词表？说明 INSPEC 叙词表中 UF、NT、BT、TT、RT、CC、USE 的含义。

15. CSA 数据库的主要特色反映在哪些方面？

16. 如何理解“CA 是打开世界化学化工文献的钥匙”这句话的含义？

17. 何谓全文数据库、源数据库？目前你所在的学校或单位能使用的全文数据库有哪些？

第六章

特种文献及其检索

【内容提要】

特种文献是除图书、期刊以外的一种似书非书、似刊非刊的文献类型。其发行渠道特殊、获取途径特殊、传递信息的作用和价值特殊，有别于常规的图书和报刊。特种文献包括科技报告、会议文献、专利文献、学位论文、标准文献、技术档案及产品样本等。由于其特殊性，特种文献具有独特的检索标识、检索工具，在信息检索方面也有不同的检索特点及作用。本章介绍5种主要的特种文献及其检索方法。

第一节 科技报告检索

一、概述

科技报告是政府部门或科研生产机构关于某个研究项目和开发调查工作的成果总结，或者是研究过程中阶段性的进展记录。

科技报告详细记录了科学研究的设想、方法、数据、结论以及技术手段，既有成功的经验，也有失败的教训，具有较高的参考价值。科技报告包括政策报告、考察报告、实验报告以及技术报告等类型，反映科学研究的过程、阶段和结果。科技报告的数量非常庞大，全世界每年发表的科技报告估计达100多万件，公开出版的约26万件。

科技报告的特殊性表现在内容、出版发行两方面。其大部分内容涉及军事、国防工业以及某些前沿学科最新领域和尖端技术，代表着当前科技发展的新水平和新动向，是各国政府重点部署和支持的研究课题。考虑到国家利益，大多报告都有专门的出版机构和发行渠道，制定了不同程度的保密要求，一般不易获取。尽管如此，科技报告的重要地位和作用，使其成为世界各先进国家在进行激烈竞争中竞相猎取的对象，同时也是科研人员和工程技术人员的一个重要的文献信息源。

（一）科技报告的类型

根据科技报告的主要特点有以下 3 种分法：

1. 按技术内容、熟练程度和公开的范围划分

（1）札记（Note）：研究中的临时小结或记录，可作以后撰写报告的累积素材。

（2）备忘录（Memorandum）：同一单位或合同单位沟通情况的资料，或向上级所作的情况汇报。

（3）通报（Bulletin）：一种内容较为成熟的摘要性文献。

（4）论文稿（Paper）：根据研究成果写成的拟在专业会议上发表的论文。

（5）报告书（Report）：较正式的文件，内容比较详细。

2. 按科研进展的阶段及发表时间划分

按这种划分方法可将科技报告划分为开题报告（Initial Report），预备报告（Preliminary Report），进展报告（Progress Report），现状报告（Status Report），试验结果（Test Result），竣工报告（Completion Report），总结报告（Final Report），终结报告（Definitive Report）等。

3. 按保密程度划分

按这种划分方法可将科技报告划分为保密报告（Classified Reports），限制发行报告（Restricted Reports），解密报告（Declassified Reports），公开发行报告（Public Reports），机密报告（Secret Reports），绝密报告（Almost Restricted Reports 或 Top Secret Reports）。

（二）科技报告的特点

（1）有专门的出版发行渠道，比书刊的流通快捷，能迅速反映新的科技成果。

（2）内容新颖、专深、具体，专业化程度很高。对课题研究的论述包括各种研究方案的选择和比较、各种可供参考的数据和图表、成功与失败的实践经验等。

（3）涉及的学科专业面广，种类多，数量大，几乎涉及整个科学、技术领域以及社会科学、行为科学和部分人文科学。

（4）出版形式独特。每篇科技报告都是独立的、特定专题的技术文献，独自成册，以单行本形式出版发行。但是，同一单位、同一系统或同一类型的科技报告，可以每篇报告一个号码，并且连续编号。科技报告一般无固定出版周期，报告的篇幅也不等。其出版发行有一定控制，仅小部分公开，难以及时获

得原文。

二、中外科技报告及其检索工具

技术报告的编号复杂，无统一标准。有时一件科技报告多种号码同时并存，既有研究单位提供的编号，又有发行单位的编号，还有合同号、研究项目号及入藏号等，给标引和检索带来了一定的困难。

对于科技报告中出现的代码，可以通过下列工具书解决：

- 《Dictionary of Reports Series Codes》（报告系列编码词典）
- 《Dictionary of Engineering Documentation Sources》（工程文献来源词典）
- 《科技文献代码手册》

（一）中国的主要科技报告文献及其检索工具

1.《科学技术研究成果》与《科学技术研究成果公报》

《科学技术研究成果》是代表我国科学技术研究水平的正式科技报告，内容涉及机械、电机、计算机技术、冶金、化学化工、医药卫生、农林等领域，分为“内部”、“秘密”、“绝密”3个保密级别，由内部控制使用。

《科学技术研究成果公报》是专门报道和检索《科学技术研究成果》的工具。其著录内容包括科技成果名称、登记号、分类号、部门或地方编号、基层编号及密级、完成单位及主要人员、工作起止时间、推荐部门、文摘内容，以摘要形式公布我国重要科研成果；每期报道内容分五大类：农业、林业，工业、交通及环境科学，医药、卫生，基础科学，其他。

该检索工具还编有“分类索引”和“完成单位索引”等，近几年也以数据库的形式对外提供检索服务。

2.《中国国防科技报告通报及索引》

该索引原名为《国防科技资料目录》。该刊报道与检索国防科研、实验、生产和作战训练中产生并经过加工整理的科技报告及相关科技资料。

3.《中国机械工业科技成果通报》

该刊报道内容包括基础理论研究成果、科研成果、新产品研制成果、软科学成果、专利成果等，按类编排。

（二）美国的主要科技报告文献及其检索工具

在世界各国数量庞大的各类科技报告中，以美国政府的科技报告最多。其中，历史悠久、报告量多、参考和利用价值大的主要有4类，即通常所说的“四大报告”——PB报告、AD报告、NASA报告和DOE报告。这四大报告的累积量都在几十万篇以上，占全世界科技报告的大多数。检索四大报告的主要检索工具为《政府报告通报及索引》，其中DOE报告和NASA报告还另有各自的检索工具。

1. 美国四大科技报告

（1）PB报告。PB是美国政府于1945年6月成立的商务部出版局（Publication Board）的缩写。PB报告是指由PB负责收集整理并出版发行的科技报告，其编号统一冠以PB字样，故称PB报告。其内容包括科技报告、专利、标准、技术刊物、图样等。20世纪60年代后，PB报告逐步从军事科学转向民用，并侧重于土木建筑、城市规划、环境污染、生物医学等方面内容。

PB报告的编号原采用流水号前冠以PB代码，到1979年编到PB—301431。1980年采用新的编号，即“PB＋年代＋顺序号”，如：PB85—426858。

（2）AD报告。AD报告为ASTIA Documents的略称。ASTIA为美国武装部队技术情报局（Armed Services Technical Information Agency）的缩写，负责收集出版国防部所属科研机构的科研报告。ASTIA于1963年改组为国防部科技情报文献中心（Defense Documentation Center for Scientific and Technical Information，DDC），1979年又更名为国防技术情报中心（Defense Technical Information Center，DTIC），仍沿用AD报告的名称与编号。

AD报告的内容侧重于军事技术，如导弹、火箭、遥感、雷达、高能燃料、电子技术、导航及其他尖端技术，也涉及许多民用技术，包括航空、电子和通信等22个领域。

AD报告的密级包括机密、秘密、内部限制发行、非密公开发行4级。AD后加一个字母，区分不同密级。如：AD—A表示公开，AD—B表示内部限制发行，AD—C表示秘密、机密，AD—D表示申请专利或批准专利，AD—E表示军事系统研究报告。

（3）NASA报告。NASA报告是由美国国家航空航天局（National Aeronautics and Space Administration，NASA）编辑出版的科技报告。文献主要来源于该局所属的研究中心、试验场及其承包合同的大学、研究机构、公司和企业。虽然NASA报告的主要内容是航空、航天科学，但由于航空、航天与机械、化工、冶金、电子、气象、天体物理、生物等都有密切联系。因此，NASA报告实际上是一种综合性的高科技报告。

NASA报告号采用“NASA—报告类型—顺序号”的表示法，报告类型如表6-1所示。

（4）DOE报告。DOE报告由美国能源部（Department of Energy，DOE）编辑出版。内容主要是原子能及其应用，同时涉及其他学科领域。DOE报告号不像PB、AD、NASA报告有统一编号，它由各机构名称的缩写字母加数字号码构成。由于所属机构较多，编码复杂，难以识别，必须借助特定工具书，如《报告系列编码辞典》（Dictionary of Reports Series Codes）。从1981年开始，美国能源部发行的报告都采用“DE＋年代＋顺序号”的形式，所以DOE报告1981年以后又叫 DE 报告。

表 6-1 NASA 报告类型

NASA-TR-R	技术报告	NASA-TN-D	技术札记
NASA-TM-X	技术备忘录	NASA-TP	技术论文
NASA-TT-F	技术译文	NASA-CR	合同户报告
NASA-CP	会议出版物	NASA-CASE	专利说明书
NASA-SP	特种出版物	NASA-RP	参考性出版物
NASA-EP	教学用出版物	NASA-FACTS	统计资料
NASA-NEWS-RELEASE 新闻简报			

2. 美国科技报告主要检索工具

（1）《政府报告通报及索引》（Governments Reports Announcements & Index，GRA&I）。这是由美国商务部国家技术情报服务局（National Technical Information Services，NTIS）主办，全面报道美国政府科技报告的主要出版物，是检索四大报告的主要检索工具。《GRA&I》主要以摘要形式报道全部 PB 报告、所有公开或已解密的 AD 报告、部分 NASA 报告、DOE 报告及其他类型的报告，还有部分会议文献和美国专利申请说明书摘要。

《GRA&I》的出版形式有印刷版、缩微版、磁带版、光盘版、网络版。

（2）《宇航科技报告》（Scientific and Technical Aerospace Reports，STAR）。《STAR》是查找 NASA 报告的主要检索工具，收录 NASA 及其合同户编写的科技报告，美国政府及其他政府机构、美国及别国的研究机构、大学及私营公司等发表的科技报告及报告译文，NASA 所拥有的专利、学位论文和专著等，还转载 PB、AD、DOE 报告中有关航空和宇航方面的文献，是检索美国政府四大报告的辅助工具。它采用“N—年份—顺序号”编号，年报道量 2. 4 万多条。

（3）《能源研究文摘》（Energy Research Abstracts，ERA）。《ERA》是检索 DOE 报告的主要检索工具，由美国能源部技术情报中心（TIC）编辑出版，收录以美国能源部及其所属单位编写的科技报告、期刊论文、会议论文和会议录、图书、专利、学位论文及专著，也有与能源有关的其他文献，年报道量 5. 5 万条。

（三）其他国家科技报告文献

1. 英国科技报告

较常见的有：英国原子能管理局的 UKAEA 报告，科学与工业研究部的 DSTR 报告，英国航空研究委员会的 BARC 报告，英国图书馆出借部入藏的 BLLD 报告。

英国科技报告的检索工具主要包括：BLLD 通报（BLLD Announcement Bulletin)、研究与发展文摘（R & D Abstracts)、英国原子能委员会报告指南（Guide to UKAEA & Documents)。

2. 日本科技报告

日本的科技报告主要有：东京大学原子能研究所的 INS—PH 报告（高能物理研究报告)、INS—PT 报告（物理学理论研究报告)，科学技术厅航空宇宙技术研究所的 NAL—TM 报告，工业技术院电子技术综合研究所的研究报告和调查报告等。

另外，法国原子能委员会的 CEA 报告、加拿大原子能有限公司的 AECL 报告、德国航空研究所的 DVR 报告等，都是比较有名的研究报告系列。

三、科技报告的电子信息资源

（一）DIALOG 联机数据库系统

（1）第 6 号文档——NTIS 美国政府报告数据库。此库包含了 GRA & I 中的内容，存储 1964 年至今的报告摘要，文档规模已达 200 万篇全文记录，每半月更新。另外也可登录网站 http://www. ntis. gov，免费提供文摘查询，全文可从网上直接向 NTIS 服务处订购。

（2）第 108 号文档——Aerospace Database 航空航天数据库。此库包含了 STAR 和 IAA（International Academy of Astronautics，国际宇航学会）中的内容，存储 1962 年至今的记录，文档规模达 200 万篇。

（3）第 103 号文档——Energy Science & Technology 能源科学与技术数据库。此库包含了 ERA 的内容，存储 1974 年至今的信息，文档规模达 280 多万篇记录。

（4）第 20 号文档——World Report 世界报告数据库。

（5）第 109 号文档——Nuclear Science Abstracts 核科学数据库。

（二）万方数据库光盘

在万方数据库系列光盘中有“国外科技调研报告全文数据库”，该数据库收录了自 1991 年至 1997 年间的各国科技发展研究报告，是我国各单位组团出国考察，了解各国各学科、各技术领域的发展趋势与特长，开展国际科技合作与交流的重要参考工具。该库另外还有：“中国科技成果数据库”，“中国 1995 - 1996 重要成果数据库”，“全国科技成果交易数据库”，详见第四章第三节。

（三）日本科学技术信息资源（Japanese Information Related to Science and Technology，JIRST）

该信息资源的主要内容有日本工业技术报告目录、科学技术领域的公司企业、研究所名录、科学技术数据库、研究人员名录等。

【例 6-1】　在美国政府技术报告网上查找科技报告。

登录 www. fedworld. gov，点击“Search First Gov”，出现如图 6-1 所示页面。

在“Enter Keywords”框中键入检索词，单击“Search”进入数据库检索。系统提供了关键词、报告号等不同的检索方式。

（1）关键词检索。允许 2 个以上的检索词进行布尔逻辑组配（AND，OR，NOT）。如键入 air pollution，那么检索结果为所有含有 air 和 pollution 的文献。

（2）词组检索。输入的词组须加引号。如检索词应为“air pollution”。检索结果要求文献必须有 air pollution 这个词组，且两个单词紧密相邻，词序不能颠倒。若检索的词组中含有空格、连字符等系统禁用词或符号，须加上引号。

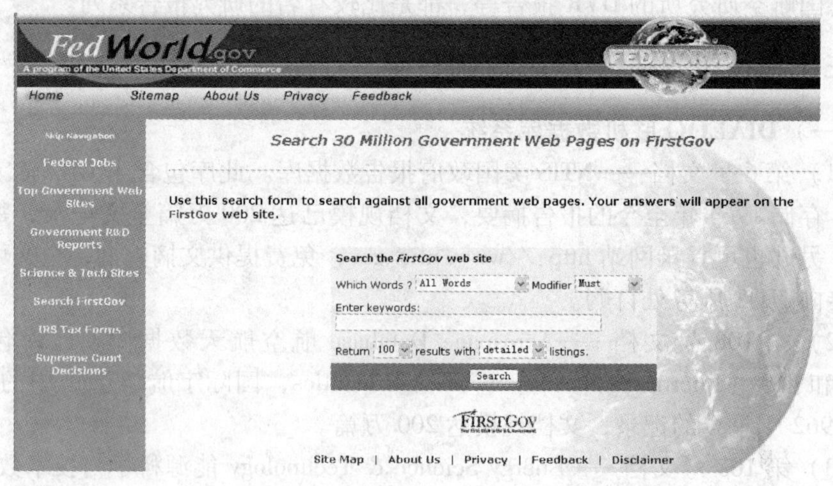

图 6-1　美国政府技术报告网检索界面

（3）报告号检索。如果已知 AD、PB 等报告号，可以直接用来检索原文。注意，有连字符的必须加引号，报告号后面的字母要去掉。如报告号为 PB-97—133987NE，在检索时要加上引号成为“PB-97—133987”才能进行检索。如不加引号，则要将上面这个报告号去掉连字符和字母，写成“PB97133987”进行检索。

（4）模糊检索。用加“＊”的办法进行模糊检索。

（5）高级检索。如一次检索到的文献过多，可点击“Advanced Search”进一步作高级检索，以使检索结果更精确。高级检索允许有三个检索词，采用布尔逻辑运算来限定检索范围。

另外，还可以限定报告时间范围和检索结果显示顺序。如选择“Most Relevant First”，可以检索最新收录的文献。

第二节　会议文献检索

一、概述

学术会议公布研究成果或讨论学术性问题，反映某学科或专业领域内的最新进展和成就。随着科学研究的迅速发展，国际合作日益增多，学术性会议不仅成为人们科学交流的重要渠道，也是了解世界发展水平与动向的重要渠道，因此会议文献是获取科技信息的重要来源。专业人员都非常关心本专业学术会议的动向及相关的会议文献。

（一）会议文献的类型

（1）按会议文献出版时间分为会前文献、会间文献和会后文献。会后文献主要是指会议结束后的正式会议论文集，是会议文献中的重要组成部分，内容比会前文献更准确、更成熟。会后文献的名称较多，常见的有会议录、会议论文集、汇编、会议记录、会议报告集、会议文集、会议出版物、会议纪要等。

（2）按会议规模分为国际性会议文献、地区性会议文献、全国性会议文献、学会文献等。

（3）按会议的内容性质分为常会文献、报告会文献、讨论会文献等。

（二）会议文献的特点

（1）会议文献的内容新颖丰富，学术水平高，观点可能不成熟，是了解某学科动态的重要信息源。

（2）信息传递及时、速度快，兼有直接交流和文献交流两种交流方式的长处。

（3）会议类型较多，命名复杂，文献分散。检索会议文献复杂，需要从不同途径进行全面检索。

（4）会议文献出版形式多样，出版发行灵活，通常多以书、期刊/不定期连续出版物和科技报告 3 种形式出版。图书多以会议名称作为书名，或者另加书名，将会议名称作为副书名，以会议届次编号，定期或不定期出版。大部分的会后文献以期刊形式发表，常发表在相关学会、协会主办的学术刊物上。有些会议文献作为期刊的副刊或专号出版，或者期刊的某一专栏在短期内连续出版。有部分会议论文被编入科技报告。

二、会议文献的国内外检索工具

（一）《中国学术会议文献通报》

该通报由中国科技信息研究所编，以文摘、简介或题录的形式报道国内召开的全国性和国际性学术会议论文。正文前有“分类目次表”，正文按《中图法》类目排列，每个类目下按会议名称集中排列，列出会议名称和页码。正文后有“会议名称分类索引”和“会议论文主题索引”，并附有会议预报，通报当年将要召开的各学会学术会议及重要国际会议的纪要和总结，是检索国内学术会议文献的主要检索工具。1999 年后停止印刷出版，改为光盘版《中国学术会议论文数据库》（CACP）。

（二）《中国重要会议论文全文数据库》CPCD

该数据库为 CNKI 系列产品之一，收录我国 2000 年以来二级以上政府职能部门、高等院校、科研院所、学术机构等单位的论文集，年更新约 10 万篇文章，内容覆盖理工、农业、医药卫生、文史哲、经济政治法律、教育与社会科学综合等各方面。至 2006 年 7 月 31 日，该库累积会议论文全文文献 46 万多篇。

（三）《中国学术会议论文文摘数据库》CACP

该数据库由万方数据股份有限公司提供，收录我国 1985 年以来由国际及国家级学会、协会、研究会组织召开的各种学术会议论文，每年涉及上千个重要的学术会议。数据内容范围覆盖自然科学、工程技术、农林、医学等所有领域。至 2006 年 10 月底，数据总量已达 70 多万篇，是目前国内收集学科最全、数量最多的会议论文数据库。相关内容详见第四章第三节。

（四）《会议论文索引》

《会议论文索引》（Conference Papers Index，CPI）由美国剑桥科学文摘公司（Cambridge Scientific Abstracts Co.）编辑出版，双月刊（含年度累积索引）。该刊每年报道约 72000 篇会议论文，及时提供有关科学、技术和医学领域最新研究进展方面的信息，是目前检索最新会议论文的主要工具之一。

（五）《科技会议录索引》

《科技会议录索引》（Index to Scientific & Technical Proceedings，ISTP）由美国 Institute for Scientific Information Inc. 编辑出版，是一种综合性的检索会后正式发表的会议录，具有很高的权威性，为著名的“三大检索系统”之一。下一节将详细介绍。

（六）《已出版的会议录指南》

《已出版的会议录指南》（Directory of Published Proceeding）由美国 InterDok Corp 编辑出版，主要收集单行本会议录，同时还收集研究报告、期刊、专论、丛书中的会议论文。它分为 3 个分册：

（1）《已出版的会议录指南：社会科学与人文学》（Directory of Published Proceeding：SeriesSSH—Social Science/Humanities）。

（2）《已出版的会议录指南：科学、工程、医学、技术》（Directory of Published Proceeding：Series SEMT—Science/Engineering/Medicine/Technology）。

（3）《已出版的会议录指南：污染控制与生态学》（Directory of Published Proceeding：Series PCE—Pollution Control and Ecology）。

（七）《在版会议录》

《在版会议录》（Proceedings in Print）由美国 Proceedings in Print Inc. 出版，报道美国国内外举办的科技会议及其出版的会议录，主要报道世界各国宇航会议文献。该刊编有“会议录主编者索引”、“会议主题索引”和“会议举办单位索引”。

（八）其他国外检索工具

国际上还出版许多专门检索学术会议消息的检索工具，常见的有：

- 《世界会议》（World Meetings，WM）
- 《约稿》（Calls for Paper）
- 《未来国际科技会议预告》（Forthcoming International Scientific & Technical Conference）
- 《国际会议预告表》（World List of Future International Meeting）
- 《科学会议》（Scientific Meetings）

除上述几种专门的检索工具外，查找会议文献的其他工具还很多，大部分综合性和专业性的检索工具均有相关的会议文献报道。如 DIALOG 联机检索系统的 77 号文档、ESA - IRS 联机检索系统的 36 号文档、OCLC FirstSearch 中的 PapersFirst 和 Proceedings 数据库，以及大型专业性检索工具，如 EI、SA、CA、BA、GeoRef 等。详见第四章、第五章相关数据库介绍。

三、科学技术会议录索引和社会科学与人文科学会议录索引

（一）数据库介绍

科学技术会议录索引（ISTP）数据库由 ISI 发行，ISI 继推出 Web of Science 后，又推出了 WOSP（Web of Science Proceedings），即 Web 版会议数据库。WOSP 包括 2 个数据库：《科学技术会议录索引》（Index to Science & Technical Proceedings，ISTP）的 Web 版和《社会科学及人文科学会议录索引》（Index to Social Science & Humanities Proceedings，ISSHP）的 Web 版。

ISTP 收录的会议录涵盖了农业、环境、生物化学、生物技术、医学、工程、计算机、物理等学科；ISSHP 收录的会议录涵盖了社会学、公共健康、经济、管理、艺术、历史、文学等学科。因此，WOSP 的两个数据库提供了全面、综合、多学科的会议论文信息，在同类检索工具中影响最大，使用者最多，权威性最高。

ISTP 的出版类型有印刷版、光盘版（ISI - IP）和网络版，ISSHP 则只有印刷版和网络版。印刷版包括月刊和年度累积本两种形式；ISTP 光盘数据库目前

只有DOS版，数据回溯至1994年，季度更新；ISTP和ISSHP的网络版WOSP数据可回溯至1990年，周更新。

WOSP汇集的世界上最新出版的会议录信息有多种类型，包括专著、丛书、预印本以及来源于期刊的会议论文。与ISTP光盘版相比，WOSP最明显的特点是增加了会议论文的摘要信息。

（二）印刷版的结构与编排

以ISTP为例，其印刷版的月刊和年度累积本的结构基本相同，均由7个部分组成。

（1）类目索引（Category Index）。类目索引也称范畴索引，按类目字顺编排，约200个类目，每一类目下列出该类目的会议名称和会议录顺序号，按会议录字顺排。由于不少会议录的内容跨学科，故某些会议录同时列在相关的学科类目。

（2）会议录目录（Contents of Proceedings）。这是ISTP的主体部分，按会议录编号的大小顺序排列，每一种会议录依次著录如下信息：会议录编号、会议名称、会议地点和日期、会议主办者、会议录书名及副书名、丛书名及卷次（会议录作丛书出版时）、会议录编者、会议录的出版和版权项、美国国会图书馆书号及国际标准书号（ISBN）、会议录的订购地址和订购号，其下列出该会议上发表的各篇论文的标题、论文著者、第一著者所在单位、地址和论文起始页码。

（3）著者、编者索引（Author/Editor Index）。按编者、著者姓名字顺编排，给出会议录编号和论文起始页码。

（4）会议主持者索引（Sponsor Index）。按会议主办者名称字顺编排，同时著录会议录编号。

（5）会议地点索引（Meeting Location Index）。按会议所在地国家名称字顺排列（美国例外，排列最先），国名下再按城市名称字顺排（若会议在美国召开，则先按州名字顺排，然后再以城市名称细分），其后著录会议名称、召开时间和会议录编号。

（6）轮排主题索引（Permuterm Subject Index）。由选自会议内容、具有实质意义的主题词和配合词两级类目组成，按主题词字顺排列，在每个主题词下再按字顺列出各个配合词。在某些主题下还设参照项目以扩大检索范围。同时，在各个配合词后列有论文所属会议的会议录编号和起始页码。此索引是诸索引中最常用、最重要一种。

（7）团体著者索引（Corporate Index）。该索引分为两部分：地域索引部分（Geographic Section）和机构索引部分（Organization Section）。地域索引部分是按论文第一著者所在单位的地名字顺编排的，大地名下再按小地名的字顺排列，小地名后附有著者所在单位及著者姓名，右旁给出会议录编号和论文起始页码。机构索引部分实质上是地域索引的辅助工具。若只知道第一著者所在单位而无具体地址，尤其是某些同名不同地区的单位机构，需通过机构指引到地域索引部分，以便进一步查找会议文献内容。

（三）ISTP 和 ISSHP 的网络数据库检索方法

网络数据库提供两种检索方式：简单检索（Easy Search）和完全检索（Full Search）。简单检索只有 3 个检索入口——主题词（Topic）、人物（Person）和地点（Place）；完全检索界面中又有“通用检索”和“高级检索”之分。“通用检索”提供 5 个检索字段：主题词（Topic），作者（Author），来源（Source Title），会议（Conference），作者地址（Address）。其中，会议字段是会议文献数据库特有字段，包括会议名称、地点、日期、主办者等内容，可将此类信息作为检索入口。“高级检索”用复杂检索式进行精确检索。

ISTP 和 ISSHP 的 WOSP 平台是 ISI 的最新资源平台 Web of Knowledge 的重要组成部分。其检索功能和使用方法与 SCI 大体一致，详细操作参照第五章第二节 SCI 数据库的检索方法。

第三节 专利文献检索

一、概述

（一）专利的含义、类型和特点

1. 专利通常应包括以下 3 层含义：

（1）专利权：专利的核心，是指一个国家授予创造发明人在一定时间内独立享有实施其发明创造的权利。专利权既是一种工业产权，又是一种知识产权。

（2）专利技术：取得专利权的发明创造。

（3）专利说明书：记载着发明创造的详细内容和受专利法保护的技术范围。

2. 专利的种类

专利的类型，各国的规定不尽相同，一般分为以下 3 种：

（1）发明专利：对产品、方法或者其改进提出的新的技术方案，保护期 20 年。

（2）实用新型专利：对产品的形状、构造或组合的革新设计，保护期 10 年。

（3）外观设计专利：对产品的形状、图案、色彩或其结合作出的富有美感并适于工业应用的设计，保护期 10 年。

3. 专利的技术特点

我国专利法规定，一项发明创造要获得专利权必须具有“三性”，即新颖性、创造性和实用性，因此专利技术应当具备这3种特性。

- 新颖性：在申请日之前没有同样的发明在国内外出版物上公开发表过、在国内外公开使用过或者以其他形式为公众所知。
- 创造性：与申请日之前已有的技术相比，有突出的实质性特点和显著进步，即比现有技术水平先进，有独创之处。
- 实用性：某项发明或实用新型能够制造和使用，并能产生积极效果。

此外，专利技术还有另外3种特性：

- 排他性：未经专利权人的同意，其他任何人都不能使用该专利制造和销售其产品。
- 时间性：专利在一定期限内有效，即在法律规定的专利期限届满后，专利权就自行终止，该发明创造归社会所有。
- 地域性：一个国家颁发的专利权仅在该国境内有效，如果需要在别国获得保护，必须向别国申请专利。

（二）专利文献的特点及作用

1. 专利文献的定义

专利文献是指在专利形成过程中产生的一系列官方文件和有关出版物的总称，是专利制度的产物。专利文献充分体现了专利制度的4个基本特征，即法律保护、科学审查、公开通报和国际交流。

专利文献包括发明说明书、专利说明书、专利局公报、专利文摘、专利分类表、专利检索工具以及申请专利时提交的各种文件等，而狭义的专利文献指的是申请说明书和专利说明书。

2. 专利文献的特点

（1）内容详尽、数量庞大，是查询发明创造的一个重要信息源。

（2）它是技术信息、法律信息和经济信息的统一体。

（3）文献格式统一规范，高度标准化，便于检索和实现信息化。

（4）出版快、时差小。据报道，全世界技术成果的90%～95%首先发表于专利文献。

3. 专利文献的作用

专利文献内容新颖、反映新技术快、可靠性强，它将技术信息、法律信息和经济信息融为一体，提供3方面的作用：

（1）技术信息的作用。专利信息中包括的技术信息可供人们了解到世界上的新技术，解决新难题，掌握高科技发展水平和动向，在较高起点上确定新的研究方向。

（2）法律信息的作用。专利信息中包括的法律信息是专利主管部门对申请的专利进行“三性”审查的主要依据。审查员通过查新检索，进行相关信息的比较和综合分析，以此给出权威性的审查结论，保证授权专利在法律上的可靠性。其他人员也可利用其法律信息来界定各自行为，以免对他人专利构成侵权，或判断自己的发明是否可以申请专利或使专利申请能顺利通过审查。

（3）经济信息的作用。专利信息中包括的经济信息可供人们了解某专利技术在世界范围的覆盖面、有效期及实施情况，从中寻找技术实力、投资规模、市场销售等有用信息。

（三）专利信息检索的种类

根据不同的检索目的，专利信息检索可分为以下几种类型：

（1）技术信息检索：从任一技术主题对专利文献进行检索，找出一批参考文献的过程。

（2）专利性检索：为判断一项发明创造是否具备新颖性、创造性而进行的检索。

（3）侵权检索：为避免发生专利纠纷而对某一新技术、新产品进行的专利检索。

（4）专利法律状态检索：对专利的时间性和地域性进行检索。

（5）同族专利检索：对一项专利或专利申请在其他国家申请、公布等情况进行检索。

（四）专利文献的检索工具类型

世界各国用于检索专利文献的工具很多，主要有以下 3 类：

（1）专利分类表：包括国际专利分类表和各国专利主管部门编制的本国分类表。

（2）专利索引：包括分类索引、专利权人索引、专利号索引等。

（3）专利公报（文摘）：包括专利说明书摘要、辅助索引及相关信息。

检索专利文献有 3 种基本途径，即分类检索途径、专利权人检索途径和序号检索途径，其中最常用的是分类检索途径。

分类检索的典型检索工具是《国际专利分类表》（International Patent Classification，IPC）。IPC 于 1968 年 9 月 1 日公布第 1 版，每 5 年修订一次。它采用功能和应用相结合的分类原则，按发明的技术主题设置类目，为专利文献的分类、检索和利用提供了极大的方便，已成为世界各国分类和检索专利文献的重要工具。

《IPC》以等级的形式将技术内容按部、分部、大类、小类、大组、小组逐级分类，组成一个完整的分类系统，如表 6-2 所示。

表 6-2　IPC 类目表

部	分　部
A 部：生活需要	农业、食品和烟草；个人或家用物品；保健和娱乐
B 部：作业；运输	分离和混合；成型；印刷；交通运输
C 部：化学；冶金	化工；冶金
D 部：纺织；造纸	纺织和未列入其他类的柔性材料制造；造纸
E 部：固定建筑物	建筑；钻井和采矿
F 部：机械工程；照明；加热；武器；爆破	发动机和泵；一般工程；照明和加热；武器和爆破
G 部：物理	仪器；核子学
H 部：电学	无分部

为了方便查找《IPC》分类号，可利用《国际专利分类表索引》（Official Catchword Index to the International Patent Classification），即《IPC 关键词及类号对照索引》（国际知识产权组织编制）。该索引可与《IPC》配合使用。索引按关键词字顺排列，每个关键词条目后标有《IPC》分类号。利用该索引，可以方便地查到某一主题的名称及其相应的专利分类号。

《IPC》只用于发明专利和实用新型专利的分类与检索。外观设计专利的分类与检索须使用《国际外观设计专利分类表》（International Industrial Design Classification）。

二、中国专利文献检索

（一）中国专利审批

专利局依照法律规定的程序对专利申请进行审查。目前国际上专利审查的形式有 3 种，即形式审查制，实质审查制，早期公开、延迟审查制。

中国对发明专利申请，实行早期公开、延迟审查制，对实用新型和外观设计的专利申请，实行形式审查制。

中国发明专利的申请审批程序如表 6-3 所示。

表 6-3　发明专利审批程序及相应的编号、说明书名称

步骤	内　容	编号名称	说明书名称
第一步	受理专利申请，经形式审查合格给予编号	申请号	
第二步	自申请日起 18 个月内公开申请内容，出版说明书，给予编号	公开号	发明专利申请公开说明书

（续）

步骤	内　容	编号名称	说明书名称
第三步	自申请日起 3 年内进行实质审查，合格后给予编号	授权公告号	
第四步	授予专利权，给予专利号	专利号	发明专利说明书

说明：1985 年的专利法规定，第三步的实质审查合格后，作出审定，予以公告，出版《发明专利申请审定说明书》。自公告日起 3 个月内为异议期，期满无异议或异议理由不成立，对专利申请授予专利权。为减少重复出版，一般不再出版《发明专利说明书》。1993 年的专利法取消了异议程序，直接出版《发明专利说明书》，替代《发明专利申请审定说明书》。

（二）中国专利文献特征

1. 专利说明书种类

由于我国专利法对 3 种专利申请实行两种审查制度，所以在审查程序的不同阶段出版不同类型的说明书。1993 年后实施新的专利法修正案，专利说明书由 5 种减少为 3 种，除发明专利的 2 种外（参见表 6-3），另一专利说明书为《实用新型专利说明书》。被废除的专利说明书有：《发明专利申请审定说明书》，《实用新型专利申请说明书》。

外观设计专利没有说明书和权利要求书，但外观设计的图片或照片及其简要说明在《外观设计专利公报》中进行公告。

2. 编号

（1）申请号：专利局受理某项专利申请时给予该专利申请的编号。2003 年 10 月 1 日起，申请号由原来的 8 位变成 12 位数编码，前 4 位数代表申请的年份，后 7 位数为当年专利申请的流水号。第 5 位数代表不同的专利类型，“1”为发明专利，“2”为实用新型专利，“3”为外观设计专利。小数点后是计算机校验码，如 200320001188. 5。

（2）专利号：已获得专利权时的说明书号码，与申请号的数码相同，仅在前面加“ZL”以示区别。

（3）公开号/授权公告号：数字前为专利国别代号（CN）。2004 年 7 月 1 日起采用 9 位数编码（之前采用 7 位数），第 1 位数字代表不同的专利类型，数码及其代表的含义与“申请号”第 5 位数的表示法一致；后 8 位数为当年专利文献的流水号，流水号后的英文字母表示 3 种专利说明书的类别或该专利的法律状态：A——发明专利申请公开说明书，C——发明专利说明书，Y——实用新型专利说明书，D——外观设计专利公告。完整的公开号如：CN 103058062C。

（三）中国专利文献的检索

中国专利文献的手工检索主要有说明书和公报两大类，其中专利说明书是专利文献的主体，而专利公报和专利索引等，只是查找专利说明书的工具。现今，专利文献的发展呈现出电子化、网络化和国际化的趋势，因而计算机检索，尤其是网络共享专利信息资源是当前发展最为迅猛的检索方式。

1. 说明书类

中国专利说明书有《发明专利申请公开说明书》、《发明专利说明书》及《实用新型专利说明书》3 种，与公报同日出版。

2. 公报类

《中国专利公报》由中国专利局于 1985 年创办，周刊，以文摘形式报道专利信息。该公报按专利的类型分 3 种形式出版，3 种公报的结构基本相同，正文按国际专利分类号顺序排列。但《实用新型专利公报》和《外观设计专利公报》无审定公告的请求实质审查等栏目。出版之日，同时出版该期公报内各项专利的说明书或已批准专利权的专利说明书单行本。

《发明专利公报》，刊登发明专利申请公开、审定和专利权授予、发明专利事务、各类索引等内容。

《实用新型专利公报》，刊登实用新型专利申请公告和专利权授予、实用新型专利事务、申请公告索引、授权公告索引等栏目。各栏目的内容、著录格式和结构与《发明专利公报》基本相同。

外观设计专利在申请时不需写外观设计说明书和权利要求书，但在外观设计专利申请公告栏中附有简要的说明和设计图片、照片等资料。

3. 专利索引

《中国专利索引》是《中国专利公报》的年度累积本，分《分类号索引》、《申请人、专利权人索引》和《申请号、专利号索引》3 个分册。

（1）《分类号索引》实际上是将 3 种专利分别根据 IPC 号或国际外观设计分类号顺序编排，分类号相同时，按申请号（或专利号）递增顺序排列。

著录内容样例：

国际专利分类号	授权公告号	专利号 ZL	专利权人	实用新型名称	卷期号
A61M 16/01	CN 2303646Y	97223320.2	张水纯	多功能麻醉管道装置	15 - 02

（2）《申请人、专利权人索引》以申请人或专利权人姓名或译名的汉语拼音字母顺序进行编排。分为发明专利申请公开、发明专利权授予、实用新型专利授予、外观设计专利授予 4 部分组成。著录格式与上例类似。

（3）《申请号、专利号索引》以申请号或专利号的顺序编排。

4. 中国光盘专利文献

（1）CNPAT 系列光盘：包括 CNPAT/ABSDAT 和 CNPAT/ACCESS。前者为中文光盘，后者为用于国际交流的英文光盘。两种光盘的检索界面、功能相同，设有全屏检索界面和专家检索两种界面。

1）全屏检索：设有13个检索入口，检索界面具有连接运算功能，即允许各检索入口之间进行逻辑组配检索。文摘检索入口为标引词检索，申请人、发明人和发明及设计名称等检索入口为自由词检索。

2）专家检索：设有二次检索功能，用户可在一次检索的基础上进行第二步、第三步检索，直至满意为止。

（2）CPAS系列光盘：即中国专利管理系统（Chinese Patent Administration System）系列光盘，包括以下4个光盘数据库：

1）CPAS/中国专利数据库：含1985年以来3种中国专利著录项目及文摘；季度更新；设有14个检索入口，其文摘、申请人、发明人和发明及设计名称等检索入口均为自由词检索。

2）CPAS/中国专利说明书：收录1985年以来出版的中国发明专利申请公开、发明专利和实用新型专利3种全文说明书；说明书均为图形文件；检索界面和各种功能与上述的“CPAS/中国专利数据库”基本相同。

3）CPAS/中国专利公报：收录3种中国专利著录项目、文摘及附图；均为图形文件。

4）CPAS/外观设计：为中国外观设计专利图形光盘。

5. 检索中国专利数据库的主要网站

（1）中国知识产权网（http：// www. cnipr. com）。中国知识产权网是国家知识产权局知识产权出版社创建维护的知识产权信息综合性服务网站，于1999年6月创建，由专利、商标、版权三大板块组成。旨在通过网络宣传知识产权知识，传播知识产权信息，促进专利技术的推广与应用。

专利部分，“中国专利”收集1985年9月10日以来的专利；“国外专利”收集美、日、英、德、法、瑞、欧洲、WIPO自1978年（美1972年、日1976年）以来的专利。其功能特点是界面友好、操作简捷、功能强大，并提供了代码化数据全文检索方式。

（2）中国发明专利技术信息网（http：//www. 1st. com. cn）。该网站由国家知识产权局、中国专利信息中心主办，面向公众提供免费专利检索服务。该网站的浏览页面细致全面，对初学者来说容易入门。另外，该网站也公布世界最新发明新闻、最新专利信息、中国发明专利快讯。

（3）中华人民共和国国家知识产权局（http：//www. sipo. gov. cn）。该网站是由国家知识产权局、中国专利信息中心建立的官方网站，发布国家知识产权局的局令、公告及最新专利公报。其中，“专利检索”栏目向公众提供免费专利检索服务。该网站数据库内容为1985年9月10日以来公布的全部中国专利信息，包括发明、实用新型和外观设计3种专利的著录项目及摘要，并可浏览到各种说明书全文及外观设计图形。其检索较独特的是，提供一个非常实用的国际专利 IPC 分类表。该分类表具有既能从分类号检索，又能从关键词检索的双向检索功能，分类号和关键词之间还可互查，为不熟悉 IPC 分类的用户在检索方面提供了极大的方便。

（4）中国专利信息网（http：//www. patent. com. cn）。该网站由"中国专利局检索咨询中心"与"长通飞华信息技术有限公司"共同开发，收集了 1985 年我国专利制度建立以来的专利文献，可查找所有中国专利的文摘，浏览说明书首页。付费用户可查看并打印、下载发明专利、实用新型专利说明书的全部内容，外观设计专利另行收费。它集专利检索、专利知识、专利法律法规、项目推广、高技术传播、广告服务等功能于一体。

（5）中国专利网（http：//www. cnpatent. com）。该网站由隶属国家知识产权局的中国专利技术开发公司承办，为个人、企业和机构提供专利法律咨询服务，作为中国专利公报的重要补充。该网站提供的信息多为专利事务信息，并不提供直接的专利文献检索入口。

（6）易信网（http：//www. exin. net）。易信网是北京市经济信息中心的网站，其中的"中国专利"板块包括了"全部专利文摘数据库"和"失效专利文摘数据库"。前者收集了中国专利局自 1985 年 9 月 10 日至 2002 年 3 月底公布的所有发明专利和实用新型专利的申请，总数达 1030402 件。失效专利文摘数据库涵盖了自 1985 年至 2002 年 3 月底的 46 万件失效专利文摘。失效专利技术失去了专利法的保护，成为社会公众无偿使用的财富，"是一座等待人们开发的金山"。

三、德温特创新索引 DII

（一）德温特创新索引

德温特出版有限公司（Derwent Publications Ltd.）1951 年创建于伦敦，以报道专利文献而在世界上享有盛名。它所报道的专利信息量约占世界专利公布量的 85% 左右。

德温特创新索引（Derwent Innovations Index，DII）是德温特系列出版物中特色数据库之一。它将世界专利索引（World Patents Index，WPI）的专利信息与专利引文索引（Patents Citation Index，PCI）的专利引证信息加以整合，采用 Web of Knowledge 平台（简称 WOK），通过学术论文和技术专利之间的相互引证的关系，建立了专利与科技文献之间的链接，为读者提供综合的发明概要、基本专利的信息及同族专利的详尽资料，是世界上国际专利信息收录最全面的数据库之一。

DII 数据库收录始于 1963 年，1987 年开始报道中国专利，目前共收录全球

40 多个专利机构的 1000 万条基本专利，2000 万项专利。每周有 40 多个国家、地区和专利组织发布的 25000 条专利文献和来自 6 个重要专利版权组织的 45000 万条专利引用信息新增入库。除在 Dialog 数据库中可以联机检索外，目前在美国科技信息所（ISI）的 Web of Knowledge 系统中也能检索到。其专业领域包括化学、电子与电气、工程技术。

DII 汇集了工程技术领域内的发明创造，揭示了技术领域内的创新。这两部分的结合使用，可以帮助科研开发人员了解：

（1）一项应用基础研究成果如何变成专利，从而受到保护并形成潜在的商业价值。

（2）一项专利是如何从最初始的研究发展而来，以及基础研究转化为专利的方法和途径。

（二）DII 同族专利

DII 包含了全球范围内所有同族专利的详细资料。每条记录有一个或多个专利，代表了该专利家族的成员。德温特公司在收到每一件基本专利时，都给一个入藏号，由出版年、6 位数序号和两位数更新号组成。同一内容的等同专利都归于一个入藏号，因此在 DII 中，利用专利入藏号可检索出所有等同专利。

（三）DII 数据库检索

该数据库采用校园网范围 IP 控制使用权限，不需要账号和口令；并通过国际 DI 专线提供检索服务，校园网用户检索、下载信息无需支付国际网络通信费。

1. 主要特点

（1）数据每周更新；通过选择查询范围，可检索全部年份、特定年份或最新的专利资料。

（2）提供“Patents Cited by Inventor”和“Patents Cited by Examiner”，可查找引用专利的情况。

（3）提供“Citing Patents”，可查找该专利被引用的情况。

（4）提供“Articles Cited by Inventor”，建立专利与相关文献之间的链接。

（5）检索结果可按日期、发明人、专利代理机构的名称或代码排序。

2. 检索方式

DII 提供通用检索（General Search）和引用专利（Cited Patent Search）检索两种方式。检索之前需要进行如下选择：

（1）数据库类型。如果不指定，系统默认为检索所有数据库。可选类型有：

- Drwent Innovations Index（Chemical Section）
- Derwent Innovations Index（Electrical & Electronic Section）
- Derwent Innovations Index（Engineering Section）

（2）时间范围。

• This week's update（最近一周数据）/ Latest 2 Weeks（最近两周数据）

• Latest 4 Weeks（最近4周数据）/ All years（所有年代数据）/ Year selection（所选年代数据）

说明：

1）选择“Latest date”排序时，命中结果最多为500篇。

2）选择“Inventor”、“Patent Assignee Name”或“Patent Assignee Code”排序时，如果命中文献超出300篇，系统提示需缩小检索范围，重新检索。

3）在需要检索浏览较大量的专利时，推荐选择一年或者几年检索，尽量不要选择所有年代。

（3）检索类型。

1）GENERAL SEARCH（通用检索）。

• TOPIC（主题）：输入描述专利主题的单词或短语，在专利篇名（Title）、文摘（Abstract）及关键词（Keywords）字段中检索，也可选择只在专利篇名（Title）中检索。可使用算符（AND、OR、NOT、SAME 或 SENT）连接单词或短语。

• ASSIGNESS（专利权人）：同选或单选专利权人的代码（德温特用4个大写英文字母构成）和名称。

• INVENTOR（发明人）：输入专利发明者姓名。姓在前，名在后，中间为空格。

• PATENT NUMBER（专利号）：输入专利号进行检索。

• INTERNATIONAL PATENT CLASSFICATION（国际专利分类号）：输入国际专利分类号检索。

• DERWENT CLASS CODE（德温特分类号）：输入德温特分类号进行检索。

注：德温特分类号共有20组，3个部分。其中，化学部分包括（A~M）组，工程部分包括（P~Q）组，电力与电子部分包括（S~X组）。利用德温特分类号进行检索，可以提高读者检索的速度及准确性。

获取德温特分类号的方法：点击德温特分类号检索框右侧的 list of class codes，即可获得按主题顺序排列的详细的德温特分类号。读者可从中选择与检索相关的类号。

• DERWENT MANUAL CODE（德温特手工代码）：输入德温特手工代码检索。

注：德温特手工代码是德温特检索系统分配给各个专利，用于表明该专利的技术创新方面的代码。它揭示了专利技术的外部特征和应用领域。利用德温特手工代码进行检索，可以提高检索的速度及准确性。

获取德温特手工代码的方法有两种途径：

其一：利用 TOPIC（主题）字段进行相关主题检索；从中找到一篇或几篇与所查内容相关的专利手工代码；利用德温特手工代码检索字段进行二次检索。

其二：连接 http：//www. derwent. com/dwpireference/eng_ mc. html，输入主题词检索相关手工代码。

• DERWENT PRIMARY ACCESSION NUMBER（德温特入藏号）：输入德温特入藏号。

注：德温特入藏号是德温特分配给每个专利族中的第一个专利的唯一确认号。德温特入藏号由 4 位数的年号和 6 位数的系列号组成。

2）Cited Patent Search（引用专利检索）。可通过被引专利号、被引专利权人、被引专利发明人、被引专利的德温特入藏号进行检索。4 个检索框分别为：

• CITED PATENT NUMBER（被引专利号）

• CITED ASSIGNEE（被引专利权人的名称和代号）

• CITED INVENTOR（被引专利发明人）

• CITED DERWENT PRIMARY ACCESSION NUMBER（被引专利的德温特入藏号）。

（4）检索结果输出排序（SORT OPTION）。检索结果输出排序为：Latest Date（默认选项，依照收录文献的日期排序，最新的排在前面）；Inventor（依照第一发明人的字母顺序排序）；Patent Assignee Name（依照专利权人名称的字母顺序排序）；Patent Assignee Code（依照专利权人的代码排序）。

（5）存储/执行检索策略（Save Query）。

存储：在检索之前或者之后，都可以存储检索策略备用。检索策略存储在用户本地的硬盘或者软盘上，用户可以指定文件目录。

调入：调出先前已存储检索策略的对话框在进入第一页的最底端，点击“浏览”，选定目录和文件后调入，即可用先前存储检索策略检索了。

（6）命中结果的显示、打印、下载和 E-mail。

检索命中结果的显示格式包括专利号、前 3 位发明人、专利名称及专利权人名称等信息。

在全记录格式，点击“Patents Cited by Inventor”、“Patents Cited by Examiner”、“Citing Patents”、“Articles Cited by Inventor”还可查看该专利引用其他专利的情况、该专利被引用的情况以及相关文献。

标记输出记录：在每条记录开始处的方框内作标记后点击 SUBMIT，或者点击 MARK PAGE 将一页的 10 条记录全作标记（也可点击 UNMARK PAGE 删除标记）；翻页后，再选择需要标记的记录，重复 SUBMIT 或者 MARK PAGE，直到最后一页；然后点击屏幕上方的 MARKED LIST 按钮（该按钮只在作了标记并点击 SUBMIT 或 MARK PAGE 才出现）。

选择输出字段：屏幕最下方列出了输出字段的选择项，可根据需要在方框内作标记。

下载：建议使用“FORMAT FOR PRINT”或“E-mail 两种格式（其余格式用于输出到专门接口软件）。

用浏览器的命令可以打印或者保存命中结果。在“E-mail the records to:”框中输入收件人地址，点击“SEND E-MAIL”发送命中结果。

开始新的检索：点击屏幕上方“General Search”或者“Home”按钮，由 New Session 进入重新开始。

四、国外其他专利信息源

（一）其他国外专利文献印刷版检索工具

1.《美国专利和商标局公报》

《美国专利和商标局公报》（Official Gazette of the United States Patent and Trademark Office）登载美国专利和商标局每周公布的各种类型专利说明书的摘要，是了解和查阅美国专利和有关专利申请、审查等情况的主要工具书。公报的核心是发明专利说明书，分为一般和机械、化学、电气三大类，每一大类下按专利号顺序排列。

2.《专利索引》

《专利索引》（Index of Patents）是美国专利和商标局出版的年度索引，包括两部分：第一部分为年度专利权人索引（part Ⅰ, list of patents），是专利权人索引的年度累积本；第二部分为分类索引（part Ⅱ, index of subjects of invention），主要包括分类索引和参见分类索引，是分类索引的年度总集成。

3.《专利分类手册》

《专利分类手册》（Manual of Classification）按大类的类号数字排序，几乎每年修改调整，共分一般和机械、化学、电气等 3 部分 560 大类。美国《专利分类手册》与众不同，采取了一些特殊的分类原则，如顺序配号制、定义式类名、功能分类原则。

4.《专利分类总索引》

《专利分类总索引》（Patent Classification Class List）第一套于 1959 年编制出版，包括从第 1 号专利到第 290478 号全部专利的总索引。1962 年 12 月底发行第 2 次修订版，1968 年年底发行第 3 次修订版。第 3 版包括截止到 1968 年的全部专利，按专利分类手册规定的类目排列。因此，查 1968 年以前的专利可用此总索引。

5.《美国专利文摘》

《美国专利文摘》（United States Patents Abstracts）由英国德温特出版公司编辑出版，1971 年创刊。该文摘的索引就是《世界专利索引》的题录周报。

（二）国外专利网络信息资源

1. Delphion 知识产权网站

Delphion 的知识产权网站（http：// www. delphion. com）是在原 IBM 公司的 IPN 基础上进行了扩大和发展，并联合了若干合作伙伴，诸如 Derwent、ISI、IP、COM 等公司，共同构成的拥有丰富知识产权信息的网站之一。

该网站的专利收集范围包括：美国申请专利（2001 年至今），美国授权专利（1971 年至今、1790～1971 年的图像），欧洲申请专利 EPA（1979 年至今，1987 年后有全文），欧洲授权专利 EPB（1980 年至今，1991 年后有全文），Derwent 公司的世界专利索引（1963 年至今），INPADOC 数据库（1968 年至今）；日本专利文摘（1976 年至今），瑞士专利图像（1990 年至今），世界知识产权组织出版物（1978 年至今）。

该网站提供了 3 种专利检索途径：快速检索和专利号检索，布尔检索，高级检索。高级检索和布尔检索只服务于注册用户。

2. 美国专利商标数据库

该数据库（http://www. uspto. gov）由美国专利与商标局（USPTO）负责管理维护，分两部分：1790 年以来出版的所有授权的美国专利说明书扫描图形，1976 年以后的说明书实现了全文代码化，可以进行全文检索；2001 年 3 月 15 日以来所有公开（未授权）的美国专利申请说明书扫描图形。数据库每周更新。1790～1975 年的专利文献只能通过专利号和美国当前的专利分类系统检索。该数据库由书目文献库和全文文献库组成。

3. Questel—Orbit 数据库系统

Questel—Orbit 数据库系统（http:// www. qweb. questel. orbit. com）是法国著名的联机信息检索系统，以提供专利数据、商标数据而著名。其中，商标数据库 19 个，专利数据库超过 30 个（含 69 个国家的专利信息）；收录了自 1974 年以来美国专利全文，1987 年以来所有欧洲专利全文，以及世界专利组织颁布的专利书目信息；所有全文均可在网上看到原图；数据库每周更新。

4. 美国化学专利数据库

美国化学专利数据库（CAS Chemical Patents Plus）（http：// casweb. cas. org）提供的专利并不仅仅局限于化学，还包括专利文献的各个方面，包括了自 1974 年以来，由美国专利和商标局发布的专利全文本及 1994 年以来发布的专利图形，对检索结果的浏览和输出方式有多种选择。

5. 美国能源部专利数据库

美国能源部专利数据库（http：//www. osti. gov/waisgate/gchome2. html）提供最新专利库和积累专利库，可以查询自 1978 年以来美国能源部的各实验室及美国能源部的合同研究者申请的各类专利的书目信息及摘要。

6. 微专利公司专利数据库

微专利公司（MicroPatent）专利数据库（http：//www. micropat. com）提供1974年至今的美国专利、1992年以来的欧洲专利、1988年以来的世界专利。

7. esp@ cenet

欧洲专利局 esp@ cenet 网络（http：//ep. espacenet. com）是欧洲专利局、欧洲专利组织成员国及欧洲委员会从1998年起创办的一项免费专利服务，它将美国等多个国家的专利图像文献全文追溯到1920年，并通过因特网上的esp@ cenet提供大众化的服务，主要目的是使用户容易获取世界范围的免费专利信息，提高整个国际社会的专利信息意识，尤其是中小企业。欧洲主要国家的专利信息基本上都包含在该库中。

8. 日本专利局

日本专利局（JPO）（http://www. jpo. go. jp）的工业产权数字图书馆（IPDL）是一个专利信息数据库检索系统，为公众提供免费的日本专利检索，主要有日文的工业产权文献数据库、英文的日本专利摘要、外国专利文献数据库。该网站有日文和英文两种界面，与英文界面相比，日文界面可以获取更多的信息。

9. 加拿大专利数据库

加拿大专利数据库（http：//patentsl. ic. gc. ca/intro-e. html）是加拿大知识产权局（The Canadian Intellectual Property Office，CIPO）提供的专门检索加拿大专利信息而建立的 Web 站点。

其内容包括1920年以来的加拿大专利文档、专利的著录项目数据、专利的文本信息、专利的扫描图像。该网站提供了功能丰富的检索途径，如专利号查询、基本文本查询、布尔文本查询、高级文本查询。

10. 国际专利文献检索

世界知识产权组织建立的知识产权数字图书馆（Intellectual Property Digital Library）提供通过 WWW 检索国际专利的数据库，网址为 http://ipdl. wipo. int。

其主要数据库有：PCT 国际专利数据库，中国、印度、美国、加拿大、欧洲、法国的专利数据库，JOPAL 科技期刊数据库，MADRID 设计数据库等。

11. 德温特专利网络信息检索

Derwent 公司1997年11月最新在互联网上推出的专利服务站点（http：//www. patentexplorer. com），收录了1974年以来美国专利文献200万条，1978年以来欧洲专利文献100万条，是互联网上第一家用全文和图像方式同时提供美国和欧洲专利服务的系统。

Patent Explorer 上的检索全部免费，并允许用户保存检索结果，同时提供一整套文献传送服务。

【例 6-2】 检索有关闭路电视系统方面的专利。

检索步骤如下：

（1）确定德温特分册。分析课题，该课题属于电气类的通信主题范畴，应使用 S－X 目录周报或 EPI 文摘周报。

（2）确定 IPC 类号。利用 IPC 关键词索引找出有关电视系统的 IPC 分类号为 H04N。该类目太大，不便于查找，利用 IPC 分类表，查出闭路电视系统的细分类号为 H04N7/8。

（3）利用 WPIG 第 9320 期在 IPC 索引的 H04N7 类目下查找。例如有一篇标题为“Motion vector determining method for image sequence”的专利，其分册代号为 W、专利号为 US 5210605－A，若不需要看文摘，则可直接索取专利说明书。

如果熟悉德温特的分类体系，也可从 EPI 分类来检索。在 EPI 的 W（通信）分册的“细分类索引”中确定其 EPI 分类号为 W2-F1，用在该类号下列出的专利入藏号可查到文摘部分。

根据分册代号找到相应分册的同期的文摘周报，在相应类目下根据专利号 US 5795646 阅读相应的文摘，决定取舍。

如果所查到专利为不熟悉语种或我国未收藏的专利，可使用“入藏号索引”检索出同族专利，进而转查其他专利。

（4）索取专利说明书。

第四节 学位论文检索

一、概述

学位论文是大学生或硕士、博士研究生为取得学位资格而提交的学术论文，这些论文符合授予学位的要求，特别是博士论文，会提出具有独特、创新的见解。因此，学位论文在科技文献领域占有相当重要的地位。

（一）学位论文的类型

按内容的侧重点分为两大类：

（1）理论研究型：通常在搜集、阅读了大量资料之后，依据前人提出的论点和结论，通过深入研究或大量实验，进一步提出新论点和新假说。

（2）调研综述型：主要以前人关于某一主题的大量文献资料为依据进行科学的分析、综合后，对其专业领域的研究课题作出概括性总结，提出独到的观点和新见解。

按学位分三级：学士论文、硕士论文、博士论文。

（二）**学位论文的特点**

（1）出版形式特殊：学位论文仅供毕业答辩之用，一般不正式出版，以打印本的形式储存在规定的收藏地点，每篇论文打印的数量不多。

（2）内容具有独创性：学位论文一般都具有独创性，探讨的课题比较专深。但因学位论文有不同的等级，故水平参差不齐。

（3）数量大，收集难：随着学位教育越来越受到各国的高度重视，硕士学位论文、博士学位论文的数量也越来越多。但原文一般在各学位授予单位或指定地点收藏，难以系统地收集、管理和交流。

二、国内学位论文检索

（一）**手工检索工具**

1.《中国学位论文通报》

该刊由国家法定学位论文收藏机构“中国科技信息研究所”编辑，以题录和文摘的形式报道我国高等院校、科研机构的博硕论文。每期内容包括分类目录、正文和索引。分类目录按《中图法》分类，共设 9 个大类和 18 个子类；正文按《中图法》标引编排；索引部分有“机构索引”和“年度分类索引”。

2.《中国科学院博士学位论文文摘》

该文摘收录中国科学院所属各研究机构和高校博士研究生的学位论文。正文按《科图法》分类编排，其后有“作者索引”、“导师索引”、“中图法分类号索引”和“授予学位单位”。

3. 各大学出版的本校年度学位论文集

（二）**数据库检索系统**

1. ChinaInfo（中国信息）中文检索系统

该系统（http://www.chinainfo.gov.cn）中的“中国学位论文数据库”、“中国学位论文文摘数据库”资源由中国科技信息研究所提供，委托万方数据加工建库，收录自 1977 年以来我国自然科学领域博士、博士后及硕士研究生论文文摘 38 万余篇，最近 3 年的论文全文 10 万多篇，年增全文 3 万篇。数据库分收费和免费两种，免费用户可以检索全库，但检出的记录仅有题目、作者和关键词字段。

2. 中国优秀博硕学位论文全文数据库

该数据库简称 CDMD（http://www.cnki.net），是由中国学术期刊（光盘版）电子杂志社和清华同方光盘股份有限公司合作版权的 CNKI 系统中的博硕士学位论文数据库。每年收录全国 300 家博士培养单位的优秀博硕学位论文约 2 万篇，目前论文回溯至 2000 年。

3. 高校学位论文（文摘）数据库

该数据库（http：//www. calis. edu. cn）由 CALLS 全国工程中心（清华大学图书馆）负责承建，收录全国著名大学 83 个 CALIS 成员馆的硕士、博士学位论文，目前收录加工数据 10 万多条，论文回溯到 1995 年。登录到 CALIS 联机公共数据库查询系统主页，选择学位论文库即可进行检索。数据库内容覆盖自然科学、社会科学、医学等各个领域，无全文，但通过 CALIS 的馆际互借系统可提供全文服务。目前这个库已经成为文献传递的一个重要的工具。

4. 中国学位论文书目数据库

中国学位论文书目数据库（http：//www. wanfangdata. com. cn）由中国科技信息研究所万方数据中心 1995 年研制开发。它报道 1980 年以来我国各高等院校、研究生院及研究所向中国科技信息研究所递交的自然科学方面的硕士、博士和博士后的学位论文，现已收藏论文近 28 万余篇。论文的内容涉及自然科学的各个领域，每年更新。

三、UMI 的学位论文数据库

1938 年成立的美国大学缩微品公司（University Microfilms Int.，UMI），现已发展为服务于世界各国，能及时提供报刊、图书等学术性收藏的著名商业性信息服务公司。其学位论文部分的检索与研究在世界处于领先地位，目前除了继续出版学位论文全文的印刷版检索工具外，还出版了光盘版和网络版。UMI 这些学位论文系列检索产品，成为世界上最大和使用最广的学位论文检索工具。

（一）**学位论文检索工具**（印刷版）

1. 《国际学位论文文摘》

《DAI》（国际学位论文文摘，Dissertation Abstracts International）分 A、B、C 辑出版。A 辑、B 辑两个分册收录美国和加拿大两国的 450 多所大学和研究机构的论文，C 辑收录欧洲的大学和研究所的博士论文。DAI 每年约报道 45000 篇学位论文文摘，每条文摘字数不超过 350 个词。

A 辑：人文和社会科学（The Humanities and Social Sciences），月刊，跨年编卷号。

B 辑：科学与工程（The Sciences and Engineering），月刊，跨年编卷号。

C 辑：欧洲学位论文（European Dissertation），季刊。

DAI 的 3 个分册的编排与著录基本相同，正文部分按照 DAI 编制的“主题范畴表”（Subject Categories）中主题类目的名称排列。每期 DAI 首页有分类目次表，按字母顺序列出了本期主题类目及起止页码，每期 DAI 文摘后面有关键词和著者索引。

2. 《硕士论文文摘》

《硕士论文文摘》（Masters Abstracts International，MAI）收录美国及少数其

他国家百余所大学的硕士论文。其中的文摘很短，约150个字，学科范围包括自然科学、社会科学和应用科学；每期文摘均有主题和作者索引，卷末附累积索引；每隔5年单独出版一次累积本。

3.《美国博士学位论文》

《美国博士学位论文》（American Doctoral Dissertation，ADD）收录美国和加拿大各大学的博士学位论文题目，这些题录大多未被《DAI》收录，是《DAI》的一种重要补充性工具。该题录根据各大学公布的学位授予计划汇编，著录项目按题目分类和学位授予单位排列。

4.《综合学位论文索引》

《综合学位论文索引》（Comprehensive Dissertation Index，CDI）1973年首次出版，共37卷，报道了1861～1972年美国近400个大学和研究机构所拥有的约40多万篇学位论文，对加拿大和其他国家的许多学位论文也作了索引。《CDI》完全代替了早期学位论文累积索引，是一种系统追溯检索美国学位论文的工具。

（二）PQDD博硕士论文数据库

1. 概况

PQDD（ProQuest Digital Dissertation）是UMI公司ProQuest Direct（PQD）系统的博硕士论文题录与文摘数据库，是光盘版（Dissertation Abstracts Ondisc，DAO）的网络版。该库收录了欧美1000余所大学的160多万篇学位论文，是基于印刷本的几种检索刊物开发的综合性学位论文联机网络版，也是目前世界上最大和最广泛使用的学位论文数据库。

其内容覆盖理工和人文社科等领域。PQDD具有收录年代长（始于1861年）、更新快、内容详尽等特点。它收录的1997年以来的论文不但能看到文摘索引信息，还可以看到论文的前24页。

目前我国已有近百所高校联合购买了PQDD数据库使用权，并建立了UMI镜像站点。从这些高校的网站可以进入到PQDD全文数据库。

2. PQDD数据库检索方法

PQDD设有“SEARCH”和“BROWSE”两个按钮。“SEARCH”提供基本检索和高级检索两种检索方式，“BROWSE”界面提供按学科浏览的方式。

（1）基本检索（BASIC）。基本检索提供了3个检索框，如图6-2所示。每个检索框右边有一个包含12个字段的下拉菜单供选择，各检索框之间的关系可选择左边的布尔算符连接，检索框下面还可输入检索文献的时间范围，如不输入则默认为全部。然后点击“Search”即可进行简单的检索。

1）字段选择。系统提供12个字段可供选择，下面是详细的字段名称及使用说明，括号内为字段代码。

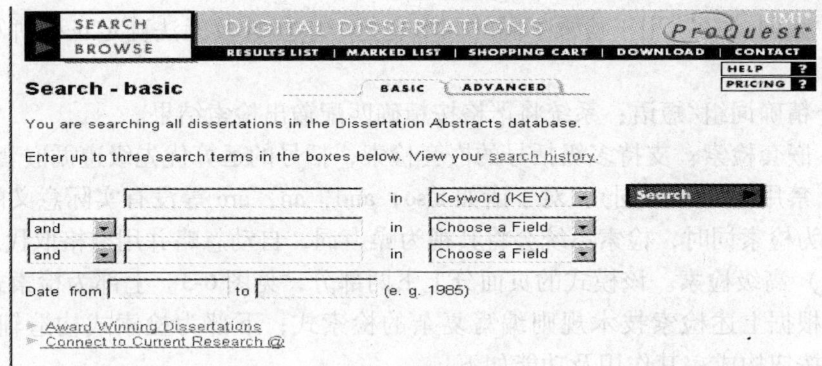

图 6-2　PQDD 基本检索界面

- Keyword（bi）：系统默认在标题和文摘字段检索。
- Abstract（ab，abs）：由于文摘较长，使用该字段时最好与布尔运算、位置运算等组合使用。
- adviser（ad）：该字段有链接功能，可链接到导师指导的其他学位论文。
- author（au，at）：为避免因姓名书写不规范导致漏检，最好使用截词。
- school name/code（sc，sch）：可检索某校的全部论文（高级检索界面有"school index"，可查所有学校的准确名称）。
- degree Awarded（dg，ddn）：该字段不能单独使用，应与学校名称/代码配合使用。
- subject（su，sub）：不能确定合适的学科名称时，可在高级检索界面中打开"subject tree"选择主题词及其代码。
- language of Dissertation（la）：检索非英文论文时使用，但不能单独使用，也不能与文摘和标题配合使用，因为非英文论文的文摘和标题在 PQDD 中均被译成英文。
- title（ti）：如果正文是非英语，在题名之后的括号有语种标识。
- dissertation volume/Issue（disvol）：可把内容限制在某一较大范畴的主题学科，但不能单独使用。
- ISBN（isbn）：从 2000 年起加拿大和部分欧美国家均给新增论文一个标准书号。
- publication/order number（pn，no）：用卷号可对所检索的范围从学科大类进行限制。

2）检索技术及表达式。

- 布尔逻辑算符：and、or、not 分别表示与、或、非。
- 位置算符：W/n 表示两个词之间最多可插入 n 个字符，词序不限；

PRE/n表示两词之间可插入 n 个字符，词序不变。

- 截词："?"用于检索不同的词形变化、单复数及无法确定正确拼写的词或名称。
- 精确词组/短语：系统将严格按精确匹配输出检索结果。
- 嵌套检索：支持多级括号的嵌套检索，括号的运算优先级遵循嵌套规则。
- 禁用词（噪声词）：对于诸如 also，and，an，are 等没有实际意义的普通单词作为检索词时，检索系统会将其视为噪声词，自动忽略并用空格取代。

（2）高级检索。该模式的页面分上下两部分，见图 6-3。上部为检索式输入框，可根据上述检索技术规则编写复杂的检索式；下部为检索式构造辅助表，由 4 个按钮构成，其作用及功能如下。

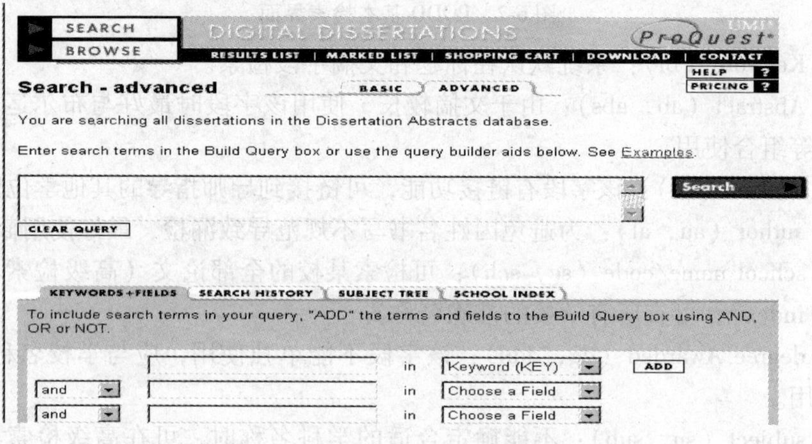

图 6-3　PQDD 高级检索界面

- KEYWORDS + FIELDS：用于增加关键词及限制检索字段的方式辅助构造检索提问式，在该辅助窗口的各检索式输入框中输入关键词，选定逻辑运算关系以及要求检索的字段和时间范围，点击"ADD"，系统自动将检索要求以检索式的形式粘贴到屏幕上部的输入框中。
- SEARCH HISTORY：可查看已执行过的检索式、检索序号和命中结果数，根据需要可选择某些序号作为检索词与其他检索条件组合构成新的检索式，进一步检索。
- SUBJECT TREE：用于选择学科范围及其代码。显示学科范围的论文数。
- SCHOOL INDEX：输入学校名称中的部分词，可查看学校的精确名称、代码和论文数。

这 4 个辅助按钮都是通过"ADD"将检索条件加入检索式输入框，辅助构成检索式。点击"CLEAN QUERY"可清除现有的检索式。

第五节　标准文献检索

一、概述

标准是现代企业组织生产、提高产品质量、促进产品进出口的必备技术文献，是对工农业产品和工程建设的质量、规格、检验、包装及储运等方面所制定的技术规定，是从事生产、建设工作的共同技术依据。随着我国加入 WTO，国际间产品和技术的交流日趋频繁，标准在其间所起的作用就显得尤为关键，甚至是制约我们发展的瓶颈。我们与国外合作，首先遇到的就是标准，标准不明确，我们的报价无法进行，商机也就丢失了。作为科研院所、信息情报机构、高校、商检和技术监督及各级地方政府产业主管部门等，面对难以确定的各类标准需求，更需要以与之对应的众多标准作为工作的参考。

（一）标准的类型

按标准的内容可分为技术标准、工作标准、管理标准。

按标准的使用范围可分为国际标准、区域标准、国家标准、行业标准和企业标准。国际标准是经国际标准组织通过，适用于世界范围。如国际标准化组织制定的标准，代号为“ISO”。区域标准是经区域标准组织通过，适用于该地区的标准，如欧洲标准委员会标准。国家标准是经国家标准组织通过，适用于全国范围的标准。如中国国家标准，国家军用标准。

行业标准又称专业标准，是在没有国家标准但又需要在某行业或相关领域建立统一的要求的情况下建立的标准，如我国的化工标准、美国材料与试验协会（ASTM）标准。

企业标准由企事业单位和部门发布，适用于企事内部，如美国波音公司标准。

国内标准分为国家标准、行业标准、地方标准和企业标准 4 级。它们的关系是：没有上级标准时，制定下级标准；颁布上级标准后，下级标准即行废止。

按标准的成熟度可分为强制性标准、推荐性标准。国家标准和行业标准有强制性和推荐性两种。

强制性标准是通过法律、行政法规等手段加以实施，保障人体健康、人身、财产安全的国家标准，必须无条件强制执行。根据我国《国家标准管理方法》和《行业标准管理方法》，下列标准属于强制性标准。

- 药品、食品卫生、兽药、农药和劳动卫生标准
- 产品生产、储运和使用中的安全及劳动安全标准

- 工程建设的质量、安全、卫生等标准
- 环境保护和环境质量方面的标准
- 有关国计民生方面的重要产品标准等

推荐性标准，是通过经济手段或市场调节的方法，鼓励当事人自愿采用的标准。

此外，还有试行标准、标准草案。

（二）标准文献及其特点

标准文献是由在标准化过程中产生、具有标准意义的系列文件所组成的一个技术文献体系。它以科学技术和实践经验的综合成果为依据，按照规定程序编制，经过权威机构批准，在一定范围内广泛、多次使用，作为大家共同遵守的准则和依据。

标准文献有下列特征项目：标准级别，标准名称，标准号，标准提出单位，审批单位，审批年月，实施日期，具体内容。标准文献除了以“标准”命名外，还常以“规范”、“规程”、“建议”等字样出现。

标准文献的特点有：

（1）法律效力：标准是从事生产和建设工作的共同技术依据，具有一定的法律约束力。

（2）时效性强：标准必须与生产力发展水平相适应并随着科技的发展和标准化对象的变化而不断补充、修订。我国在《国家标准管理方法》中规定，国家标准实施5年内要进行复审，即有效期一般5年，过了年限后，国家标准就要被修订或重新制定。

（3）标准文献自成体系：从编写格式、内容结构、审批程序、管理办法及代号系统来看，标准文献都有其一整套独立的体系；标准文献有自己的检索系统。

（三）标准文献的编号

标准的编号由“标准代号+顺序号+制定（或修订）年份”3部分组成，如：GB 12824—1991。下面是我国各级标准及其标准代号。

（1）国家标准号：由国家标准代号（GB）、标准发布顺序号和标准发布年份组成。

- GBX XXXX—XXXX　强制性国家标准
- GB/TXXXX—XXXX 推荐性国家标准
- GB/＊XXXX—XXXX 降为行业标准而尚未转化的原国家标准
- GB/ZXXXX—XXXX 国家标准化指导性技术文件

（2）行业标准号：由行业标准代号、标准发布顺序号和标准发布年份组成，如，HG/T 2004—1991。标准代号采用两个汉语拼音字母的大写来表示，如化工行业标准代号为 HG，机械工业部标准代号为 JB。行业标准代号后的“/T”表示是推荐性的标准。

（3）企业标准号：由企业标准代号、标准发布顺序号和标准发布年份组成，如 Q/HFJX 15—1998。企业标准代号一律以 Q 为分子、企业代号为分母组成。Q 之后、斜线之前可加上带括号的归口行业代号。如 Q/HFJX 为合肥精细化工公司企业标准号，Q（HG）/GL 为广州轮胎厂企业标准代号，其中广州轮胎厂的归口行业为化工行业（HG）。

（4）地方标准号：由地方标准代号 DB、行政区划代码前 2 位数、斜线、地方标准顺序号和标准发布年份组成。如 DB 31/512—1996 中，强制性上海地方标准代码为“DB31”，推荐性上海地方标准代码为“DB31/T”。

有些国家，如日本、美国等，其国家标准编号采用“标准代号 + 分类号 + 序号 + 发布年份”的格式。如：ANSIC 63. 4—1992（美国国家标准编号）；JISF 4201—1989（日本标准编号）。

（四）标准文献分类

1.《中国标准文献分类法》

该分类法中，类目的设置以专业划分为主，适当结合学科分类；序列采取从总到分、从一般到具体的逻辑系统；类目结构采用 2 级编制形式，1 级类目以专业为主，共划分为 24 个大类，以拉丁字母作为标识符号（见表 6-4），2 级类目 100 个，用双位数字表示，采取非严格等级制的列类方法，以便充分利用类号，保持各类文献量的相对平衡。

表 6-4　《中国标准文献分类法》大类标识符号及类目表

符号	类　名	符号	类　名	符号	类　名
A	综合	J	机械	S	铁路
B	农业、林业	K	电工	T	车辆
C	医药、卫生、劳动保护	L	电子元器件与信息技术	U	船舶
D	矿业	M	通信、广播	V	航空、航天
E	石油	N	仪器、仪表	W	纺织
F	能源、核技术	P	工程建设	X	食品
G	化工	Q	建材	Y	轻工、文化与生活用品
H	冶金	R	公路、水路运输	Z	环境保护

2.《国际标准分类法》

《国际标准分类法》（International Classification Standards，ICS）是由国际标准化组织（ISO）1991 年组织编制的，主要用于国际标准、区域标准和国家标准以及其他标准文献的分类。国际标准分类法的推广应用，有利于标准文献分类的协调统一，促进国际间标准文献的交换与传播。ICS 采用 3 级数字编号，第一级由41个大类组成（见表6－5），第二级为387个二级类，第三级为789个小类。第一级和第三级用双位数表示，第二级用3位数表示，各级类目之间以圆点相隔。如：71. 040. 50代表物理化学分析方法。

表6-5 《国际标准分类法》一级大类

分类号	类　名	分类号	类　名
01	综合、术语学、标准化、文献	49	航空器和航天器工程
03	社会学、服务、公司（企业）的组织和管理、行政、运输	53	材料储运设备
		55	货物的包装和调运
07	数学、自然科学	59	纺织和皮革技术
11	医药卫生技术	61	服装工业
13	环境和保健、安全	65	农业
17	计量学和测量、物理现象	67	食品技术
19	试验	71	化工技术
21	机械系统和通用部件	73	采矿和矿产品
23	流体系统和通用部件	75	石油及相关技术
25	机械制造	77	冶金
27	能源和热传导工程	79	木材技术
29	电气工程	81	玻璃和陶瓷工业
31	电子学	83	橡胶和塑料工业
33	电信	85	造纸技术
35	信息技术、办公设备	87	涂料和颜料工业
37	成像技术	91	建筑材料和建筑物
39	精密机械、珠宝	93	土木工程
43	道路车辆工程	95	军事工程
45	铁路工程	97	服务业、文娱、体育
47	造船和海上建筑物	99	（预留，内部使用）

二、中国标准文献检索

（一）手工检索工具

手工检索我国技术标准可利用各种书本式目录和标准汇编、年鉴、刊物等。

1.《中华人民共和国国家标准目录及信息总汇》

该目录由国家技术监督局标准化司和中国技术监督情报研究所合编，1994年出版，编制了1993年年底前公开发布的国家标准目录。收录了强制性国家标准、推荐性国家标准和降为行业标准的原国家标准共19000多条。

2.《中国国家标准汇编》

该汇编自1983年起陆续分册出版，是一部大型综合性国家标准全集，按国家标准号顺序编排，收录了我国公开发行的全部现行国家标准。

3.《中国国家标准分类汇编》

该汇编于1993年起陆续出版，是一部大型国家标准全集，收集全部现行国家标准。与《中国国家标准汇编》不同的是，它是按《中国标准文献分类法》一级类设定为卷（有些一级类合卷出版），每卷按二级类号顺序分若干分册，每个二级类内按标准顺序号排列。

该汇编共15卷，每一分册中附有"本分册国家标准的使用性质和采用程度表"。

4.《中华人民共和国国家标准目录总汇》

该刊由国家质量技术监督局编，责成中国标准出版社每年出版一次。自1999年起，每年上半年出版新版，载入截止到上一年度批准发布的全部现行国家标准信息，同时补充载入国家标准清理整顿、复审、补充、修改和更正等相关信息。该目录正文部分按《中国标准文献分类法》（CCS）编排。

5.《中华人民共和国国家标准目录》

该刊为国家标准中英文对照年度目录，收编了上一年度公开发布的国家批准，正文按《中国标准文献分类法》分类编排，中文目录在前，英文目录在后，书后附有中英文目录标准顺序号索引。

6.《中国标准化年鉴》

该年鉴由中华人民共和国国家技术监督局编辑出版，1985年创刊，每年出一册。收录我国上一年标准化事业的现状、批准发布的国家标准分类目录及标准号索引，英汉对照。

（二）国内标准文献网络检索

1. 中国标准服务网

中国标准服务网（http：//www. cssn. net. cn）于1998年6月25日开通，是世界标准服务网在中国的网站，由中国技术监督情报研究所、国家信息中心系统集成中心联合主办，有着丰富的信息资源。网站设有标准查询、标准服务、标准出版物、标准化与质量论坛、WTO/TBT中国技术法规、合格评定、标准与企业、站点转接等栏目。

2. 国家标准化管理委员会网

国家标准化管理委员会网（http：//www. sac. gov. cn）由中国国家标准化管理委员会和ISO/IEC（国际标准化组织/国际电工委员会）中国国家委员会秘书处主办。该网站设有标准化动态、标准目录、国标修改通知、采用国际标准、法律法规、中国标准化管理、中国标准化机构、国际标准、标准化知识等30多个大栏目。

3. 万方数据资源系统

万方数据资源系统（http：//www. chinainfo. gov. cn）包括由国家技术监督局等单位提供的中国国家标准、行业标准、国际标准、欧洲标准以及美、英、德、日等国家的标准共12个标准信息数据库、20多万条数据，是检索标准信息的重要工具。

4. 中国标准咨询网

中国标准咨询网（http：//www. chinastandard. com. cn）由中国技术监督情报协会、北京中工技术开发公司与北京超星信息技术发展有限责任公司创办，于2001年4月1日正式开通运行。该网站内设有标准数据库、标准信息、技术监督法规信息等栏目。标准数据库提供国家标准、国际标准与国外标准数据的检索，用户注册需购买标准阅读卡后方可享受查询标准、浏览全文及打印全文等服务。

5. 中国标准网

中国标准网（http://www. zgbzw. com）是检索中国标准信息的专业网站，由北京科技发展有限公司创办。该网站设有在线查询、标准新书目、标准知识、重点标准图书等栏目。在线查询栏目可提供国家标准、行业标准两个方面的检索服务，还可提供图书查询和国家标准详细分类查询。

6. 中国标准计量信息网

中国标准计量信息网（http：//www. stdcn. com）主要为用户提供国家标准、行业标准、地方标准和计量规程的目录查询服务，可以检索到国家标准近2万条，行业标准5万条，并附中英文标题、中英文主题词、专业分类等信息。

7. 中国质量信息网

中国质量信息网（http：//www. cqi. gov. cn）1997年由国家质量监督检验检疫总局（原国家质量技术监督局）批准正式成立，提供的服务有标准目录查询，标准公告，标准与标准化介绍，生产、贸易、环保标准化及质量管理等。

8. 中国标准动态网

中国标准动态网（http：//www. cssn. net. cn）的服务内容有：标准信息检索，标准水平评估，标准数据库系统建设，标准人员培训，标准起草咨询，标准申报咨询，其他与标准化工作有关的咨询服务。

9. 中国工程技术标准信息网

中国工程技术标准信息网（http：//www. std. cetin. net. cn）由国防科工委标准化中心主办。该网站可以检索我国和美国的军用标准，也可以直接检索几个国际标准（ISO，IEC，EN）。该网站中有11个数据库可以直接检索：国家军用标准（GJB），国家标准信息（GB），国家建筑标准（GB），美国军用标准（DOD），国际电工委员会（IEC），国际标准化组织（ISO），欧洲标准信息

(EN)，德国标准信息（DIN），日本工业标准（JIS），法国标准信息（NF），英国标准信息（BS）。

此外，还有重庆板桥科技有限公司出品的《国内外标准全文数据库》等。

三、国外标准文献检索

（一）国际标准

国际标准包括国际标准化组织（ISO）、国际电工技术委员会（IEC）和国际电信联盟（ITU）标谁，以及国际标准化组织公布的29个国际组织制定的标准，如国际计量局BIPM、国际原子能机构LAEA等制定的标准均为国际标准。

国际标准的类型有正式标准（ISO）、推荐标准（ISO/R)、技术报告（ISO/TR)、技术数据（ISO/DATA)、建议草案（ISO/DRAFT)、标准草案（ISO/DIS）等。

1.《国际标准化组织目录》

国际标准化组织（International Organization for Standardization，ISO）成立于1947年，负责除电子领域外的一切国际标准化工作。该目录为年刊，英法对照，是检索ISO标准的主要工具。

2.《国际电工委员会标准出版物目录》

国际电工技术委员会（International Electro-technical Commission，IEC)，成立于1906年，主要负责有关电气工程和电子工程领域国际标准化的工作。该目录由IEC编辑出版，分为目录正文和主题索引两部分。

（二）美国标准

美国约有300~400家国家机构、科学技术协会制定标准，标准总数达2万多个，其中绝大多数是专业标准。美国国家标准（ANSI）由美国国家标准学会（American National Standards Institute，ANSI）制定。与其他国家不同，ANSI自行制定的标准很少，大部分在专业标准中经ANSI各专业委员会批准而提升。

1.《美国国家标准目录》

该目录为美国国家标准的检索工具，每年出版一次，收集截止出版前的所有现行ANSI标准。该目录包括主题索引、标准号与名称两部分。

美国国家标准的编号为：标准代号—字母类号—标准序号—发布年代。

2.《美国材料与试验协会标准目录》

美国材料与试验协会（ASTM）主要致力于制定各种材料的性能和试验方法的标准，以及制定关于产品、系统和服务等领域的试验方法标准。

（三）其他国家的标准文献

1.《法国国家标准目录》

法国标准化协会（AFNOR）是一个公益性的民间团体，也是一个被政府承认、为国家服务的组织，接受标准化专署领导，负责标准的制定、修订等工作。

2.《英国标准年鉴》和《英国标准目录》（中译本）

英国标准学会（BSI）是世界上最早的全国性标准化机构。BSI 制定和修订英国标准，并促进其贯彻执行。

3.《日本工业标准目录》

日本工业标准调查会（JIS）成立于 1946 年，隶属于通产省工业技术院，负责制定标准的工作。《日本工业标准目录》包括 JIS 总目录和 JIS Yearbook 英文版。

（四）国外标准文献检索

1. TECHSTREET 标准数据库

TECHSTREET 标准数据库（http：//www. cssinfo. com）提供了世界上 45 万余条工业技术标准文献和有关规范，其中包括 ISO、IEC、ANSI、ACI、CSA、IEEE 等的标准，并附有简要说明和相应的订购价格。其中大约有 5000 条标准全文可直接下载。

2. 国际标准化组织网站

ISO 网站（http：//www. iso. ch）提供各种关于该组织标准化活动的背景及最新信息、各技术委员会及分委会的目录及活动、国际标准目录等，还提供对其他标准化组织机构的链接及其他多种信息服务。检索者由主页的 Products and Services 栏目中的 ISO store 进入，点击“Search and buy standards”后即可进行检索，可从关键词、标准名称、文献号、国际标准分类法、起止时间、技术委员会、分技术委员会等途径进行检索。该网站提供标准号、标准名称、版次、页数、编制机构、价格等信息。

3. 国际电工委员会网站

IEC 在网上提供对其出版物的搜索、下载及其他服务，网址为 http：//www. iec. ch。该网站提供新闻、公共信息、标准信息查询、标准及文件订购等服务。IEC 标准的检索主要通过标准号、主题词和 TC 分类号途径进行。

4. 美国国家标准学会网站

该网站网址为 http：// www. ansi. org，有美国和其他国家、公司的工业标准 20 万个，国际标准 15000 个，美国国家标准 13500 个及一些拟订的标准等。可从关键词、标准号、标准制定者的缩写等途径进行检索。在 NSSN 上点击“developers”还可得到一个有标准制定者的缩写和标准代码的指南，便于不熟悉缩写和代码的检索者查询。

5. 欧洲电信标准协会（ETSI）

欧洲电信联盟 ETSI 网站（http：//www. etsi. org）设立的主要栏目有：ETSI 简介，技术团体，技术动态，出版物和产品，支持和服务等。最值得一提的是它的出版物和产品栏目，在该栏目下用户可以通过标准号、标准题目、关键词进行 ETSI 在线的全文检索，还可免费下载标准全文。

6. 英国标准学会网站

英国标准学会网站（http：//www. bsi-global. com/index/xalter）主要提供标准目录、标准检索、英国标准在线、管理系统登记、产品试验和证明等服务，提供快速检索和扩展检索，可从标准号、关键词、题目等途径进行检索。

7. 德国标准学会网站

德国标准学会（Deutsches Institute fur Normung，DIN）是德国标准化的主管机构，设有 123 个标准委员会和 655 个工作委员会，负责起草标准和代表德国标准化学会批准及公布标准。德国标准学会网站（http：//www. din. de）提供标准号、主题词和分类号途径进行检索。

8. 法国标准化协会网站

法国标准化协会（Association Francaise de Normalisation，AFNOR）主要负责法国标准的制定和修订、宣布、出版、发行工作。法国标准按专业分为 21 个大类，类号用法文大写字母 A－Z 表示，分为认可标准、注册标准和试行标准三类。法国标准化协会网站网址为 http：//www. afnor. fr/portail. asp。

9. 日本工业标准协会

日本工业标准协会（Japanese Industrial Standard，JSA）网站（http://www. jsa. or. jp）首页分 JSA 简介、标准化活动、JSA 目录、WTO/TBT 和新闻消息等 8 个栏目，还设立了 JIS（日本工业标准）数据库和 ASSN（东盟国家标准服务网站）数据库。JIS 标准数据库中收集有 JIS 标准 8600 多个，可从关键词和标准号检索。ASSN 是日本、印尼、马来西亚、菲律宾、新加坡、泰国、越南 7 个东盟成员国共享的数据库，包括东盟国家 11 类电子产品的标准信息。该网站网页有日文、英文对照。

习　题

1. 特种文献有哪几种类型？在哪些方面具有特殊性？从文献的特点、出版发行、编号体系及信息获取等方面予以总结。

2. 美国科技报告中有哪“四大报告”？四大报告各自有何特点？主要检索工具有哪些？

3. 会议文献的出版形式主要有几种？会议消息的主要检索工具有哪些？

4. ISTP 的全称是什么？其印刷版的内容由哪几部分组成？

5. 专利技术及专利文献都有哪些特点？专利文献的检索有哪几种途径？

6. 中国专利文献的编号有几种，是在专利审批的哪个阶段产生？对应的说明书有哪些？各类编号由哪几部分组成？掌握各种号码的组成规律和专利类型、法律状态的特征代码。

7. 哪个网站可免费查找我国专利全文？哪个网站可找到我国失效专利文摘？

8. 学位论文有什么类型和特点？获取国内学位论文原文的途径有哪些？

9. PQDD 与 UMI 是什么关系？熟悉 PQDD 各检索字段的使用范围、检索限定、功能、格式等。

10. 标准文献按使用范围分为几种？我国标准分几级？各级别的标准号由几部分组成？

11. 中国标准服务网有哪些资源？

12. 国际标准适用于哪些地区和范围？有几种类型？如何表示？

13. 检索 ISO 标准的主要工具是什么？熟悉检索美国标准的主要工具书和网站。

第七章

数据与事实型信息检索

【内容提要】

数据与事实型信息检索使用的是参考工具，参考工具按某种规则编排，专供查找特定的参考信息而非系统阅读，包含着丰富、系统而又高度浓缩的知识，是一种特殊的出版物类型。它具有参考性、易检性、知识性、权威性的特点，是人们生活中不可或缺的书籍。参考工具书的类型包括字典、辞典、年鉴、手册、百科全书、名录、大全等。

第一节 概 述

人们在日常工作、生活、学习中经常会遇到一些疑难问题，需要查询相关工具书，如某个专业词汇的准确定义，某个计量单位怎么换算，一些生僻字如何读写等。随着科学技术的飞速发展，学科间交叉渗透，新技术、新知识点不断涌现，新名词、新概念也迅速增加，因而相关检索需求越来越多。所有这些都是数据和事实检索问题，即对一些知识、资料或事实的查找、核实。

数据与事实检索使用的主要是参考工具，它是根据一定的社会需要，以特定的编排形式和检索方法，为人们提供某方面经过验证、高度浓缩的基本知识，是一种专供查考的工具。参考工具包括参考工具书和数据与事实型数据库，其中，参考工具书是指以提供数据与事实为目的，以经过组织的知识点或图表数据为内容的出版物。尽管其出版形式多样，有图书、期刊、卡片、数据库等，但人们仍习惯地把它统称为工具书。数据与事实型数据库是指与书本式参考工具书内容相仿的光盘数据库和网络数据库。

参考工具与检索工具的最大区别是，检索工具只提供查找原始文献的线索或简要介绍，属二次文献。参考工具属三次文献。

参考工具的特点是：系统性，知识性，参考性，易检性，权威性。

一、数据与事实参考工具及其功用

参考工具的功用主要反映在以下几个方面：

（1）释疑解难：这是最基本的功用，遇到各种需要查考资料的疑难时，参考工具能及时解决问题。

（2）参考资料：工具书不仅能够提供事物的起源资料，还能提供统计数字的变化，预测事物发展的趋势，掌握学术信息，如统计年鉴。

（3）系统学习：各类百科全书涵盖了人类一切知识领域，趣味性、可读性强，是自我学习教育的好教材。

（4）汇集各种参考文献：工具书常将大量同类资料汇编一起，利用这类工具书，可以快捷、完整地掌握某一领域或某一学科各方面的信息。

二、参考工具书的主要类型和结构

（一）参考工具书的类型

参考工具书的范围很广，种类繁多，根据不同的标准可以划分出不同的工具书类型，其中最重要的是工具书的性质标准和功用标准。较常用的有以下几种工具书。

（1）词语性工具书：包括字典、词（辞）典。

（2）资料性工具书：主要有年鉴、手册、类书、政书、百科全书、名录、指南等。

（3）表谱性工具书：包括年表、历表和其他专门性表谱。

（4）图录性工具书：主要有地图、历史图录、文物图录、科技图像等。

（5）边缘性工具书：介于工具书和非工具书之间，包括各种资料汇编、地方志。

（二）参考工具书的结构

工具书种类很多，每种工具书的具体结构与编排方法不尽相同，但一些基本原则是共同的，即主要由说明、目录、正文、附录和索引四大部分组成。

（1）说明：包括序跋和样例。序跋说明工具书编纂宗旨、编纂经过、收录范围、内容特点、使用价值等，置于书前称“序”，置于书后称“跋”。样例介绍工具书的编排体例和使用方法。

（2）目录：目录决定了工具书正文的编排方法。

（3）正文：正文部分是工具书的主体，是提供检索的主要内容。

（4）附录和索引：附录是工具书的重要组成部分，其作用是补充一些必要的知识，帮助理解正文，使分散在正文中的知识系统化、条理化。附录通常包括大事记、机构名录、元素周期表、计量单位换算表、人名或地名译名表、动植物属种表、地质年代表等。由于工具书的正文只能按一种方式编排，即一种检索途径，为增加检索途径以便从多个角度查找，工具书多附有各种索引，如别名索引、主题索引等。

三、参考工具的排检方法

参考工具的排检方法包括工具书的编排方法和检索方法，前者是从工具书编纂角度，使工具书内容有序化的方法，后者是从工具书使用角度，查考工具书内容的方法。

中文工具书的排检方法主要有 4 大类：字顺法、分类法、主题法和自然顺序法。外文工具书排检法使用最广的是字母法。

1. 字顺法

字顺法即根据工具书所收录的条目中字词的顺序来排检。字顺法可进一步细分为形序法、音序法、号码法三种。

（1）形序法：根据汉字的形体结构，按照字形的某一共同性将汉字序列化的排检方法。形序法又分部首法、笔画法、笔形法。

（2）音序法：根据汉字的发音规律，按照一定的语音符号将汉字（词）序列化的排检方法。音序法主要有汉语拼音字母法、注音字母法、声韵法 3 种。使用最普遍的是汉语拼音字母法。

（3）号码法：根据汉字一定部位的笔形及结构，用数字标出并连结为一个号码，依号码大小为序排列的方法，最常用的有四角号码法。

2. 分类法

将知识单元或文献资料按事物性质、学科体系分门别类予以组织编排的方法，包括学科体系和事物性质两种排检法。

（1）学科体系分类法：中国魏晋之前所编制工具书多采用六分法，即六艺、诸子、诗赋、兵书、数术、方技；魏晋之后则基本上改用四部法，即经、史、子、集四部；现代多采用《中国图书馆图书分类法》。

（2）事物性质分类法：古代的类书、政书和现代的年鉴、手册及某些辞书多采用此法编排。

3. 主题法

主题排检法是把代表事物或概念的名词术语，按字顺进行排列的方法。主题法可以分为两种类型，一种是把未经规范化的自然语言作为主题词编排，另一种是将规范化的自然语言作为主题词编排，如中外文《叙词表》、《汉语主题词表》等。

4. 自然顺序法

自然顺序法是根据事物发生发展的时间顺序或事物产生所处的地理位置顺序编排的方法，包括时序法和地序法。

时序法多用于年表、历表、大事记及历史纲要之类的工具书。地序法主要适用于地图集和年鉴等工具书。如果是国际性的，或者先区分洲，而后依地理位置从北到南、从西向东排列；或者按国家名称的字母顺序排列。如果是某一国家的，通常以该国规定的行政区划为序。

5. 字母法

外文工具书使用的排检法与中文工具书大体相同，字母法按英文字母的顺序排列，如果第一字母相同，则比较第二个字母。

四、参考工具的评介书刊

工具书出版量大，种类繁多，检索方法和用途各异。各工具书之间重复现象较多，工具书质量的鉴别显得尤为重要。因此，要有效地利用和选择工具书，必须借助工具书的评介书刊。它向人们介绍已出版的重要工具书，被称为“工具书之工具书”。

论述和评介工具书的书刊有以下三类：工具书书目与指南，教材和专著，工具书书评等。

（一）参考工具书的书目与指南

参考工具书的书目或指南，全面、系统地收录、报道和评论工具书，对各类参考工具书的检索方法进行详尽介绍，达到指示的作用。指南也是一种书目，但其内容比书目宽泛，编排体例和表达方式较灵活。下面是几种中外参考工具书书目与指南简介。

(1)《全国总书目（1999）》（上、下）：新闻出版署信息中心、中国版本图书馆编制，是报道我国每年图书出版情况的书目。

(2)《中国工具书大辞典》：杨牧之主编，黑龙江人民出版社 1993 年版。该书收录了中国古代至 1989 年的哲学社会科学中文工具书 7200 余种。全书正文按工具书类型编排，书前有类目表，书后有笔画索引。

(3)《中国古今工具书大辞典》：盛广智等编，选录了中国古今社会科学和自然科学各类工具书 20000 余种，介绍了各种工具书的性质特点、形式、编辑出版情况，并附有各种辅助索引。

(4)《科技参考工具书综鉴》：梁愚睿等编，书目文献出版社 1987 年版。该书收录了 1976～1981 年北京图书馆馆藏的国内外科技参考工具书 5785 种，分上册（中文篇）、下册（外文篇），并有按学科分类编排的主题索引。

(5)《参考工具书指南》（Guide to Reference Books）：1902 年初版，第 10

版由 Ergene P. Sheehy 主编，American Library Association 出版，是一本权威性著作，收录有 1.4 万种工具书，多为美、英、加拿大等英语国家及西欧各国出版物。

(6)《参考材料指南》(Guide to Reference Materials)：该书第 4 版由 Albert John Walford 主编，1980 年由 American Library Association 出版，收录 1.2 万种工具书。其所收的每一种书，书目信息著录完备，绝大多数都有简要介绍。它能告诉人们在各个知识领域内有哪些工具书。

(7)《在版书目》(Books in Print)：由美国出版商在版书目汇编，汇集了 21000 家出版社的 80 万种图书，共 7 卷，包括作者篇 3 卷，书名篇 3 卷，出版社篇 1 卷，皆按字顺排列。该书还有光盘版和网络版。

(8)《国外科技工具书指南》：陆佰华编著，1992 年由中国书籍出版社出版。该书全面反映国外自 1976 年以来出（再）版的各种工具书的大全，附有中、西、俄和日文等书名索引，全书约 200 万字。

（二）教材和专著

教材和专著可以系统、全面地掌握工具书的基本理论和检索方法，对工具书的讨论侧重于定义解释、源流和演变、类型划分、评价准则、用途研究等，可作为入门书，提高对工具书的鉴别能力和分析研究。下面是两种教材和专著简介。

(1)《西文工具书概论》，1998 年第 3 版，邵献图主编。该书系统介绍英美出版的英文工具书，兼及法文、德文、西班牙文出版物，并介绍缩微品、声像资料和数据库等情报媒介，对工具书的源流、类型、编制体例、评介准则、使用方法作介绍。

(2)《参考工作导论》(Introduction to reference work, by William A Katz)。该书作者是纽约州立大学情报学和政策学院教授，是一部以教科书形式撰写的西文工具书和参考工作研究专著，以图书馆学专业师生为主要对象，1966 年初版后在英美等国被广泛用作教科书。

(3)《中文工具书实用教程》，1998 年修订本，袁正平原著，郑红修订。该书从使用的角度，对相关中文工具书类型、内容、典型编排及使用方法等进行全面系统的介绍。

（三）工具书书评

工具书的书评预报工具书的新书出版，评定已出版的工具书质量，是读者和图书馆选购工具书的很好的参考依据。

大多工具书书评分布于工具书的研究刊物和著作上，包括图书馆专业类期刊、学科性专业期刊、综合性书评刊物，如《中国图书馆学报》、《科技新书目》、《中国图书评论》、《书林》、《参考书季评》(Reference Reviews)。

第二节 参考工具书

一、百科全书

（一）百科全书概述

百科全书（Encyclopedia）又称大全，该词来源于古希腊文 enkyklios 和 paid-cia，原意是“全面的教育”或“完整的知识系统”。它汇集了人类一切学科或某学科门类全部知识，是最完备的工具书，有“工具书之王”的美誉。

现代百科全书以条目的形式，通过释文对各种知识、事物、人物加以叙述，对所论述的主题提供基本的、公认的看法和概述，内容包括定义、概念、论述、原理、方法、历史沿革、当前现状、统计资料及书目等多方面的资料。古代的百科全书主要为类书、政书。两者最大区别为：类书、政书收录各种古籍原始资料，不作论述，侧重文史；而百科全书运用最新的科技成果对条目进行概述，文理兼容。

百科全书按内容可分为综合性和专业性两大类；按出版形式可分为单卷本和多卷本；按读者对象可分为成人和儿童等不同档次；按地域、观点可分为国际性、地域性或国家性、宗教性和民族性百科全书。

（二）百科全书选介

1.《美国百科全书》

《美国百科全书》（Encyclopedia American，EA）为英语著名三大百科全书 ABC 中之 A，初版于 1829 年，最新修订版由美国公司 Grolier 于 1998 年出版，收录条目 6 万条，共 30 卷，按字母顺序排列，前 29 卷是全书的正文，第 30 卷是全书总的内容分析索引。全书既收录小论题的短文，也收录内容综合有深度的长文。其覆盖面宽，包括医学、政治、环境、物种起源及传记等方面的内容，并配有插图和地图等。该书对美国、加拿大的历史、地理知识介绍得尤为广泛和深入。在收录 19 世纪以来的美国人物资料方面，它比其他工具书更全。

它有对应的光盘版和网络版，网址为：http：//publishing. grolier. com。

2.《新不列颠百科全书》

《新不列颠百科全书》（The Encyclopedia Britannica，EB）为英语著名三大百科全书 ABC 中之 B，是一部影响最大、最著名的英语综合性百科全书，初版于 1768 年，原名《不列颠百科全书》，仅有 3 卷，第 15 版更名为《新不列颠百科全书》。最新修订版于 1998 年在美国芝加哥推出。该书现分为 4 个部分，共 32 卷出版，分别为：

(1)《百科类目》1 卷，它将全书分为 10 个大类，大类下细分为 6 级，按分类编排，是全书知识体系的总表和分类指南。

(2)《百科简编》12 卷，共含短条目 12.4 万条，释文简洁，占篇幅小，按条目字顺编排，提供丰富的知识信息，可作为百科词典单独使用。

(3)《百科详编》17 卷，共含长条目 4200 余条，是全书的主体部分，也按条目字顺编排，具有一定的权威性，每一条目末尾都附有相关的参考书目。

(4)《索引》2 卷，按主题词字顺排列。它已出版有光盘版“索引”；另有 NEXIS 联机可提供检索；网络版网址为 http：//www. eb. com。

目前读者可以进入该百科全书出版公司的网站直接浏览，网站规定任何读者都可以申请 72 小时的免费试用，网址为 http：//www. britannica. com。

3.《科利尔百科全书》

《科利尔百科全书》(Collier's Encyclopedia，CE) 为英语著名三大百科全书 ABC 之 C。这是一部 20 世纪中叶出版、配合美国中学和大学及研究生课程内容、适用于非专业人员和青年学生的大型综合性百科全书。CE 最大的特点是：适用对象广泛，雅俗共赏，材料更新及时，内容新颖可靠，重事实论点，不仅可指导自学者学习，也可满足有关学科专业人员的知识深化需求。

与 CE 配套使用、逐年出版的《科利尔百科年鉴》主要任务是全面记述上一年度各领域内发生的重大事情，以利于对 CE 所记录的知识与信息的更新。

4.《中国大百科全书》

这是我国第一部综合性百科全书，由我国各学科最著名的专家学者共同编写，于 1980 ~ 1993 年陆续编辑出版。其特点是叙述客观、内容准确、知识完整系统。全书按学科和知识门类分卷编排，不列卷号，只标出学科名称，共 56 个学科，74 卷（正文 73 卷，索引 1 卷）；共收条目 77859 条，插图 49765 幅。1996 年，该书内容已全部制成光盘。超星数字图书馆提供了 60 卷中国大百科全书的电子版本，读者可以在网上阅读。中国大百科全书出版社网站为 http：//www. ecph. com. cn。

5.《麦格劳-希尔科学技术百科全书》

《麦格劳-希尔科学技术百科全书》(McGraw-Hill Encyclopedia of Science and Technology) 1960 年由美国 McGraw-Hill Book Company 出版，此后不断修订，是西方最权威、使用最广的科技百科全书，反映科技领域有关课题定义、基本概念和原理、最新发展应用等，内容经常扩充、修订和更新，被读者视为标准参考书。

二、年鉴、手册、名录

（一）年鉴

年鉴（Almanacs，Yearbooks/Annuals）又称年刊、年报，是一种按年份出版，概述或反映上一年内重大事件、重要进展和重要成果，汇集重要文献、详尽数据和统计资料的连续出版物，是查找最新资料和数据的重要参考工具书。年鉴主要依据政府公报、文件、国家重要报刊和各类统计报告编辑而成。

1. 年鉴的作用

（1）年鉴资料来源于政府公报、政府文件与重要报刊，因此能十分准确、权威地提供近期新的资料和统计数字、事实的变化等。

（2）年鉴的资料具有连续性，可以反映出历史的发展沿革。

（3）年鉴往往同时包含一次文献、二次文献和三次文献，能集中多种工具书的特性，具有索引功能。多数年鉴都注明资料的原始出处。

（4）通常提供人物和机构名录等资料。

2. 年鉴类型

年鉴按内容可分为综合性年鉴、专科性年鉴、统计性年鉴和地域性年鉴。

（1）综合性年鉴：收录内容广泛，能全面反映国际或国内的年度发展状况，主要涉及各国的重要事件、人物以及重大主题；多由权威机构编撰；可分为国际年鉴、国家年鉴和百科全书年鉴。

（2）专科性年鉴：按行业、学科专题划分，主要有学科年鉴、部门年鉴、产业年鉴、专门年鉴、单位年鉴等。

（3）统计性年鉴：包括综合性统计年鉴、地域性统计年鉴、专科性统计年鉴。

（4）地域性年鉴：按各级别地域区分，如《世界年鉴》、《国家年鉴》、《上海年鉴》等。

3. 年鉴选介

（1）《世界年鉴》（The World Almanac and Book of Facts，1868—）。由 Newspaper Enterprise Association 出版，是美国出版历史最长，最有代表性的年鉴，提供关于人物、事件、统计及其他各学科资料，内容涉及世界各国的历史和现状，但以美国为主。

（2）《联合国统计年鉴》（U. N. Statistical Yearbook，1949—）。该书广泛地汇集世界 200 多个国家和地区各方面的统计资料。全书分 3 部分：一为英法文对照目次表，起分类索引作用；二为正文部分，由 190 多个项目各异的统计图表组成，按分类排列成 20 多个大类；三为索引。

（3）《世界知识年鉴》。该书于 1953 年由世界知识年鉴编辑委员会首次编辑出版，1966 年停刊，1982 年复刊。该书是一部介绍世界各国和国际形势的大型综合性年鉴，其内容包括各国概况、国际组织、国际会议、专题统计资料、世界大事记、便览 5 部分。1984 年后，在各个栏目增加了部分重要经济资料汇编，是查阅国外经济资料的重要工具。

(4)《中国百科年鉴》。该书 1980 年开始由中国大百科全书出版社出版，是中国第一部综合性大型百科年鉴，为《中国大百科全书》补充资料和提供资料而编。它通过“概况”、“百科”和“附录”3 个部分系统地记载和反映上年度中国政治、经济、文化和科学等领域取得的成果，该书卷首有详细目次，书末附录有汉语拼音字母顺序排列的分析索引。

(5)《中国统计年鉴》。该书由国家统计局编，北京中国统计出版社出版，1982 年创刊。该书全面反映我国经济和社会发展情况，收录了全国和各省、自治区、直辖市经济和社会各方面的大量统计数据，以及历年的全国统计数据，另附台湾省、香港特别行政区、澳门特别行政区主要社会经济指标，以及我国经济、社会统计指标同世界主要国家的比较。

国家统计局主持建设了基于因特网的中国统计信息网（China Statistical Information Network，http：//www. stats. gov. cn），可以免费浏览《中国统计年鉴》的全部统计数据。

4. 年鉴检索示例

【例 7-1】　检索课题：查找 2003 年上海证券交易所交易情况（手工检索）。

检索途径：利用《中国经济年鉴 2004》查找。《中国经济年鉴》是全面记载中国经济和社会发展状况的综合性资料年刊，通过对全国各部门、地区、行业翔实资料的罗列和有关部门官员和学者的分析评论，系统反映我国国民经济和社会发展的新成就、新问题、新趋势。该年鉴是我们检索有关经济、金融领域知识和数据的重要工具书。

此书（2004）分 9 个部分，根据第四部分“国民经济和社会各行业发展概况——第三产业——金融业——上海证券交易所的业务”检索到页码 P429，其中相关内容在“上海证券市场发展情况”中有详细报道，包括上市证券品种数、股票市价总值、上市公司总数、增长比率等情况。

【例 7-2】　检索课题：查找 2004 年印度洋海啸的各国死亡人数（计算机检索）。

检索工具：OCLC FirstSearch 的世界年鉴 WorldAlmanac。

检索步骤：输入“OCLC FirstSearch”网址 http：//firstsearch. global. oclc. org/FSIP，选择世界年鉴（WorldAlmanac）数据库，在检索框中输入关键词“2004 tsunami”，有 3 条检索结果，其中第二条“Some Major Earthquakes”可查询 526 ~2004 年期间主要海啸资料，其中包括要查找的 2004 年印度洋海啸的各国死亡

人数，如图 7-1 所示。

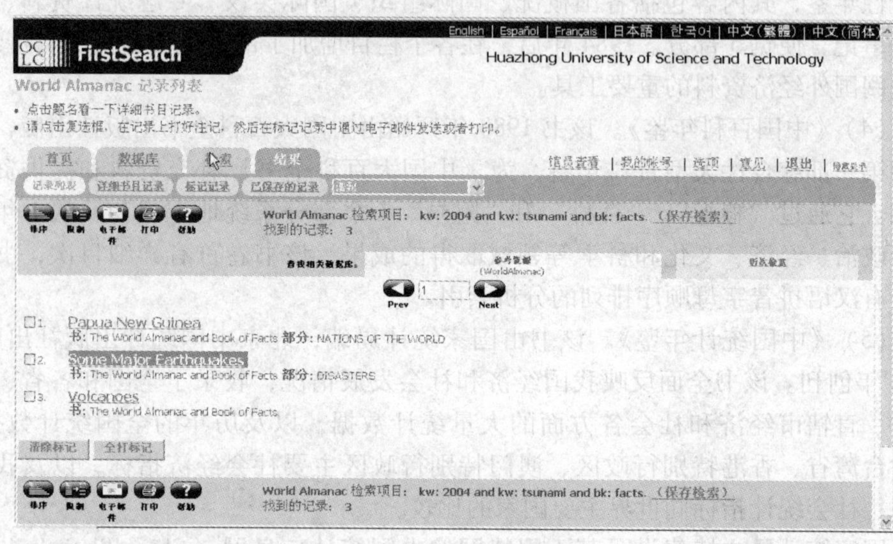

图 7-1　OCLC 世界年鉴的检索结果

（二）手册

1. 手册的概念

手册是汇集各种专业的基本知识以备随时查检的工具书。其内容侧重于准确的数据、表格、图形及公式等，具有类列分明、叙述简练、篇幅短小、实用性强、便于携带等特点，是生产、科研等具体操作过程中经常查证的实用参考工具书。手册常冠以“指南”、“便览”、“要览”、“概览”、“总览”、“须知”、“必读”、“常识”等名称。

2. 手册的分类

手册种类繁多，编写目的与使用对象也不尽相同，篇幅差异比较大。常用的手册按其收录材料的侧重点大致可分为 5 大类。

（1）数据性手册：主要用图表的形式提供某一方面的数据和公式，特点是直观、简洁，查检方便、快捷，如《物理学手册》、《数学手册》、《化学物理手册》。

（2）设计手册：为专业设计人员提供相应知识，包括各种可能的设计选择的比较、设计过程中需要执行的标准，如《机械设计手册》、《化工工艺设计手册》。

（3）基本知识手册：用简练的文字介绍专业知识，并配有适当的图表和公式，特点是系统性比较强，如《焊接手册》、《激光手册》。

（4）产品手册：选择产品的主要工具，内容包括产品名称、主要技术指标、依据的标准、生产厂家，如《实用新药手册》、《电子器件数据手册》。

(5) 综合性手册：内容涉及许多知识领域，用文字、图形、表格、公式相结合的形式对其领域的基本知识、原理、概念和方法等加以简要的叙述。

3. 常用手册选介

(1)《联合国综合手册》(A comprehensive Handbook of the United Nations)：共两卷，第一卷是背景材料、机构文件、程序和议事规则，第二卷是专门机构，与联合国有关的政府组织、托管协定、区域性组织和大会决议。

(2)《金属手册》(Metals Handbook)：ASM（美国金属学会）主编，机械工业出版社出版。该手册全面介绍了各种金属的性能、组织结构、加工工艺分析及检验等，特别强调金属材料的新品种、新工艺、新技术。各卷均附有主题索引。

(3)《贝尔斯登有机化学手册》(Beilstein's Handbuch Organischen Chemie)：该手册包括正编和补编在内，到1987年为止，已出版了170多卷。该手册搜集了各种有机化合物的来源、结构、制备、性质、化学反应、分析、用途及衍生物等，是世界上最完整的有机化合物的资料手册。

(4)　《电子数据参考手册》　(Electronic Data Reference Manual)：俗称D. A. T. A. Book，提供各种电子元器件的型号、厂家、电气与机械特性、线路图与外观图、封装形式等有关内容。这是一套收集品种广、数量多、数据全、查找方便的查找电子器件特性的工具书。

4. 检索示例

【例 7-3】　检索课题：有关质量管理（QM）的含义。

检索工具：《质量工作手册》，中山大学出版社，1995年版。

检索途径：分类。

检索步骤：

(1) 查阅分类目录，它属于“第三章质量管理的基本原理与理论”下的条目。

(2) 根据《质量工作手册》条目所在的页码P43查得正文，其检索结果如下：

质量管理（QM）：它指对确定和达到质量所必须的全部职能和活动的管理，其管理职能主要是负责质量方针政策的制订和实施等。

(三) 名录

名录（Directory），也称指南，是用于查找人物、地名、组织机构的名称及其相关信息等具体情况的工具书。按所收录条目的内容，名录类工具可分为人名录、机构名录、厂商名录、报刊名录、研究项目名录、网址大全等。下面分别介绍 3 种最常用的名录。

1. 机构名录

机构名录用于查找各种组织机构及其相关信息，是各种机构名称的汇编，常采用“机构指南”、“机构手册”、“机构词典”等名称。机构名录可向人们提供某一组织机构的名称、地址、邮编、电话、成立与沿革情况、人事情况、业务范围、规模等。

下面介绍几种常用的机构名录。

(1)《中国政府机构名录》：1989 年新华出版社出版，反映我国政府机构概况。该名录分上下两卷，上卷收录国务院各部委、各办事机构、直属机构及各部委归口管理的国家局和国务院事业单位共 79 个；下卷收录了全国除台湾省、香港特别行政区、澳门特别行政区以外的 31 个省、自治区、直辖市及其所属厅局级职能单位和事业单位、地级政府。

(2)《学术界》(World of Learning)：全面收录世界各国的学术机构，由两大部分组成，即国际组织部分和各国部分。国际组织部分先介绍 UNESCO（联合国教科文组织），其后按科学、哲学、人文科学等，分别介绍 400 多个国际组织；各国部分则在每个国家名称之下分别介绍学术团体、研究机构、图书馆、博物馆以及各类型高等院校。高校的资料最为丰富，每一条目一般有地址、创建日期、负责人、历史和现状，著名大学还列举知名教授。

(3)《世界大学名录》(World List of Universities)：包括世界上 154 个国家的 8500 多所大学，国家性和国际性高等教育组织，专门负责大学间协作、促进各校师生学术交流的机构。

全书共分两部分：一为大学、高等学院、国家学术和学生团体的情况；二为国际性和区域性高等教育组织的情况。书后附有大学假期表、国际大学协会、国际性和区域性组织索引。

2. 人名录

人名录是人物传记资料中常用的工具书之一。通过人名录，可了解名人的生卒年、学历、经历、个人情况、著作、专长、政治倾向、时代背景等情况。

人名录通常分为回溯性和当代性两种。此外，在词典、百科全书、年鉴、手册等工具书都可查到人物传记的资料。常见人名录的名称有：“人名辞典”，“人名录”，“人物年谱”，“人物传记”，“生卒年表”等。

下面介绍常用的几种人名录。

(1)《国际名人录》(The International Who's Who)：由 Europa 公司 1935 年出版，每年一版，修订及时。其内容包括名人的简历、生平等。

(2)《世界名人录》(Who's Who in the World)：由 Marquis 公司出版，1970 年开始隔年出版。该名录收录当前国际事务和各重要领域中的著名人物，主要是各国政府首脑、外交官员和教育界知名人士等名人的生平、国籍、简历、荣誉称号、业余爱好和通信地址等。此名录可与《国际名人录》配合使用，互为补充。

(3)《当今科技界名人录》(Who's Who in Technology Today)：1985年由Research Publications出版。该名录中，每位科学家的著录项目有：科学家的现任职务、历任职务、专业、出生日期及地点、文化程度、科技成就和著作、发明与专利、参加的学术组织与职务，以及其他专长等。

(4)《中国科学家辞典》：由《中国科学家辞典》编委会编，1984年由山东科学技术出版社出版。

3. 地名录

古今中外的地名，其数量之大、名称之多，很难记忆。加之更名频繁，同名异地、同地异名，甚至古今异名，此外还有简称、别称、雅称、美称等称谓，要想准确地掌握地名资料，全面了解有关的地理信息，须借助于检索地理资料的工具书。

地名录专门收集古今地名信息，一般叙述某一地名的名称来源、意义、简况、沿革、演变、历史、现状等资料，有些还包括某一地区的山川、河流、天文、气候、环境、自然资源、农田水利、交通运输、物产分布、居民聚居点、经济状况、历代行政划分、风土人情、城市变迁等地理资料。

地名录包括地名词典、地图集、地名索引、地名手册等专门的地理参考工具书，在综合性的辞典、字典、百科全书、类书、政书、年鉴、手册中包含了一定的地理文献信息。

下面是两种常用的地名录。

(1)《中华人民共和国地名录》：中国社会科学出版社1994年出版。该名录收录全国乡镇以上各级行政区域名称，居民聚居点名称，山、河、湖、海、岛、高原、盆地、沙漠等自然地理实体名称，名胜古迹、水库、桥梁等名称，条目约10万条，是我国地名最多的大型标准地名工具书。

(2)《最新世界地名录》：学苑出版社1997年出版，收录5.6万条常用地名。

三、字典、词（辞）典

字、词典的主要作用是解释词义、读音，说明用法、词源及演变历史等。字典和词典是人们最熟悉、最常用的一种参考性工具。

字、词典按收录条目的内容范围可分为语言词典、综合性词典和专科性词典。

（一）语言词典

语言词典对字、词的读音、形体结构、意义、用法加以全面解释，同时还提供派生词、同义词、反义词、方言俚语等相关知识，供学习语言所用。语言词典按涉及的语言种类可分为单语词典、双语词典和多语词典。某些词典只涉及语言中某种特殊现象，因此语言词典按特殊用途可分为缩略语词典、反义词词典、方言词典等。

1.《汉语大字典》

《汉语大字典》由徐中舒主编，四川辞书出版社、湖北辞书出版社于1986～1990年出版，共8卷，收字条54678个，总字数超过2000万。该字典对每个汉字的形、音、义均作了历史、全面的反映，字形方面，楷书单字条头下面列有能反映形体演变关系的、有代表性的甲骨文、金文、小篆和隶书形体，并简要说明其结构和演变。在字音方面，对所收单字尽可能注出现代读音，并反映中古和上古的字音情况。在字义方面，义项完备，释义准确，能够反映字义的演变。

2.《汉语大词典》

这是一部大型历史性汉语语言词典，主要由汉语大词典出版社出版。全书12卷,收录词目37万余条,单字2.2万多个。该词典突出的特点是收录一般词语数量多，在词语的解释上力求义项完备、释义准确、层次清楚、资料翔实可靠，注重对词语的历史演变源流作全面阐述。该书不收录人名和书名。其光盘版已问世。

3.《韦氏三版新国际英语词典》

《韦氏三版新国际英语词典》（Webster's Third New International Dictionary of the English Language）是世界语言学界公认的最有权威的英语词典之一，共收词45万余条，我国通常称为《韦氏三版》。该词典原名《美国英语词典》，1909年正式定名为《韦氏新国际英语词典》。《韦氏三版》是经过重新设计、编写和排版的全新词典，它释义详尽，用法收录较全，从中可找到其他各种词典中查不到的解释、用法、词性、短语等，在国际上享有盛誉。

（二）综合性词典

综合性词典收录的条目涉及诸多学科门类，并对重要概念、术语、历史事件、人物等作解释。

（1）《辞海》：1936年初版，后多次修订，1999年出版新版，是国内出版规模最大的综合性辞典。

（2）《牛津大词典》（The Oxford English Dictionary）：第1版自1884年开始，1933年全书出齐，共12卷（另加补编一卷），自1972年到1986年又出版了4卷补编。它收词丰富，解释详尽准确，考证、鉴别词语严格，对于英语研究具有很高的权威。号称“词典之王”。该书于1989年出版了第2版，共收词50多万，引用了250多万句例句，收录了12世纪中叶以来见于文献记载的全部英语词语，通过定义和例证来追溯英语发展的历史。

（3）《英汉辞海》：王同亿主编，国防工业出版社1987年出版，上下册共6136页。该书收词52万条，涉及500多个学科和专业。

（三）专业性词典

专业性词典以某一学科的专业名词术语为收录对象，着重解释事物的概念、专业知识，供人们查找。

（1）《金属学词典》（A Dictionary of Metallurgy）：本书词条以金属学、金相、冶金为主，并兼收热处理、铸造、锻压、焊接方面词汇。各条目说明详细，大多附有图表、曲线、数据，实际上是一本按字顺排列的金属学手册，是一本热加工各专业的重要工具书。

（2）《英汉双向计算机大词典》：韩玉彬主编，1993年学苑出版社出版。全书共收词目约16万条，其中计算机科学术语10万余条，计算机及电子技术学科缩略语约4万条。

（3）《经济大辞典》：于光远主编，1992年上海出版社出版。全书共收词目2.5万条，是目前国内包罗学科最广、收词最多、规模最大的经济类词典。

四、法规和统计资料

（一）法规

法规是法律、法令、条例、规则、章程等的总称。在文献的分类中，法规属于政府出版物中的一种，是一个国家的政治、经济、文化制度和政策的具体体现。从法规文献中可以了解和掌握某一国家宏观或微观的有关信息，以便在一定的法律保护或制约下从事各项工作。

1. 法规的类型

按制定法规的时间划分，法规可分为古代法规、近代法规、现代法规、当代法规。

按制定法规者所处的地域划分，法规可分为中国法规、外国法规、区域法规。

按制定法规的机关及法规的效力划分，法规可分为国内法、国际法。

按法规的学科分类划分，法规可分为行政法规、民事法规、刑事法规等。

2. 法规文献的特点

中外古代、近代的法规，有影响力的不多，采用查找图书的方法即可查到。而当代法规数量庞大，形式多样，修废频繁，因此需要专门研究其检索方法。

查找法规文献的主要检索工具有法规索引、综合性法规汇编、各部门或专题法规汇编、公报、报刊、法规全文数据库、法律类网站等。法规汇编曾是法规的主要检索工具，但体积大，更新慢，查找不便。近年编制的法规全文数据库，以其收录齐全、更新快、检索方便等优点成为检索法规文献的主要工具，特别是在检索国内法规时，可以首选各种法规全文数据库。其他检索工具可作为法规全文数据库的补充。

3. 检索法规的要点

(1) 区别法规的种类。各个国家和地区因法律制度不同，法规的种类也不同，因此，检索古今中外的法规文献应先从熟悉当时当地的法规种类入手。

中国当代的法规种类有宪法、法律、行政法规、部门规章、地方性法规、地方政府规章、司法解释、国际条约等。

国际条约的种类有多边条约、双边条约等。

在检索法规资料时，应先从法规种类方面分析课题和工具书，有些法规和相关的数据库只收某一种或几种法规。

(2) 利用法规索引。可利用各部门法规汇编和综合性法规汇编的索引。

(3) 分析法规的时间。时间因素对检索法规比较重要，如果已知法规的准确公布时间，从时间角度入手查找比较方便。如果不知道法规的准确公布时间，也可先确定大致时间，如古代、近代、现代还是当代。要注意所用工具书要在时间上与所查法规公布时间相匹配。

总之，查找法规的具体方法与查找论文相似，有以下 3 种方法：一是利用法规索引等检索工具，先查出法规线索，再根据这个线索查获原文；二是利用法规资料或法规全文数据库查获原文；三是直接从期刊中的法规选编或公报中查获原文。

4. 法规选介

(1)《中华人民共和国法库》：肖扬主编，人民法院出版社 2002 年 10 月出版。全书分为 9 卷 16 册，收录了新中国成立以来我国颁布的现行有效的法律、行政法规、司法解释及我国缔结和加入的国际条约及常用国际惯例近 3800 件，约 2600 万字。该书编辑历时 3 年，是对新中国成立以来的法律、法规所进行的一次全面汇总，由全国人大常委会法制工作委员会最终审定，是迄今为止我国最权威、全面、系统、实用的大型法律、行政法规、司法解释汇编类工具书。

(2)《中华人民共和国新法规汇编》：1988 年 5 月国务院决定不再用文件形式发布行政法规，为适应这一变化，国务院法制局自该年 9 月开始编辑这套法规汇编，每季度一辑，作为新法规的标准文本向社会公布。

(3)《世界各国法律大典》：吴新平主编，1993 年中国社会科学出版社出版。这是一部超大型的系列法律汇编。其中的《美国法典》，按 1988 年英文版全文翻译，内容包括：刑法、行政法卷，商业贸易法、海关法卷，财政法、金融法卷，建设法、农业法卷，交通法、邮政法、环境法卷，教育法、知识产权法卷，卫生法、福利法卷，外交法、国防法卷，军事法卷，司法法刑法卷，以及1998年以后的年度补充本。

（二）统计资料

统计资料是通过统计活动得到的反映社会、经济、科学发展等现象及其过程的特征和规律的数字资料，包括原始调查资料和经过调查分析的综合统计资料，如人口数、工农业产品产量、物价指数等。它从数量的角度来记录某一事物的真实情况以及历史的发展态势，是一种量化的、精确的信息资源。

1. 统计资料的特点

（1）可靠性和权威性：统计资料一般来自于国际组织、国家、各省、市、地区的统计部门，是这些部门通过对某一方面或多方面的事物、现象进行广泛、大量的统计调查后，分析、综合、整理、汇编而成的数据资料。

（2）规律性和普遍性：统计资料产生于对基础数据的收集、统计、分析，能全面、准确地反映宏观的社会学、经济学情况，是最基本的经济和管理信息源。从统计数据的变化中可以了解过去和现在的动态信息，预测和掌握未来。

2. 统计数据的作用

（1）及时、准确、全面、系统反映情况，以便进行分析和预测，为决策工作提供依据。

（2）对政策和计划执行情况实行统计检查和监督。

（3）为管理工作、宣传教育和科学研究提供资料。

3. 统计数据的类型

（1）原始统计资料：由官方机构和社会团体搜集和公布的统计资料。

（2）二次统计资料：在百科全书、年鉴、教科书或专著、论文中引用的统计资料。

4. 统计资料的检索方法

检索统计资料常用的检索途径有年鉴、资料汇编、报刊、地方志、网上数据及相关数据库等。

虽然年鉴和资料汇编所反映的统计资料系统、完整、专题性强，但由于出版发行有时滞，资料不够及时。要查找最近最新统计数字，必须使用报刊。如每年度发布的《中华人民共和国国家统计局关于国民经济计划执行公报》，首先就发表在《人民日报》等报纸上。权威部门常在《中国统计信息报》、《经济日报》、《金融时报》、《中国证券报》等经济类报纸上刊登大量的定期或一次性统计资料。

检索统计资料中，首先要熟悉统计学相关知识，这是因为统计资料的专业性较强，使用时需具备一定的统计学基础，了解名词、术语的确切含义；其次是区分统计表的各项注释，特别注意统计表中的单位、收录范围等。

5. 检索示例

【例 7-4】 检索课题：查找中国 2002 年国内人口出生率和自然增长率（手工检索）。

检索工具：《中国统计年鉴（2004）》。

检索途径：分类。

检索步骤：

（1）查阅《中国统计年鉴（2004）》中的分类目录

（2）有关的类目在第 4 大类“人口”的第 4－2 小类：人口出生率、死亡率和自然增长率。该数据以表格形式列出了 1978～2003 年的 3 项统计数字。

（3）根据小类所在页码 P95 页得到检索结果如下：

2002 年 出生率：12.86‰ 自然增长率：6.45‰

【例 7-5】 检索课题：2004 年上海市国民经济生产总值 GDP 及其增长率（计算机检索）。

检索工具：《国务院发展研究中心信息网》。

检索步骤：

（1）进入“国研网”主页，http：//www.drcnet.com.cn。

（2）点击“区域经济”栏目，在“区域列表”中点击“上海”。

（3）在检索框里输入关键词“2004 年上海”，检索条件限制在“所有年度”、“文章全文”、“栏目所有文章”，并经关键词“GDP”二次检索，得到上海市统计局 2005 年 1 月 31 日发表的文献：2004 年上海市国民经济和社会发展统计公报。

（4）公报显示：

经国家统计局联审通过，全年实现上海市生产总值（GDP）7450.27 亿元，按可比价格计算，比上年增长 13.6%，达到自 1996 年以来的最高水平，连续第 13 年保持两位数增长。

第三节 数据与事实型数据库

一、数据与事实型数据库分类

数据与事实型数据库属源数据库。与书目数据库相比，该数据库能直接提供所需的数据信息，不必转查其他信息源。它主要以数据、事实、术语或图像为存储和处理单元，有别于以文献单元为存储和处理对象的数据库。

传统的各种类型工具书几乎都有网络版，世界上著名的大型参考工具书都建立了自己的网站，因此网络版不仅保留了印刷版的诸多特色，还具有电子资源独特的优点：信息量大，更新快，查找方便快捷。

对于此类数据库，可以根据各种标准从不同角度进行分类。

按载体形式分，可分为光盘数据库和网络数据库。

按本章第一节中参考工具书的分类，可相应地分为词语性、资料性、表谱性、图录性、边缘性5种数据库。

按所涵盖的内容及其特性分，可分为文字型、数值型和图像型3种。

每种类型的数据库信息处理技术和检索软件不同，文字型数据库出现最早，包括参考工具书的法规、百科全书、年鉴、名录等；数值型数据库包含了数字、符号等大量信息，对数值处理功能的要求比信息提取的功能要求更高，包括种类统计资料、实验数据等；图像型数据库包括大量的照片、化学结构图、地图等，对于图形标引、模式识别等技术的要求很高。

目前，随着多媒体技术的迅猛发展和广泛应用，集文字、数值、图像等多媒体于一体的一些大型综合性数据库应运而生。

二、英文数据与事实型数据库

（一）大型综合性检索系统

1. Gale 集团

Gale 是世界一流的参考和研究文献的出版商，以出版精确、权威性的工具书类出版物服务于图书馆、学校、商务部门为特色，尤以人文、社科参考文献见长。Gale 创建及维护了近百个在线数据库、8 个著名的“资源中心”。其主页（http：//www. galegroup. com）如图 7-2 所示。

文学资源中心（Literature Resource Center）是 Gale 在线数据库的旗舰产品，包括报刊、年鉴、百科全书、词典、文学评论等；传记资料中心（Biography Resource Center）整合了100 多个人物传记资料、与 18000 个权威网站链接，年新增 10 万 ~16 万传记；商业及公司资源中心（Business & Company Resource Center）具有全面的公司及行业信息；现代世界历史资源中心（History Resource Center：Modern World）独家拥有的 1400 份珍贵历史档案。进行专题检索时，除了如同单本工具书一样使用外，还可以进行全库整体检索，以获得某一特定专题的全方位的综合性的信息。

2. 因特网虚拟公共图书馆

该网站由美国密歇根大学情报和图书馆学院主持，主要栏目中的“参考中心（Reference Center）”，收录各类工具书，如百科全书、词典、年鉴、传记、家谱、地理信息等。其网址为 http：//www. ipl. org。

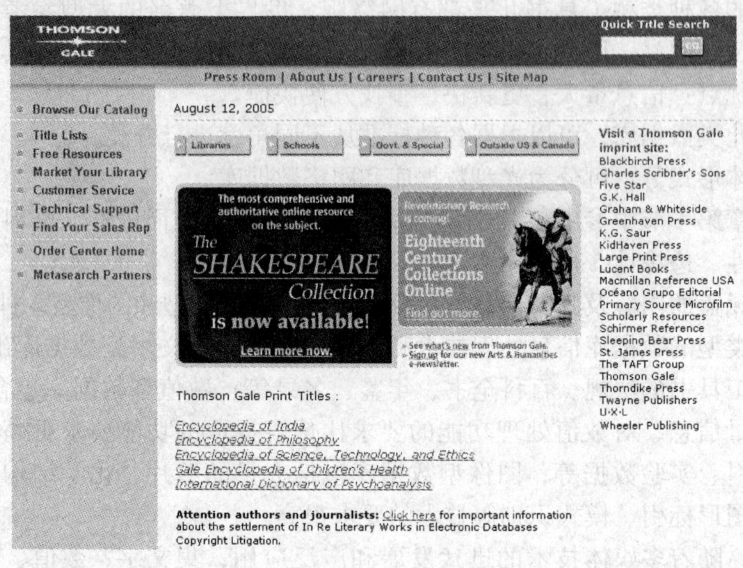

图 7-2　Gale 主页

3. Information Please

这是美国家庭教育网络项目的一个资源站点，它将工具书资料与网络资源整合，提供综合性服务。网站资源分 4 部分：年鉴是该网站的主要资源，收录大量的年鉴型工具书，如大量的统计数据；地图收录世界各地的地理资料；词典收录各类词条 12.5 万多条；百科全书收录《美国百科全书》第 6 版的 5.7 万多个检索条目。此外，还有一些热点专栏，如“历史上的今天”、“人物检索”、“电话、电子邮件指南”等，是一个实用便捷的参考工具网站。其网址为 http://www.infoplease.com。

（二）检索专题数据库的主要网址

查找互联网上的工具书最常用的方法有：直接访问工具书出版社；利用专题搜索引擎；利用某些收费数据库。因许多印刷版的工具书都有电子版本，而网上搜索引擎数量非常之多，每一种搜索引擎的覆盖范围、标引深度、广度，提供检索方式均不同，专题搜索引擎可直接查到参考资源。

1. 词典类

（1）牛津英语在线词典（http://www.oed.com）：收录 6000 多万词组，成为目前网上最大、最权威的词典之一，网络版几乎保留了印刷版的全部内容，并不断增加新的词汇，预计将以每季度新增 1000 多个单词的速度发展。

（2）YourDictionary.com（http://www.yourdictionary.com）：这是万维网上较全面、权威的查找语言信息、提供有关产品和服务的网站，收录了 300 多种语言的 2500 种词典，具有词典检索和双语翻译两个主界面。该网站为免费网站。

（3）缩略语检索（Acronym Finder，http：//www. acronymfinder. com）：收录各类型缩略语33万以上，是互联网上最大的缩略语网站。其学科范围侧重于计算机、工程技术、通信、军事等。其最大的特点是组织精练、清楚易用。该网站除提供精确、模糊两种检索方式外，还有逆向检索，即通过全称查简称。

2. 百科全书

（1）不列颠百科全书（The Encyclopedia Britannica，http：//www. britannica. com）：世界上第一部上网的百科全书，网络版除了印刷第15版全套32卷外，还包括《不列颠百科年鉴》和《韦氏大学词典》。其主页如图7-3所示。任何人都可以申请该网站的72小时免费试用。

图7-3　不列颠百科全书主页

（2）格罗利尔百科全书（http：//go. grolier. com）：所收录的数据库大多基于印刷版的工具书，包括《美国百科全书》（Encyclopedia American）、《格罗利尔多媒体百科全书》（Grolier Multimedia Encyclopedia）和《知识新书》（The New Book of Knowledge）等西方著名的百科全书类出版物。

3. 名录

（1）传记网（http：//www. biography. com）：可检索25000种古今著名人物的传记，条目长度不等，只有人名检索途径。

（2）Wilson人物传记图文数据库（http：//www. hwwilson. com）：数据源自

Wilson 公司出版的 100 多种印刷版人物传记工具书及相关的期刊文献，近 10 万条人物记录，26000 多幅有关照片。该数据库为收费数据库。

（3）MapBlast（http：//www. mapblast. com）：由微软公司提供免费地图信息服务的网站，提供精确的美国和欧洲的交通地图、行车指南、住宿、交通报告及当地有趣的地点。

4. 统计资料、年鉴

（1）联合国统计署数据库（Statistical Databases of the United Nations Statistics Division，http：//unstats. un. org/unsd）：联合国统计署的网站是一个全球统计数据中心，其主页如图 7-4 所示。该数据库主要收集、整理、传播统计信息。该库所有统计数据由世界各国和地区的统计部门汇集起来，并经综合整理，用统一的标准加以对比。该数据库分为多个部分，部分免费。

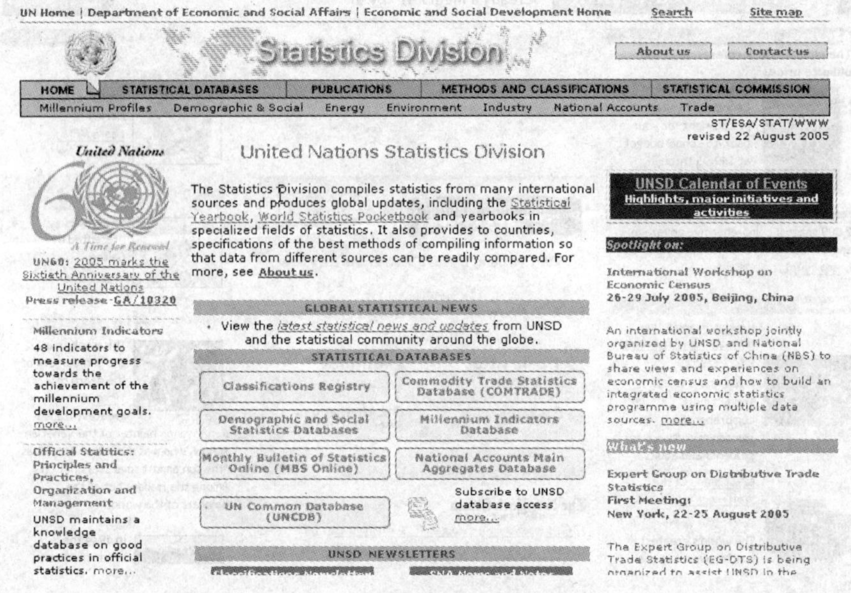

图 7-4　联合国统计署网站

（2）LexisNexis™ Statistical 统计大全数据库（http：// www. lexisnexis. com/statuniv）：包括自 20 世纪 70 年代以来美国政府、主要国际组织、自由职业和贸易组织、商业杂志出版物、自由研究组织、州政府部门和大学制作的各类统计报表，每年以 13 万余条统计数据内容增加，是学术研究过程中获取各类国际、国别、行业，各学科领域的统计数据的权威资源。其数据主要作为各类大专院校的一般性学术研究和参考。

5. 法律法规

（1）LexisNexis™ 在线法规法律数据库（http：// www. lexisnexis. com/legalonline)：LexisNexis 系统中的内容涉及新闻、法律、政府出版物、商业信息、社会信息等，其中法律法规方面的数据库是该系统的特色资源，在法律界有很高知名度。

(2) 西方法律文库（WESTLAW，http：// www. westlaw. com)：这是美国 WEST ROUP 开发研制、以检索美国法律为主的检索系统，可检索到西方版本的所有法律出版物。该数据库为收费数据库。

三、中文数据与事实型数据库

（一）大型综合性检索系统

(1) 在线工具书大全（http：//tool. qcdata. cn/)：如图 7-5 所示，包括字典和词典、百科全书、类书和政书、目录、索引、年鉴、手册、文摘、表谱、图录 10 个大类。系统汇集了有关的知识材料，并按易于检索的方法排检，迅速提供知识信息。该数据库具有信息密集、资料性强、便于检索、查考为主的特征；收集记录约 1200 万条，共计 10 亿汉字，12 亿西文字符，包含工具书 3300 多本，内容涉及各学科与专业。

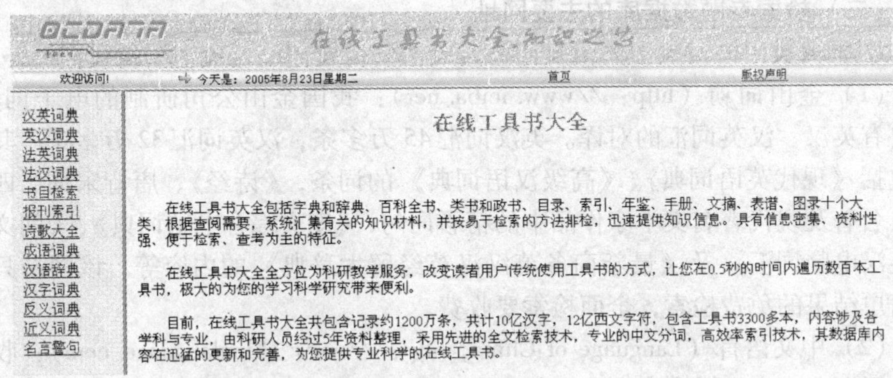

图 7-5　在线工具书大全

(2) 中文工具书知识库（http：//dlib. zslib. com. cn：7777/tool/tool. htm)：该库由广东省图书馆主持开发，是我国文献资源建设的基础工程之一。该库是在研究中文工具书知识描述规则和建立中文工具书知识数据库的基础上，利用中文全文检索系统建立的一个中文工具书知识库，是目前最大的中文工具书知识库之一，汇集了字典、词典、百科全书、类书、政书、年鉴、手册、书目、索引、表谱、图录等有关资料，现已存储 300 多万字的 5 万多种中文工具书的各种信息，覆盖社会科学和自然科学的各个学科领域。通过该系统提供的检索界面，输入拟查找的检索要求，就可得到有关内容的图书全文，或提供相关工具书的线索。

（3）万方数据资源系统（http：//www. wanfangdata. com. cn）：其“科教机构”子库收录了约14000个（含中国台湾省）科研机构、高等院校、信息机构及其他从事科技活动机构的信息；“政策法规”子库收集了国家、地方及行业的法律法规8万多条。

另外，其商务信息子系统中有《中国企业、公司及产品数据库（CECDB）》、《中国百万商务通信数据库（CBML）》、《香港公司企业库》、《台湾公司企业库》等数十个机构名录数据库。其中，CECDB已收录96个行业16万家企业的详尽信息，成为中国颇具权威性的企业综合信息库。相关检索详见第四章第三节。

（4）超星数字图书馆（http：//www. ssreader. com. cn）：由北京世纪超星信息技术发展有限责任公司出品。超星数字图书馆是国家“863”计划中国数字图书馆示范工程项目，目前拥有10万多种电子图书。其中有上百种专业性的百科全书，如《Excel for Windows 95》、《关贸部协定百科全书》等，各种手册，如《金属手册》，以及综合性、地方性和行业年鉴，如《世界知识年鉴》、《中国统计年鉴》等。

（二）检索专题数据库的主要网址

1. 词典类

（1）金山词霸（http：//www. iciba. net）：我国金山公司研制的电子词典，主要有英汉、汉英词汇的对译。英汉词汇45万多条，汉英词汇32万多条。其内容包括《现代英语词典》、《高级汉语词典》的词条，《诗经》、唐诗宋词、四大古典名著及现代著名文学家作品中的精彩词句，《朗文综合电脑词典》、《朗文清华英汉电脑词汇》及《最新商务英汉汉英经贸大辞典》的内容等。该网站只提供简单结果的免费检索，全面检索要收费。

（2）中文语言（Language of China，http：//www. chinalanguage. com）：收录了汉语词典、客家话发音字典、英汉字典等。

2. 百科全书

（1）中国百科全书网（http：//www. ecph. com. cn）：以印刷版的《中国大百科全书》为基础，另外还包括百科术语数据库、人名数据库。

（2）北京百科全书网（http：//www. beijing-book. db66. com）：隶属于知识在线（http：//www. db66. com），是我国较早的百科全书网站，也是了解北京的知识性网站。该网站详细介绍了北京的历史、经济、文化、科技等多方面知识，为区域性网站。

3. 名录

（1）360行信息网书库（http：//www. 360info. cn/360info/fpage64. html）：在该书库的历史类下汇集了“世界传记”、“中国人物传记”1000多篇。

（2）图行天下（http：//www. go2map. com）：我国第一个电子地图服务网站，是检索全国地图信息的重要工具。可利用地名搜索查询大陆和我国港、澳、台城市的地图和出行、旅游等信息。

（3）网上电子地图（http：//www. ppmap. com）：可查看世界各国和国内各省、省会城市地图，通过地图引擎直接进行地图加载、缩放、平移、框选放大。

（4）中国资讯行（http：//www. chinainfobank. com）：主要数据库有中国中央地方政府机构库、中国企业产品库、中国人物库等。

4. 统计资料、年鉴

（1）国家统计局网站（http：//www. stats. gov. cn）：国家统计局对外发布信息、服务社会公众的网络窗口，其统计信息丰富而有权威性。

（2）《国务院发展研究中心信息网》（简称国研网）（http：//www. drcnet. com . cn）：以权威数据为基础，集合了中国经济运行的各种数据指标，对国民经济发展以及运行态势进行立体、连续、深度展示，是中国经济量化信息最为丰富和权威的数据库之一。它是收费数据库。

（3）中国宏观经济信息网（简称中宏网）（http：//www. macrochina. com. cn）：由国家计委所属的中国宏观经济学会、中宏基金等主办。其中的中国宏观经济数据库，由19个大库、74个中库、500个细分库组成，数据量超过100万条，每日更新量超过1000条，内容涵盖我国宏观经济、区域经济、政策法规、统计数据等方面。

（4）中国经济信息网（简称中经网）（http：//www. cei. gov. cn）：由国家信息中心组建、中经网数据有限公司开发维护，以提供经济信息为主。

5. 法律法规

（1）《法律法规库》（http：//search. law. com. cn）：收录建国以来法律法规、国际条约及法院案例等70000多条，全部免费、免注册检索，更新及时，检出速度快。该数据库版权为广州市法明网络资讯有限公司所有。

（2）“北大法宝”——中国法律检索系统（http：//law. chinalawinfo. com）：由北京大学法制信息中心与北大英华科技有限公司联合推出的智能型法律检索系统。“北大法宝”收录1949年至今13万多篇法律法规、部门规章、司法解释和案例、仲裁裁决、裁判文书、全国的地方法规和规章、中外条约、港澳台法律、合同范本、法律文书、法学教程、法学论文、参考文件和WTO法律文件。

习　题

1. 试比较参考工具与检索工具的主要区别。

2. 参考工具书一般有哪几种排检方式？这些方式适合于哪种类型工具书的查阅？

3. 如果想熟悉某专业的工具书，应借助于哪类工具书？

4. 年鉴和百科全书都有哪些类型和主要功用？

5. 查找2003年我国国家科学技术进步奖特等奖的项目、获奖人员。

6. 简述手册与指南的区别。手册还有哪些别名？

7. 比较两种地名录所包含的地理信息。

8. 对比专业性字典与综合性字典的查检结果。

9. 简述法规文献的特点及查找规律。

10. 从哪些类型的工具书可查找关于统计资料的信息？

11. 对比参考工具书的印刷版与网络版，总结其优缺点。

12. LexisNexis™系统有哪些数据与事实型数据库？

信息利用篇

科学研究与开发中的信息用户及信息需求

基于文献的科学发现模式

科技查新

论文选题、资料搜集、文献综述过程中检索工具的综合利用

学位论文的基本构型和要素，论文写作与修改等

第八章

信息检索与科学研究

【内容提要】

本章首先从科学研究中的基础研究、应用研究和开发研究的性质、特点入手，阐述了科学研究与开发中的信息用户与信息需求，介绍了基于文献的科学发现模式，讨论了科研立项、鉴定、评奖、申请专利过程中的科技查新等问题。

第一节 科学研究与开发中的信息需求

一、科学研究与开发的含义及类型

经济合作与发展组织（Organization for Economic Cooperation and Development，OECD）提出，研究与开发，是为了增加知识量，进行人类文化和社会知识的探索，以及利用这些知识去发明新用途所从事的创造性工作。

研究的含义，既有对已有知识的继承和借鉴，又有对未知问题的探索和创新。开发则是将科学知识应用于生产或其他社会实践的创造活动。科学研究与开发因此而成为一项整体性工作，这一工作根据社会分工和需要不同形成了不同的类别。根据其性质、目的、应用和过程划分，科学研究与开发一般可分为基础研究、应用研究和开发研究。

（一）基础研究

基础研究是人类对自然科学规律的发现过程，是科学研究最基础的环节。基础研究是科学研究的源头，是科技带动社会进步与人类发展的起点。

基础研究没有特定商业目的，以探索自然界客观规律、创新知识、发现新现象为目的。这类研究大多由国家所属研究部门、高等院校和基础科学研究组织承担。基础研究领域广泛，具有如下特点：

（1）一般没有严格的时间要求。

（2）在研究中允许探索和失败。

（3）对研究成果并不急于评价，允许进行多方面验证。

（4）研究中强调学术交流和国际合作。

（二）应用研究

应用研究是指利用基础研究成果和有关知识，为创造新技术、新方法、新产品、新材料等的研究。它是基础研究成果转化为技术和产品的桥梁，是科学研究与开发中的一类重要的研究活动。与基础研究相比，应用研究具有鲜明的目标性，承担者也十分广泛，既有高等院校和科研院所，又有各有关企业。从生产力发展的角度来看，应用研究起着技术创新源头的作用。这类研究的主要特点是：

（1）有目的、有严格的计划和研究周期要求。

（2）对结果需要作出评价。

（3）研究工作需要严密地组织和管理。

（4）研究工作具有一定的保密性。

（三）开发研究

开发研究是利用应用研究的成果和现有的知识与技术，创造新技术、新方法和新产品，是一种以生产新产品或完成工程技术任务为内容而进行的研究活动。它包括技术开发、设计研究、生产研究、流通研究、销售研究、使用研究、回收研究等。

从技术创新角度来看，开发研究主要包括试验开发、设计试制和推广与技术服务3阶段。开发研究的关键是技术创新，它包括新产品或新工艺的提出、研究、开发、工程化、商品化生产和销售服务研究等一系列活动。它具有以下特点：

（1）有明确的目标和计划。

（2）有严格的时间要求。

（3）需要进行严格的管理。

（4）具有很强的保密性。

二、信息用户与信息需求

科学研究与开发中的信息用户是指在研究与开发活动中需要利用信息的个人或团体。凡在科学研究与开发中承担一定工作的人不可避免都需要利用一定的信息和对外发布某些信息，构成了研究与开发活动中的用户。这些用户既是信息的使用者，又是信息的创造者和传递者。

科学研究与开发中的不同人员有着不同的信息需求。根据信息用户所承担科研任务和对信息的需求的不同，我们把他们分为科学研究人员，试验开发与技术人员，管理、经营人员3类。他们对信息的需求和使用各有特点。

（一）科学研究与开发中的信息用户

1. 科学研究人员

科学研究人员包括从事自然科学基础研究、应用基础研究和技术科学研究活动的一切人员。他们对信息需求的基本特点为：

（1）信息需求的专业性：他们所需的科技信息一般不超出他们从事研究的某一领域。研究工作难度越大，研究人员对信息的内容要求越深。

（2）信息需求的系统性、完整性和准确性：科研人员的工作性质决定了他们必须系统地掌握完整的课题信息。由于这些信息是研究的依据，因而又十分强调其准确性。

（3）信息需求的多样性：科研人员不仅需要来源广泛的科技信息，而且需要与同行交往和发表自己的研究成果。科研人员需求最多的是反映新成果的研究论文、报告、原始文献资料、科技数据等。其形式包括期刊、会议文献、报告、图书、标准、专利等。

（4）信息服务的个性化、专业化、精品化：科研人员具有较高的信息获取能力，在研究中能够较全面地提出具体的检索要求，为了解决专深的研究问题需要自己利用各种信息检索工具，因而对科技信息服务的要求甚高。

2. 试验开发与技术人员

试验开发与技术人员从事试验、试剂、发明、技术创新和设计工作，直接面向生产实践，创造各种技术、产品、工具、方法和手段。他们的信息需求，除具有明显的“行业”性质外，主要特点如下。

（1）所需信息的社会来源广泛：试验开发与技术人员承担将科学成果转变为社会生产力的具体的技术开发工作，不仅需要科学信息、新技术与产品开发信息，而且需要社会需求信息和市场信息。

（2）强调信息的可靠性：科技成果转移开发、试验开发、新技术开发和新产品研制工作是面向市场的研究开发工作，它不同于科学研究中的探索活动，不允许有技术上的失败，因此要求信息的可靠性。

（3）所需的信息具有实用性：试验开发与技术人员所需的有关新技术、新产品、新工艺、新材料等方面的信息包含在期刊、专利、报告、标准、样本、手册和实物之中。他们获取这些信息的目的是为了解决具体的实际问题，因而要求其信息需求能够得到充分的满足。

（4）信息需求的时间跨度小：一般说来，试验开发与技术人员要求最新的技术和市场信息。这是由技术开发周期和技术生命期决定的，而并非用户的主观因素。

3. 管理经营人员

科学研究与开发中的管理经营人员包括国家各级科技主管部门的管理决策者、科研单位管理人员、试验开发单位管理人员、工科设计院所管理人员、企业中技术管理人员，以及科技市场与科技产品的经营管理人员等。这些用户的信息需求由所管理的科学研究与开发业务所决定。他们在不同层次、不同类型的研究与开发管理中形成了各不相同的信息需求，主要表现为：

（1）信息需求的综合性：在日常工作中，管理、经营人员需要相关的科技发展、社会经济、法律、法规、环境、市场、资源、人才等方面的综合信息。只有充分掌握这些信息才可能有效地进行科学研究与开发组织活动，实现业务管理的科学化。

（2）尤其需要决策信息：管理、经营人员利用信息的目的是进行管理决策，而不在于解决具体的科学技术研究问题。他们要求围绕管理工作，进行信息搜集、评价、筛选、整理、分析，以便制定可行的决策方案。

（3）所需信息必须客观、充分：由于管理、经营人员所需信息主要用于决策，任何不符合客观实际的主观信息或误传信息都将为领导决策和管理工作带来不良影响，导致管理失误。所以，管理、经营人员对信息的需求十分注重信息的客观性，以及信息的全面、系统、完整。

（二）科学研究与开发中用户对信息的需求

1. 信息类型

科学研究与开发是一项涉及面很广的创造性工作，在研究与开发活动中用户对信息需求是全方位的。不论是科学研究人员，还是试验开发与技术人员、经营管理人员，就其获取、利用或对外交流的信息而论，包括3种基本类型。

（1）知识型信息：包括科学发现、技术发明、理论研究与实践成果信息，以及科学研究与开发管理知识信息。对知识信息的利用是从事研究与开发活动的必备条件和投入。

（2）数据、资料型信息：包括统计分析数据、观测记录数据、实验数据等资料。这些信息在科学研究与开发中极具参考价值。

（3）事件型信息：科学研究与开发活动的消息，以及相关事件发生的消息，包括各种动态、项目进展报道、市场情况等。其作用是供用户在决策过程中消除对事物认识的不确定性。

2. 信息需求

如果我们将用户的信息需求看成是最终需求的话，那么信息需求就应该包括对信息客体的需求以及为了满足这一需求而产生的对信息检索工具、系统的需求和对信息服务的需求。

(1) 用户对信息客体的需求：这里所说的信息客体，是指信息本身，即最原始的可以就地取用的信息资源。它一般包括：

1) 文献信息：分为非出版文献信息（专业人员的原始实验记录、手稿、草图、研究方案等）和出版文献信息（图书、期刊、会议文献等出版物）两大类。它们是科学研究与开发中最主要的信息需求。

2) 实物信息：固化在实物中的信息。科学研究与开发活动中人们创造的新产品、新材料、新工艺都包含着反映创造性成果的信息，其内涵为加工工艺、设计思想、化学成分、技术参数、外观状态等。

3) 交往信息：人们进行各种交流活动所产生的信息。交往信息主要来源于学术演讲、技术讨论、信息发布以及新产品展销等。

(2) 用户对信息检索工具、系统的需求：这是用户对信息的一种间接需求，其目的是通过检索工具或系统查询有关的信息。

(3) 用户对信息服务的需求：为了满足对信息的需要，用户还必须求助于多种信息服务。用户对信息服务的需求包括：原始信息提供服务，如文献借阅或复制、数据提供、信息通报等；信息发布与传递服务；信息加工服务，如针对用户需求编制信息检索工具、开发信息系统等；信息分析与咨询服务；其他专项服务，如课题论证、查新服务、业务代理等。

第二节　基于文献的科学发现

一、概述

随着科学技术的迅猛发展、学科综合发展程度的不断增强、科研领域的不断细分和专业化程度的加深，以及科技文献的爆炸性增长，表面上没有任何联系（指不存在互引、共引或其他书目文献上的联系）的文献中，可能存在着被人们忽视的某种能导致新知识产生的潜在关联关系。同时，由于检索系统自身具有不完备性以及人的阅读能力的有限性，某一学科领域的同一科研人员不可能同时看到这些隶属不同领域但又具有潜在联系的文献。

因此，事实上存在着知识公开（已记录在公开发表的文献中）却不为人们所认识或发觉的现象。这样就需要情报信息研究人员在不同学科领域的文献间构建桥梁，帮助专业研究人员认识和发现潜在有用的知识片段间的联系。

基于文献的发现（Literature-based Discovery）是继实验发现的模式、理论发现的模式之后的又一种新的科学发现模式。它是以揭示蕴含于公开发表的文献中但尚未被人们认识或发觉的知识片段间的逻辑联系，从而提出知识假设，以便专业研究人员进一步证实，促使新知识的产生为目的的情报研究。它是将表面上没有任何联系的文献中的具有隐含逻辑关系的知识片段组织起来的信息处理过程。

尽管"基于文献的发现"的研究是最近的20年里才开始进行的，但该研究在情报学界引起了强烈反响，向人们展示了一种新的情报研究方法，为科研人员开辟了一个新的研究领域，提供了一条新的研究途径，具有重要的理论和实际意义。

二、波普尔科学哲学思想

"基于文献的发现"的研究受到波普尔科学哲学思想的影响和启发。波普尔关于科学发现的"猜想——反驳方法论"以及"三个世界"理论中"知识是客观的，本质上是猜测性的"的知识论，为"基于文献的发现"的研究提供了科学哲学思想。

首先，波普尔提出科学理论不能从已观察到的事实或数据中归纳或演绎出来，而是源于猜测和自由发现，而知识则源于猜想、假设或理论。其次，波普尔在其著名的"三个世界"（即物理世界、精神世界和人类思想内容、客观知识的世界）理论里，明确地将知识的主观性和客观性区分开来。波普尔认为：知识是产品，可储存、可供消费等，它是被记录下来的或是公开的；客观知识的世界有迄今没有想过的问题和推论。人们可以发现他们，但总存在着未被发现的和没有预见到的。

根据波普尔的理论，书籍以及发表的文章里所包含着真的或假的、有用的或无用的内容，即是客观知识。那么，公开发表的文献里也一定蕴含着未被发现的和没有预见到的可产生知识的猜想、假设或推论。因此，基于波普尔的科学哲学思想，国外的情报学家以及研究人员开始了以揭示"未被发觉的公开知识"为目的的"基于文献的发现"的研究和探索。

三、基本原理和方法

20世纪80年代，国外的一些情报研究人员开始对揭示文献中的隐含逻辑关系产生兴趣。其中具有开拓性和代表性的研究工作，当首推美国芝加哥大学的Don R. Swanson教授在生物医学文献中进行的相应研究。1985年美国芝加哥大学的Don R. Swanson教授创立了一种纯情报学的研究方法，即基于非相关文献的知识发现，为基于文献的知识发现研究奠定了理论基础。

（一）概念的提出

"未被发觉的公开知识"的概念首先由Swanson教授提出：公开知识有可能不被发觉，只因为组成这种知识具有逻辑联系的各部分从没有被任意同一人所知。Swanson 在 1985 年一个偶然的机会，发现两篇医学文献放在一起，会揭示出一个问题的答案，而这个答案是从单独一篇文献得不到的。这预示着在医学文献中存在着大量的未被发现的隐含的关联。

（二）研究成果

Swanson 教授通过对比分析 25 篇论述食用鱼油可以引起血液的某种变化的生物医学文献，和 34 篇论述相似的血流变化可以导致雷诺氏症的生物医学文献，然后在两组文献间建立了联系。

1986 年在发表于 Perspectives in Biology and Medicine 的文献里，Swanson 教授提出知识假设：食用鱼油会对雷诺氏症患者有益。而当时这一假设还没有以任何形式公开发表过，即食用鱼油和雷诺氏症的联系还没有被人们所认识或发觉。两年以后，Swanson 的关于食用鱼油会对雷诺氏症患者有益的假设得到了临床报告的证实。

接下来，Swanson 又通过研究发现了偏头痛和镁的 11 条被忽视的联系，并在 1988 年发表于 Perspectives in Biology and Medicine 的文献“Eleven neglected connections”里进行了论述，提出镁缺乏可引起偏头痛的假设。同样，这一假设也分别被临床实验和脑中镁含量的检测报告所证实。

此外，Swanson 通过“基于文献的发现”的研究还发现了精安酸和生长调节素 C 的隐含关系、镁和神经健康的隐含关系等。

由于“基于文献的发现”的研究中的文献是关于不同主题或属于不同学科的，从中推理出新的知识可能需要相当长的时间或凭借某一次很好的运气。为此，Swanson 及其合作者还设计出了一个用于发现 Medline 数据库中所收录的医学文献间联系的软件——Arrowsmith，去搜索非相关文献中的这种联系，目的在于帮助研究者从中找到新的有科学价值的信息。

Arrowsmith 系统是可以免费使用的，可以登录 http：//kiwi. uchicago. edu 或 http：//Arrowsmith. psych. uic. edu。后者装载了 Arrowsmith 的最新版本，已较上个版本有了很大改进，打破了 Arrowsmith 只能应用于标题的局限性，可以是文摘和主题词。

（三）研究的意义和价值

美国情报学会 ASIST 将该学会 2000 年度的优秀奖（Award of Merit，该学会的最高荣誉）授予 Swanson 教授，以表彰他在表面上似乎完全没有联系的文献间发现“未被发觉的公开知识”的开拓性和奠基性研究工作。

Swanson 教授研究工作的意义在于：首先，他的研究成果表明，通过揭示公开发表的文献中的隐含关联关系确实可以发现新知识，为情报研究开创了新的研究方向；其次，他建立了一定的研究方法，即建立文献中知识片段间的逻辑传递关系，A→B，B→C，则 A→C；最后，也更具现实应用意义的是，Arrowsmith 拓展了 Medline 的查询功能，它能够帮助使用者发现文献间的新联系并建立新的知识假设。

四、研究与发展

继 Swanson 的开拓性研究之后，其他情报研究人员也开始了此类研究工作，并在 Swanson 的研究理念基础上进行了拓展性研究。

（一）Michale D. Gordon

美国密西根大学商学院的 Gordon 教授首先将这种研究称为“基于文献的发现”。Gordon 及其合作者成功地复现了 Swanson 假设的食用鱼油和雷诺氏症的关系，更有意义的是他们设计了一个计算机辅助基于文献的发现的查询方法，提出 Medline 数据库中的标识频率和记录频率有助于实现基于文献的发现。

Gordon 及其合作者还将 Swanson 的逻辑递推理念总结为：若一文献中的 A 与另一文献中的 B 有关，而每一个 B_i 与其他文献的 C_{ij} 有关，这种递推一直进行，直到发现目标内容 T。而此前 A 与 T 是没有任何联系的（无共引关系和共被引关系，无文献同时论述 A 与 T）。事实上，该过程可表述为 A 与 T 通过多个中介文献 B_i 和 C_{ij} 建立了逻辑联系，而这种联系在此前未被科研人员发觉。

可见，与 Swanson 教授的逻辑递推过程相比，Gordon 教授的逻辑递推增加了更多的中介文献。

（二）Z. Chen

受 Swanson 研究的影响，美国内布拉斯加大学数学和计算机系的 Chen，进行了“让文献互相交谈”的计算机模型的创建研究，其目的是通过在短小的科技文献间建立一种逻辑关系，将分散于科技文献中的知识整合起来，以创造或推理出新知识。

Chen 考察的文献间逻辑递推关系可描述为：若在文献 d_i 中，实体或对象 O_k 与 O_i 有关，而在另一文献 d_j 中，实体或对象 O_i 与 O_m 有关，则 O_k 与 O_m 通过 O_i 被联系起来。Chen 及其合作者的研究兴趣在于探询不同文献中的知识是怎样联系在一起的。

（三）Kenneth A. Cort

美国韦恩州立大学的 Cort 副教授将 Swanson 的方法成功地应用于发现 Wilson 人文数据库文献中的隐含相似性。

Cort 发现了此前未被人们发觉的诗人 Robort Forst（1874 ~ 1963）和古希腊哲学家 Carneades（ca. 214 ~ 129，BCE）间的联系，而此联系是通过美国 19 世纪中期的实用主义哲学家 William James（1842 ~ 1910）建立的。这说明 Swanson 的方法在人文数据库中同样具有重要意义：人文文献中确实也存在着尚未被人们发觉的关联关系和知识。

综上所述，情报学家和情报研究人员对该研究的兴趣表明，现阶段的情报研究内容已囊括知识发现（Knowledge Discovery）而不仅仅是信息检索（Information Retrieval）。21 世纪，知识经济将在全球经济中起主导作用，知识生产、扩散和转移将成为影响一个国家生存和发展的重要因素。因此，知识创新已成为全世界关注的问题。此刻，由人、记录的知识和工具 3 个主要部分组成的情报学也迎来新的发展。而“基于文献的发现”研究在生物医学文献领域的尝试和初步成功，向人们展示了情报学发展的巨大潜在能力。

“基于文献的科学发现”受文献信息资源量、文献信息质量、文献信息种类的制约。因此，通过文献途径进行科学发现的关键是文献信息资源的获取，即文献信息检索。基于文献信息的科学发现需要以大量文献信息分析为基础，同时需要结合信息检索过程中的灵感和思路，对检索得到的文献信息资源进行分类、整理、分析和综合归纳，寻找其中可能的关系和联系，探究其中的隐含规律。可见，丰富的信息资源、科学的检索方法，加上研究人员丰富的知识、立体的思维方式和敏锐的发现意识，这是进行科学发现的必备条件。

第三节　科技查新简介

一、科技查新的概念和对象

（一）科技查新的概念

科技部 2000 年 12 月发布的《科技查新规范》（以下简称《规范》）曾对“查新”作了规范性的定义，之后修订的新版《规范》对这一定义进一步完善。修订稿中定义：“查新，是科技查新的简称，是指查新机构根据查新委托人的要求，按照本规范，围绕项目科学技术要点，针对查新点，查证其新颖性的信息咨询服务工作。”

可见，科技查新咨询工作（简称“查新工作”）是具备查新业务资质的信息咨询机构的查新员，通过手工检索和计算机检索等途径，运用综合分析和对比的方法，为评价科研成果、科研立项等的新颖性提供文献查证结果的一种信息咨询服务工作。

从上述定义不难看出，科技查新业务的主体是信息咨询服务机构，工作基础是科技信息资源，采用的工作方法是信息分析研究方法，工作目的是为有关单位和专家评价科技项目提供系统、准确的科技文献检索和情报学评价结论，为科技管理部门和专家的评审工作提供决策参考。

（二）科技查新的对象

1. 查新对象

（1）申报国家级或省（部）级科学技术奖励的人或机构。

（2）申报各级各类科技计划、各种基金项目、新产品开发计划的人或机构。

（3）各级成果的鉴定、验收、评估、转化。

（4）科研项目开题立项。

（5）技术引进。

（6）国家及地方有关规定要求查新的项目。

2. 查新委托人须提供的资料

查新委托人除应熟悉所委托的查新项目外，还需据实、完整、准确地向查新机构提供查新所必需的资料。

（1）查新项目的科学技术资料及其技术性能指标数据，包括：科研立项文件（如立项申请书、立项研究报告、项目申报表、可行性研究报告等），成果鉴定文件（如项目研制报告、技术报告、总结报告、实验报告、测试报告、产品样本、用户报告等），申报奖励文件（如奖项申报书及有关报奖材料等）。

（2）课题组成员发表的论文/申请的专利。

（3）参考检索词，包括中英文对照的查新关键词（含规范词、同义词、缩写词、相关词）、分类号、分子式、化学物质登记号等。

（4）与查新项目密切相关的国内外参考文献。

二、查新新颖性的界定

科技项目的立项、鉴定、评奖、申请专利，其必要条件则是新颖性，如何来证明其新颖性呢？这便是查新检索报告的核心内容。

（一）新颖性及其判断原则

何谓新颖性？我国专利法第22条指出：新颖性，是指在申请日以前没有同样的发明，或者实用新型在国内外出版物上未公开发表过、在国内未公开使用过或者其他方式未能为公众所知，也没有他人向专利局提出过同样的发明或者实用新型申请。创造性，是指同申请日以前已有的技术相比，该发明有突出的实质性特点和显著的进步，该实用新型有实质性特点和进步。

新颖性如何来评判呢？以专利法明确界定的概念依据，以国内外出版物上公开发表的文献和未公知公用的事实来说明、证实其新颖性。“新颖性”的判断，需要全面准确地调查文献信息，从公开报道的文献中，针对每一查新课题的整体、局部、某几点作出与现有事实分析和对比，得出是否是前所未有的结果，才可得出是否具有“新颖性”的结论。

查新新颖性的判断原则有：

（1）相同排斥原则：同样的项目是指科学技术领域和目的相同、技术解决手段实质上相同、预期效果相同的项目。在查新中，对“同样的项目”采取“相同排斥原则”。如果已有同样的项目，该项目就缺乏新颖性。反之，则新颖性成立。

（2）单独对比原则：所谓“单独对比原则”是指应当将查新项目的科学技术要点与每一份对比文献中公开的与该查新项目相关的科学技术内容单独地进行比较，不得将其与几份对比文献内容的组合进行比较。

（3）具体（下位）概念否定一般（上位）概念原则：在同一科学技术主题中，具体（下位）概念的公开即可使一般（上位）概念的查新项目丧失新颖性。例如，对比文献公开某产品是“用铜制成的”，就使“用金属制成的同一产品”的查新项目丧失新颖性。反之，一般（上位）概念的公开并不影响具体（下位）概念的查新项目的新颖性。例如，对比文献公开的某产品是“用金属制成的”，并不能使“用铜制成的同一产品”的查新项目丧失新颖性。

（4）突破传统原则：这个原则通常用于数值范围的判断，主要是指：若在现有技术中公开的某个数值范围是为了告诫所属技术领域的技术人员不应当选用该数值范围，而查新项目却正是突破这种传统而确立该数值范围，那么，该项目具有新颖性。

（二）案例分析

科学技术的发展是循序渐进，任何一个科研成果都是在前人基础上的再推进，由于推进的程度存在差异，所以其新颖性的程度也有所区别，一种是总体新颖，另一种是局部新颖，再者是某几点新颖。

1. 总体新颖

如“人造板压机电液比例闭环控制系统及静动态特性研究”项目，经国内外信息检索后证明：国外人造板压机采用电液伺服系统，而国内人造板压机的控制技术却停留在开关控制水平上；电液比例开环控制系统在液压电梯、机床、水轮机、起重机等机械均有报道。而本项目首先是将电液比例开环控制系统发展为闭环系统，其次又引入木材加工机械，在学科间的结合部寻找到一空白点立项，属项目总体新颖。

2. 局部新颖

如“用稻壳制备氮化硅纳米粉末过程中的机理研究”项目，经国内外信息检索后得出：以稻壳制备氮化硅粉末是近年来的研究热点，但技术路线各有千秋，由于技术路线的不同，其工艺参数、制造成本等将有很大差距。所以在比较分析中，若技术路线完全不同，则属于局部新颖。

3. 某几点新颖

如某“无线密码遥控起爆系统”项目，经检索后得出，该项目仅仅是起爆系统的技术参数上有所不同，则属于某几点新颖。

可见，新颖性的界定，是科学筛选科技项目的第一道滤网。

三、科技查新与文献检索及专家评审的主要区别

文献检索是针对具体课题的需要，仅提供文献线索和原文，对课题不进行分析和评价。

专家评审主要是依据专家本人的专业知识、实践经验、对事物的综合分析能力以及所了解的专业信息，对被评对象的创造性、先进性、新颖性、实用性等作出评价。专家评审的作用是一般科技情报人员无法替代的，但具有一定程度的个人因素。

科技查新是文献检索和情报调研相结合的情报研究工作，它以文献为基础，以文献检索和情报调研为手段，以检出结果为依据，通过综合分析，对查新项目的新颖性进行情报学审查，写出有依据、有分析、有对比、有结论的查新报告。也就是说，查新是以通过检出文献的客观事实来对项目的新颖性作出评价。

因此，查新有较严格的年限、范围和程序规定，有查全、查准的严格要求，要求给出明确的结论，查新结论具有客观性和鉴证性，但不是全面的成果评审结论。这些都是单纯的文献检索所不具备的，也有别于专家评审。

四、查新过程中的文献检索与查新报告

科技查新过程一般包括：查新委托、受理查新委托与订立合同、文献检索、查新报告、文件归档与数据库登录。而文献检索与查新报告撰写是最重要的步骤。

（一）文献检索

文献检索可以按如下4个步骤进行。

1. 检索准备

在检索前，查新员要做好以下几项工作：

（1）认真、仔细地分析查新项目的资料，明确查新委托人提出的查新点与查新要求，了解查新项目的科学技术特点。

（2）明确检索目的。

（3）根据检索目的确定主题内容的特定程度和学科范围的专指程度，使主题概念能准确地反映查新项目的核心内容。

（4）确定检索文献的类型和检索的专业范围、时间范围。

（5）制定周密、科学而具有良好操作性的检索策略。

2. 选择检索工具

在分析检索项目的基础上，根据检索目的和客观条件，选择最能满足检索

要求的检索工具。手工检索时，根据专业对口、文种适合、收录完备、报道及时、编排合理、揭示准确的原则，选择检索工具书。计算机检索时，在检索前根据查新项目的内容、性质和查新的要求选择合适的检索系统和数据库。

3. 确定检索方法和途径

（1）根据查新项目所属专业的特点、检索要求和检索条件确定检索方法。

（2）确定检索途径（检索点）。

在手工检索条件下，文献的检索途径就是检索工具书中的目次、正文和辅助索引。检索工具书提供的检索途径主要有分类途径、主题途径、文献名称途径、著者途径、文献代码途径以及其他特殊途径。分类途径和主题途径是手工检索的主要途径。

在计算机检索条件下，为了确定检索途径，要先弄清数据库采用的是规范化词表还是自由文本式词表；指示主题性质的代码是标准的还是任选的，提问式如何填写，再将表达检索提问的各概念依照数据库采用的词表转换成检索语言，即主题词、分类词、关键词等。

4. 查找

《科技查新规范》规定：查找时，应当以机检为主、手检为辅。

在实际查找中，除利用检索工具书和数据库外，必要时还需补充查找与查新项目内容相关的主要现刊，以防漏检。此外，查新员还应当注意利用相关工具书，如手册、年鉴等。在得出最终检索结果之前，有时会出现查到的文献极少甚至根本没有查到文献，或者查到的文献太多的情况，还需要对每次检索结果进行检验和调整，以扩检或者缩检。当检索完成后，查新员应根据检索结果和分析的需要，详细阅读文献原文。

（二）查新报告的主要内容

查新报告的内容应当符合查新合同的要求。一般说来，查新报告应当包括如下基本内容：

（1）基本信息：包括查新报告编号，查新项目名称，查新委托人名称，查新委托日期，查新机构的名称、地址、邮政编码、电话、传真和电子信箱，查新员和审核员姓名，查新完成日期。

（2）查新目的：可分为立项查新、成果查新等。立项查新包括申报各级、各类科技计划，科研课题开始前的资料收集等；成果查新包括为开展成果鉴定、申报奖励等进行的查新。

（3）查新项目的科学技术要点：是指查新项目的主要科学技术特征、技术参数或指标、应用范围等。应当以查新合同中的科学技术要点为基础，参照查新委托人提供的科学技术资料作扼要阐述。

（4）查新点与查新要求：应当与查新合同中的一致，即查新点是指需要查证的内容要点，查新要求是指查新委托人对查新提出的具体愿望。

查新要求一般分为以下4种情况：希望查新机构通过查新，证明在所查范围内国内外有无相同或类似研究；希望查新机构对查新项目分别或综合进行国内外对比分析；希望查新机构对查新项目的新颖性作出判断；查新委托人提出的其他愿望。

（5）文献检索范围及检索策略：应列出所确定的手工检索的工具书、年限、主题词、分类号和计算机检索系统、数据库、文档、年限、检索词等。

（6）检索结果：应当反映出通过对命中文献情况及对相关文献的主要论点进行对比分析得出的客观情况。检索结果应包括下列内容：对命中文献的情况进行简单描述；依据检出文献的相关程度分国内、国外两种情况分别依次列出；对所列主要相关文献逐篇进行简要描述（一般可用原文中的摘要或对摘要进行抽提），对于密切相关文献，可节录部分原文并提供原文的复印件作为附录。

（7）查新结论：应包括相关文献检出情况，检索结果与查新项目的科学技术要点的比较分析，对查新项目新颖性的判断结论。

（8）查新员与审核员声明：应包括经查新员、审核员签字的声明，如：报告中陈述的事实是真实和准确的；按照科技查新规范进行查新、文献分析和审核，并作出上述查新结论；获取的报酬与本报告中的分析、意见和结论无关，也与本报告的使用无关。

（9）附件清单：包括密切相关文献的题目、出处以及原文复制件；一般相关文献的题目、出处以及文摘。

（10）委托人要求提供的其他内容。

最后，查新报告应当具有查新员和审核员的签字，加盖查新机构的科技查新专用章，同时对查新报告的每一页进行跨页盖章。

习 题

1. 何谓基础研究、应用研究和开发研究？它们各有什么特点？

2. 科学研究与开发中的各类人员对信息的需求和使用有什么不同的特点？

3. 什么是科学发现？简述它与技术发明、技术创新的关系。

4. 科学发现的途径及制约因素有哪些？

5. 通过文献途径进行科学发现的关键因素有哪些？

6. “基于文献的科学发现”的代表人物有哪些？其显著性成果反映在哪些方面？

7. 你所了解的电子文献的目前现状怎样？有哪些更有效的方法获取学科前沿信息与全文？结合学科专业举例说明。

8. 科技查新的含义是什么？

9. 查新工作人员应具备哪些基本素质?

10. 查新新颖性如何判断?

11. 简述“新颖性”和“先进性”的关系。

12. 试比较科技项目查新与专利查新的异同。

13. 查新报告的内容主要有哪些?

14. 结合自己的科研选题，论述科技查新在科研中的重要作用。

第九章

论文写作与检索工具的利用

【内容提要】

学位论文写作是大学本科生和研究生从事科学研究活动的主要内容，也是检验其学习效果、学习能力、科学研究能力及论文写作能力的重要参照。因此，怎样选题、如何围绕选题搜集信息文献和筛选资料、怎样作文献综述、怎样进行论文写作与修改等，对于接受高等教育的大学生，尤其是硕士以上的研究生具有极其重要的意义。

第一节 学位论文的类型与要求

一、学位论文的概念及分类

不论是获得学士、硕士还是博士学位，都须完成一篇学位论文。学位论文的写作是一项综合的训练，它不仅能够锻炼、提高写作者搜集、整理、鉴别相关文献资料的能力，分析问题和解决问题的能力，还可以提高他们的外语能力和驾驭文字的能力，因此是对大学生和研究生学习成绩和专业水平的一个总的检验和考核。

（一）学位论文的概念

根据中华人民共和国国家标准规定，学位论文是表明作者从事科学研究取得创造性的结果，或有新的见解，并以此为内容撰写而成、作为提出申请授予相应的学位时评审用的学术论文。通俗地讲，学位论文就是在教师指导下，学生运用所学的基础理论、专业知识和基本技能，对本专业的某一课题进行独立研究后，为表述研究过程和研究成果而撰写的一种大型作业。它是提供给学位答辩委员会并以此获得相应学位的书面材料。

我国学位论文分为学士论文、硕士论文、博士论文3类。

（二）学士论文

国家学位条例规定，大学生只要较好地掌握本学科的基本理论、基本知识和基本技能，具有一定的从事科学研究的能力，就可以通过毕业论文答辩，取得学士学位。由此可见，学士论文侧重于考察学生运用所学知识解决某些问题的基本能力。

学士论文是在不到半年时间内，在教师指导下首次进行科学研究的实践总结。因此，它的选题一般较小，篇幅在1万字左右，内容不太复杂，但要求有一定的独创性，能够较好地分析和解决学术中某些问题。

要写好一篇学士论文，作者应了解本学科一些科研信息，学会对技术课题进行调查研究，阅读与选题有关的一定数量的中外文参考文献和工具书，了解有关的技术方法和政策，学会编制技术资料。在论点和论据上有独到见解。

（三）硕士论文

硕士论文的学术价值要求比学士论文高。硕士论文是在研究生导师指导下进行的，但更强调培养作者自己独立思考和独立完成的能力。所谓独立完成，是指学位论文撰写过程中所涉及的调查研究、收集资料、课题选择、理论分析、实验工作、成果总结、论文写作、宣讲答辩等各个环节，都要求研究生在导师指导下去独立完成，从而得到一次系统、全面、综合、严格的实际训练。

硕士论文的科学观点和结论应在学术和国民经济建设上具有一定的理论意义和实践价值，对论文所涉及的问题应具有坚实的理论基础和专门知识，掌握本研究课题的研究方法和技能。硕士论文必须能够反映出作者掌握知识的深度，有作者的新见解，并有一定的科研成果。

一般来说，硕士论文在5万字左右。较好的硕士应当是较为系统、完整的学术研究成果，达到学术刊物发表的水平，或被有关管理部门采用。

（四）博士论文

博士论文的要求更高，它要求作者必须在某一学科领域中具有坚实的基础理论和系统深入的专门知识。博士论文必须具有独创性和较高的学术水平，在某一学科领域中起先导和开拓作用。博士论文的基本观点和结论在学术和国民经济建设中应具有较大的学术意义和实践价值。

博士论文也是在导师指导下完成的，是作者独立写作的完整而系统的科学著作，是较重要的科研成果。具体来说：

（1）博士学位论文要有系统性，应自成体系，对本课题的研究历史与现状、实验设计与装备、理论分析与计算、经济效益与实例、遗留问题与前景等，都应有一个系统的叙述。

（2）博士论文必须独立完成。为了培养博士研究生独立从事科学研究的能力，指导教师始终把博士生放在科学研究的环境中，导师仅仅对博士生的研究目标与实施计划给予指导，具体科研工作由博士生独立完成。要强调博士生独立选题、独立调研、独立拟定研究方案和实验条件、独立撰写学位论文。

博士论文一般在5万字以上，有的博士论文长达十几万字，成为一部学术专著。论文摘要不超过6000字，在答辩前要求在公开刊物上发表其核心成果。论文经过成果鉴定或有20位以上同行专家评议通过后才能进行论文答辩。通过博士学位答辩的博士论文具有发表和出版价值。

二、学位论文的独创性

学位论文除要求科学性、客观真实、论证严密、综合性、体式规范外，独创性是衡量学位论文科学价值的根本标准。论文价值的大小，主要看它是否提出了新技术、新工艺、新见解、新理论，并具有普遍性和公开性。无论是观点的提出、方法的运用还是结果的获得，都应该体现独创精神。独创性还表现在对前人知识进行科学的加工运用上。由于学位论文的级别不同，对论文独创性的要求也不同。

（一）学士论文的独创性

王连山在《怎样写毕业论文》一书中提出了衡量大学生毕业论文独创性的标准：

（1）所提出的问题在本专业学科领域内有一定的理论意义或实际意义，并通过独立研究，提出了自己一定的认识和看法。

（2）虽是别人已研究过的问题，但作者采取了新的论证角度或新的实验方法，所提出的结论在一定程度上能够给人以启发。

（3）能够以自己有力而周密的分析，澄清在某一问题上的混乱看法。虽然没有更新见解，但能够为别人再研究这一问题提供一些必要的条件和方法。

（4）用较新的理论和较新的方法提出并在一定程度上解决了实际生产、生活中的问题，并取得一定效果，或为实际问题的解决提供了新的观点和数据。

（5）用相关学科的理论较好地提出并在一定程度上解决了本学科中的问题。

（6）用新发现的材料（数据、事实、史实、观察资料等）来证明已证明过的问题。

（二）硕士论文的独创性

姚远、郑进保等人在《科学技术期刊撰稿指南》一书中，根据近年来硕士论文的情况，对自然科学各专业的硕士论文的独创性提出了以下看法：

（1）利用已有的理论和方法解决了本专业领域内某个或某些有理论意义或实际意义的问题，进行了理论分析和实验研究，得出了新的结果。

（2）将其他学科领域的理论和方法引入本学科，解决了本学科中有实际意义的问题。例如：把数学中优化理论引入，进行最佳设计；引入计算机处理，进行最佳控制等。

(3) 采用新的实验方法、测验手段，获得了有意义的实验结果。例如建立了国内没有的或改进了国内已有的实验设备，或者研制成新的测试仪器等。

(4) 在计算机模拟计算中，物理模型的建立、计算方法或程序设计的技巧方面比前人有改进，使之更接近实际情况，或已被证明有多种优点的应用软件的开发和改进。

(5) 针对工厂产品或制造工艺进行改进，取得的成果达到了国内先进水平，并在此基础上进行了一定的理论探讨。

(6) 在生物、地理、地质的某些学科中，通过野外实际考察，有重要发现，或对收到的大量实际资料进行鉴定、分析，得出新的结论或有新的见解，并有一定的理论意义。

他们认为，硕士学位论文只要求在其中一个方面有改进或创新就可认为论文具有独创性，但对文科和理科中非实验学科的专业（如数学等），由于没有实验工作的要求，因此论文独创性在理论方面的体现应要求更高一些，应体现为解决前人未解决的问题或完善和扩充前人的成果。

（三）博士论文的独创性

博士论文的独创性要求在某个学科或专门技术上有明显的重要突破，在理论上能提出独立的新见解，取得创造性的成果。对自然科学博士论文的独创性可以用下面几条来衡量（姚远、郑进保等）：

(1) 发现有价值的新现象、新规律，建立新理论。

(2) 设计实验技术上的新创造、新突破。

(3) 提出具有一定科学水平的新工艺、新方法，在生产中可获得重大的经济效益。

(4) 创造性地运用现有知识、理论，解决前人没有解决的工程关键问题。

第二节 论文选题

选题是撰写学位论文的首要环节。

爱因斯坦说道：“提出问题往往比解决问题更重要。因为解决问题也许仅是一数学上或实验上的技能而已，而提出新的问题、新的可能性，从新的角度去看旧的问题，却需要有创造性的想像力，而且标志着科学的真正进步。”李政道博士对中国科技大学少年班的同学们说：“最重要的是会提出问题，否则将来就做不了第一流的工作。”两位科学家所说的“提出问题”就是我们说的选题。

选题是指论文要论述的范围或研究方向，通常是研究过程中选定的研究课题。不管是社会科学还是自然科学，其内部都有很多不同的学科门类，每门学科的内容又很广泛，可用作学位论文的题目很多，可供研究的课题数不胜数。但并不是任何选题都具有研究价值，可以形成论文。选择既能反映自己的科学水平和创新能力、又符合自己客观条件的课题不是一件容易的事情，它既要受到自己学术水平、研究能力的限制，又要受到研究条件的制约。

人们常讲，选好一个题目，论文也就成功了一半。尽管选题不是一件容易的事情，但也有一定的方法和原则可循，这些方法和原则都是从实践中总结出来的，对学位论文的作者很有借鉴和指导意义。

一、论文选题的基本原则

1. 需要性和效益性原则

需要性原则即选定的课题应面向社会需要和学科发展的需要，必须要以人们的需求和促进社会进步为前提，充分体现出科学技术是第一生产力的宗旨，同时能够促进学科的发展。

效益性原则主要是指科研投入和成果应用产生的效益比。一般来说，科学研究的归宿是将成果在社会上得到应用和推广，科研投入低、成果推广面大，其效益性就越大。从某种意义上来讲，越是关键技术，其效益就越大。

2. 创造性原则

创造性就是前面所说的独创性问题。论文是对自己学习和科学研究的总结，因此，论文的选题要能反映自己学习和科学研究所取得的成绩，要在前人的研究基础上有所创新。因此，在论文的选题阶段，就要注意论文是否具有新意。老调重弹、拾人牙慧的论文往往不会具有创新性，也不会产生好的社会影响。创新是一篇论文必须遵循的原则。

3. 科学性原则

科学性原则是指论文必须具有科学价值，也就是说论文要符合科学和社会发展的规律。仅有创新性而不具备科学性的论文，往往会走火入魔，同样丧失价值。如“水变油”问题虽然具有创新性，但由于不具备科学性，因而阐述“水变油”的论文也就不具有价值。

论文的科学性原则，一方面要求论文能反映社会的现实需要，根据社会现实确定论文选题；另一方面要求论文能反映科学研究的最新进展，根据科学研究的实际情况确定论文选题。

4. 兴趣原则

爱因斯坦说：“兴趣是最好的老师。”只有产生了兴趣，对问题具有强烈的好奇心，才能全身心地投入，才能专心致志、废寝忘食地努力去搜集资料、深入研究，才能调动全部智慧从事学位论文的写作。爱因斯坦的成功是众所周知的，这不能不归功于他对数学的极大兴趣和对理想的执着追求。

兴趣的产生有两种方式。一种是由研究对象本身引起的直接兴趣，一种是由目的和任务间接引起的兴趣，后一种是在研究过程中逐渐产生的。有兴趣的课题，往往是作者比较了解的有一定基础的题目，因此容易激发出热情和积极性。论文写作者最好在专业范围内选择最有兴趣、最有把握的论文题目。

5. 可行性原则

由于论文选题往往受到主观和客观条件的限制，有些论文选题虽然非常好，价值非常大，但由于写作者自身条件的限制，或研究条件等客观条件的限制，即使选择了这一选题，最后也无法完成。因此，论文的选题还要遵循可行性的原则。

二、论文选题的方法

17 世纪法国著名的思想家笛卡尔曾经说过："最有价值的知识是关于方法的知识。"要选好论文的题目，只了解选题原则还不够，还需要了解和掌握选题的一些具体方法。

（一）选题方式

一般来说，学位论文有 3 种选题方式。

1. 主动选题

论文写作者在学习和工作中，根据个人兴趣、爱好，就某些问题进行认真研究，发现某些问题前人没有探讨过，或某些问题前人研讨得还不够深入，就可在此基础上形成论文的选题。这种选择方式往往符合自己的兴趣和爱好，自由度最大，最能发挥个人专长，是根据多种因素、经过深思熟虑之后选定的，不但完成快，而且容易写好。但这种选题受自身认识能力的限制，有时自己认为不错的选题，其实并不具有科学价值，或不具备可行性。

2. 被动选题

被动选题通常是指导师提出的论文选题。这种方式多发生在硕士生和博士生层次上，由于研究生所攻的研究方向较窄，选题范围不像本科学生那么宽泛，所以很容易服从导师的题目。由于提出选题的人往往具有较高的知识水准，能够把握学术发展的脉搏，这些选题往往具有较大的价值。被动选题如果与自己的知识结构、兴趣爱好相吻合，往往完成容易，而且容易写好。但如果与自己的知识结构、兴趣爱好等不相吻合，完成的难度可能较大。

3. 主动与被动相结合的选题

主动与被动相结合的选题是指论文写作者提出某选题后，他人认为该选题虽好，但存在某些问题，因此加以更改而形成一个更好的选题；或是他人提出某选题后，论文写作者根据自己的实际情况进行更改而形成的更符合自己情况的选题。

从选题方式来看，导师选题多从学科的发展和社会的需要考虑，学生选题则更多考虑的是自己的兴趣和能力，因此导师只是建议而不会强迫。从选题的准确性讲，采用第三种方式比较好，往往更加适合写作者的实际情况，具有更大的可行性，能较好地体现出教师指导和学生自主的结合。

（二）选题方法

选题方法是指怎样选题、选什么样的课题。具体方法多种多样，因人而异。论文选题时，作者应从以下两方面入手。

1. 要了解本学科研究的现状

要通过查阅书目和报刊资料索引，了解前人在这一领域内作过哪些研究，取得过哪些成果，有过哪些争议和歧义，还有哪些待填补的空白和待充实的薄弱环节，以便在前人研究的基础上有所开拓，有所创新。决不可不作任何调查研究就轻易确定题目，因为一些你感兴趣的，你认为有价值的选题，也许别人早就做过了。不作调查研究就仓促上阵，等到干了一半以后再作调整，就难免会劳而少功，甚至劳而无功。

根据前人的经验，遵循独创性原则，以下几种选题方法对教师和学生同样有参考价值：

（1）选择亟待解决的课题。科学发展到任何程度都有一些没有解决而又亟待解决的课题，这些课题都是关系到国计民生的重大问题，有的还是科学发展中的关键问题。特别是现代生产实践的迅猛发展，亟待解决的问题也越来越多。因此，学位论文的作者也应该从生产实践中去发现问题和确定选题。

（2）选择开创性的课题。所谓开创性课题，是指那些前人没有研究过的课题，或者指不同学科之间的交接点或知识的空白区域，是科学领域的处女地，具有很高的开垦价值。许多新理论、新发现、新创造都是在这里获得的。什么是科学的空白区、到哪里寻找空白区？除了从书本上发现以外，还要积极参与社会活动，从实践中发现空白区。

（3）选择有矛盾的课题。在科学发展史上，常常出现旧理论与新事实之间的矛盾、这种理论与那种理论之间的矛盾，以及不同学科之间的矛盾。这些矛盾就是很好的选题，从中可以开辟新的研究方向，建立新的科学分支。

选择有矛盾的课题，还可以纠正和补充前人的理论，使之更臻完善。科学研究在许多情况下总是先提出假说或论断，然后要经过不断地验证、补充、修订和丰富，才能成为完整的理论体系。即使已成定论的说法，或者权威们的研究成果，如果发现有不完善和不正确的地方，也可以大胆地将其作为自己的选题。

（4）选择有争论的课题。选择有争论性的课题，参与大讨论，也容易获得成功。研究这种带有争鸣性质的课题，有时候要在众说纷纭的情况下提出自己的见解，有时候可以针对某一种说法进行辩论，阐述自己的主张。只要本着坚持真理、纠正错误的精神进行研究，也会在学术上取得突破，促进学术发展。

2. 选择好突破口

这要从多方面考虑。从主观方面考虑，要先看这个题目所涉及的背景知识是否熟悉，能否发挥自己的优势，在使用外文资料方面有无障碍。倘若第一外语是英语，最好不要涉及那些需要查阅大量日文文献资料的题目。从客观方面考虑，要看这个题目的相关资料是否丰富，是“富矿”还是“贫矿”，获取这些资料是否困难，以免写了一半，难以为继。

一般而言，对于学士论文，选题范围不宜过大、涉及面不宜太宽。因为范围过大，不但时间不允许，而且不容易写得深入和透彻，难免写得大而空，难以保证质量。论文的选题小一些、专一些，既容易完成，也容易写好。当然，题目也不能太小，太小的题目，搜集资料、阐述都不容易，也达不到锻炼提高的目的。

选题的难易程度同样要适度。对初写学术论文的同学来说，选择高难度的课题，不仅达不到提高研究能力的目的，反而会因写作难度大，挫伤写作的积极性。过易的题目，又体现不出自己的知识水准和创造性，同样不利于自己水平的发挥。

因此，在选题过程中，必须实事求是地从主客观实际出发，量力而行，恰当地把握选题的时间、大小、难易程度。

第三节　资料搜集与文献综述

在确定了论文的选题后，下面最主要的工作就是进行资料的收集和选择。

一、资料搜集的范围

撰写毕业论文必须阅读大量资料。资料是毕业论文写作的基础。没有资料，研究无从着手，观点无法成立，论文不可能形成。所以，详尽地占有资料是毕业论文写作之前的另一项极重要工作。

毕业论文写作之前，至少应当掌握如下 5 个方面的材料：

1. 第一手资料

第一手资料包括与论题直接有关的文字材料、数字材料（包括图表），如统计材料、典型案例、经验总结等，还包括自己在实践中取得的感性材料。这是论文中提出论点、主张的基本依据。没有这些资料，撰写的毕业论文就只能成为毫无实际价值的空谈。

对第一手资料要注意及早收集，同时要注意其真实性、典型性、新颖性和准确性。

2. 他人的研究成果

这主要是指国内外与该课题有关的学术研究的最新动态。撰写毕业论文不是凭空进行的，而是在他人研究成果的基础上进行的，因此，对于他人已经解决了的问题就可以不必再花力气重复研究，但可以以此作为出发点，并从中得到有益的启发。对于他人未解决的，或解决不圆满的问题，则可以在他人研究的基础上再继续研究和探索。

切忌只顾埋头写，不管他人研究，否则，论文的理性认识会远远低于前人已达到的水平。

3. 边缘学科的材料

当今时代是信息时代，人类的知识体系呈现出大分化大融合的状态，传统学科的分界鸿沟逐渐被打破了，出现了令人眼花缭乱的分支学科及边缘学科。努力掌握边缘学科的材料，对于所要进行的课题研究大有好处。它可以使我们研究的视野更开阔，分析的方法更多样。譬如研究经济学的有关课题，就必须用上管理学、社会学、理学、人口学等学科的知识。

大量研究工作的实践表明，不懂一些边缘学科知识，不掌握一些边缘学科的材料，会导致知识面和思路狭窄，很难撰写出高质量的论文。

4. 名人的有关论述、有关政策文献等

名人的论述极具权威性，对准确有力地阐述论点大有益处。至于党的有关方针、政策既体现了社会主义现代化的实践经验，也能反映出现实工作中面临的多种问题。因此，研究一切现实问题都必须把握和清楚这方面的材料，否则会出现与党的方针、政策不一致的言论，使论文出现很大的缺陷。

5. 背景材料

搜集和研究背景材料有助于开阔思路，全面研究、提高论文的质量。例如，要研究马克思的商品经济理论，不能只研究他的著作，还应该大力搜集他当时所处的社会、政治、经济等背景材料，从而取得深入的研究成果。

二、资料搜集的途径

收集资料的途径很多，既可以通过阅读获得论文所需资料，也可以通过观察、实验等方式获取所需资料。

许多人常常认为，社会科学方面的选题积累资料时采用的是阅读方式，自然科学方面的选题积累资料时采用的是观察、调查、实验的方式。其实，不论是撰写社会科学还是自然科学方面的文章，都需要阅读的过程，而社会科学方面的资料积累也可以采用观察、调查、实验的方式，只是相对而言，社会科学方面的资料积累，阅读的方式多一点而已。

（一）阅读

阅读是为了了解前人的研究成果，从中发现对自己选题有用的材料。在选题过程中已经知道了该选题方面的基本情况，这时就应该通过阅读来积累资料。阅读有泛读和精读两种。前者是对该选题方面的资料有一个全面的了解；后者是在前者的基础上，有重点地选择材料阅读，目的是获得新的知识，或得到新的启发。

在这一过程中，要注意了解前人在这方面已经进行了哪些探索、取得了哪些成绩、还有哪些薄弱的环节和值得进一步开拓的空间、在哪些问题上有待深入和提高、有哪些值得商榷之处、在哪些方面有可能提出自己的新见解，以及在资料和史实的运用上还存在哪些不足等。总之，要充分利用和借鉴前人的研究成果，总结其经验，以高屋建瓴之势，在前人的肩膀上重新起步。

阅读过程中应注意：

1. 勤作笔录

在浏览中要注意勤作笔录，随时记下资料的纲目，记下资料中对自己影响最深刻的观点、论据、论证方法等，记下脑海中涌现的点滴体会。

2. 分类、整理

将阅读所得到的方方面面的内容，进行分类、排列、组合，从中寻找问题、发现问题。材料可按纲目分类，如分成：

（1）系统介绍有关问题研究发展概况的资料。

（2）对某一个问题研究情况的资料。

（3）对同一问题几种不同观点的资料。

（4）对某一问题研究最新的资料和成果等。

3. 捕捉灵感

将自己在研究中的体会与资料分别加以比较，找出：

（1）哪些体会在资料中没有或部分没有。

（2）哪些体会虽然资料已有，但自己对此有不同看法。

（3）哪些体会和资料是基本一致的。

（4）哪些体会是在资料基础上的深化和发挥等。

经过几番深思熟虑的思考过程，就容易萌生自己的想法。应把这种想法及时捕捉住，再作进一步的思考，使选题的研究目标渐渐明确起来。

（二）观察、调查或实验

通过观察、调查或实验，同样能获得自己所需的资料。

观察是对研究对象进行考察，获得有关论文所需的资料。在社会科学中，观察的对象是人与社会现象；而自然科学中，观察的对象往往是动植物、物理、化学反应等。观察过程中容易受到观察者个人的情感、知识、经验的影响，有时不能准确地反映实际的结果，这是在观察过程中要注意的。

调查是对研究对象的又一种考察方法。调查可采用问卷法、访谈法等多种方式。访谈法与问卷法都是采取问答方式进行调查，不同之处在于问卷法是书面调查方式（书面提问，书面回答），访谈法是口头调查方式（口头提问，口头回答）。

实验是通过一定的程序，了解研究对象的情况。自然科学方面的论文往往需要通过实验来验证研究的结果或假说，社会科学方面的论文也可以通过实验来获得研究对象的资料。

搜集资料还可以采用统计法。统计法是利用有关统计数据、报表或资料，分析研究对象的情况。统计法往往比较客观，能在一定程度上准确反映研究对象的真实情况。但由于调查单位自身条件限制、统计方法不一定合理等原因，往往具有一定的局限性。

三、检索工具的综合应用

在搜集资料的过程中，恰当地使用检索工具能帮助自己顺利地查找和积累有关资料。通过前面章节对检索工具的系统学习，我们已经知道了各种检索工具的作用，也知道了查找资料的方法。然而，各种检索工具都具有一定的局限性，加深对各种检索工具的特点及其局限性的认识，学会对检索工具的综合应用，对提高积累资料的准确性、降低积累资料的难度就显得相当重要了。

1. 书本式与期刊式检索工具

书本检索工具具有查阅方便的特点，但受出版时间的限制，往往不能反映最新的资料。期刊式检索工具能反映最新的资料，但由于篇幅的限制，又不能全面反映资料的历史内容。因此，将书本式与期刊式检索工具进行综合使用，能获得更加全面的信息。如专题书目、索引等出版后，利用期刊式检索工具补充有关资料，能获得过去和现在的所有内容。

2. 专业性与综合性检索工具

专业性检索工具反映的是本学科领域内的文献，专指性强，能节省时间和精力，是查找专题资料的首选检索工具。综合性的检索工具能反映各个学科的内容，对于开拓知识面和视野具有极大的作用。现代学科之间的相互渗透，查检综合性检索工具有时能得到意想不到的收获。尤其是国内的一些检索工具，往往采用分类进行编排，一些跨学科的文献往往分散在不同的类目中。因此，在检索中要注意将专题书目与综合性书目、专题索引与综合性索引等配合起来使用。

3. 印刷型与网络型检索工具

印刷型检索工具不需要借助其他设备，具有使用方便、可靠性强的优点，但存在更新慢的缺点。网络型检索工具更新速度快，能通过不同的途径进行检索，一定程度上弥补了印刷型检索工具的缺陷。由于国内目前不可能将所有的检索工具都上网，因此，要注意将两者结合。如通过《全国总书目》、《中国国家书目》等查找图书的同时，也可以利用一些网上书店、出版社网站提供的书目扩大自己的检索范围。

4. 中文与外文检索工具

中文检索工具大都只能反映国内的研究成果，因此，要注意充分使用外文检索工具，获得世界上最新的研究动态。只有全面了解国内外的研究动态，才能使论文具有较高的水平。

四、资料的选择

搜集完资料后，还要对资料进行加工整理。并不是所有搜集到的资料都可以使用，还必须对资料进行选择。由于资料是支撑论点的重要依据，如果资料出现错误，论文的准确性肯定会受到影响。资料的选择要把握准确、典型、新颖和充分的原则。

1. 准确

准确是指资料必须正确。无论是通过阅读查找的资料，还是在观察、调查、实验中获得的资料，首先都必须保证准确。决不能为了论文的写作而杜撰或伪造资料。一些被怀疑为不准确的资料，如果有条件的话，可以重新进行查找或验证。如果不具备重新进行查找或验证的条件，也应该毫不惋惜地舍弃。对一些第二手材料，如采用古代类书、他人引文中的资料，一定要核对原文，以免以讹传讹。尤其是发现资料中存在一些差错或前后矛盾等问题时，一定要重新进行查找或核对，以防出现不应有的错误。

2. 典型

典型是指资料能够反映事物的本质，具有强大的说服力。典型资料能够反映事物的共同规律，具有强大的说服力。任何资料都有典型和非典型之分，一些资料可能在文章甲中属于典型资料，但在文章乙中不属于典型资料。因此，要根据自己的论文情况，选择能够反映论文特色的典型资料。

3. 新颖

新颖是指资料具有独创性。自己论文中的资料应当是别人没有使用过的，或是司空见惯的资料但作了新的阐释的。资料的新颖往往是文章具有独创性的一个重要方面，也是论文具有价值的一个重要因素。

4. 充分

充分是指资料要能足以支撑论文的观点。在选择资料时，要做到恰如其分也不是一件容易的事。充分的资料是既要能说明论文的观点，使读者对所论述的问题有充足的了解；同时又能表明论文作者的研究水平和创造能力。不同的文章对资料的要求是不同的，而且由于科学的不断发展，新的资料又会不断地出现，因此，要养成不断积累资料的好习惯。

五、文献综述

文献综述是对当前某一领域中某分支学科或重要专题的最新进展、学术见解搜集大量资料后，经过分析研究，选取有关情报信息，进行归纳整理，就某一方面问题的历史背景、前人工作、争论焦点、研究现状和发展前景等作综合性描述的科学性论文。文献综述是科学文献的一种，可以称得上是一种“文献的文献”或者“论文的论文”，是对文献再加工而成的第三次文献。

李政道教授曾经在一次学术演讲的开场白中这样说道：“到昨天晚上 11：30 为止，世界物理学前沿研究的进展情况是这样的……”。这句话也许可以理解为最简单的文献综述模式。

（一）文献综述的作用

文献综述是毕业论文写作和科学研究中必不可少的基础环节，特别是研究生论文开题前的基础工作。对于本科生毕业论文的写作，主要是考查学生能否运用所学知识阐述和解决某一具体问题，而不是要求他们取得重大科学发现。所以，文献综述在此时的作用就是帮助学生搜集到尽可能多的文献资料，并为毕业论文写作提供方向。

学写综述，至少有以下好处。

（1）通过搜集文献资料的过程，可进一步熟悉文献的查找方法和资料的积累方法，在查找的过程中同时也扩大了知识面。

（2）查找文献资料、写文献综述是科研选题及进行科研的第一步，学习文献综述的撰写也是为今后科研活动打基础的过程。

（3）通过综述的写作过程，能提高归纳、分析、综合能力，有利于独立工作能力和科研能力的提高。

（二）文献综述的格式

文献综述的格式与一般研究性论文的格式有所不同。这是因为研究性的论文注重研究的方法和结果，特别是阳性结果，而文献综述要求向读者介绍与主题有关的详细资料、动态、进展、展望以及对以上方面的评述。因此，文献综述的格式相对多样，但总的来说，一般都包含 4 部分：前言，主题，总结和参考文献。撰写文献综述时可按这 4 部分别拟写提纲，再根据提纲撰写。

1. 前言部分

前言主要是说明写作的目的，介绍有关的概念及定义以及综述的范围，扼要说明有关主题的现状或争论焦点，使读者对要叙述的问题有一个初步的整体认识。

2. 主题部分

主题部分是综述的主体。其写法多样，没有固定的格式，可按年代顺序综述，也可按不同的问题进行综述，还可按不同的观点进行比较综述。不管用哪一种格式综述，都要将搜集到的文献资料归纳、整理及分析比较，阐明有关主题的历史背景、现状和发展方向，以及对这些问题的评述。主题部分应特别注意代表性强、具有科学性和创造性的文献引用和评述。

3. 总结部分

与研究性论文的小结有些类似，总结部分将全文主题进行扼要总结，最好能提出自己的见解。

总结部分应该准确、完整、明确、精练。该部分的写作内容一般应包括以下几个方面：①本文研究结果说明了什么问题；②对前人的有关看法作了哪些修正、补充、发展、证实或否定；③本文研究的不足之处或遗留未予解决的问题，以及对解决这些问题的可能的关键点和方向。

4. 参考文献

参考文献虽然放在文末，但却是文献综述的重要组成部分。

列出参考文献（表）的目的有：①能反映出真实的科学依据；②体现严肃的科学态度，分清是自己的观点或成果还是别人的观点或成果；③对前人的科学成果表示尊重，同时也是指明引用资料出处，便于检索。

参考文献的编排应条目清楚，查找方便，内容准确无误。文献综述中参考文献的使用方法、著录项目及格式与研究论文相同。

（三）文献综述的两种写法

文献综述与“读书报告”、“文献复习”、“研究进展”等有相似的地方，它们都是从某一方面的专题研究论文或报告中归纳出来的。但是，文献综述既不像“读书报告”、“文献复习”那样，单纯把一次文献客观地归纳报告，也不像“研究进展”那样只讲科学进程。其特点是“综”。“综”是要求对文献资料进行综合分析、归纳整理，使材料更精练明确、更有逻辑层次；“述”就是要求对综合整理后的文献进行比较专门的、全面的、深入的、系统的论述。

1. 大综述

第一种是“大综述”写法，即对一个领域的文献作出的全面总结，属于真正意义上的“三次文献”。

写这种综述文章的人有许多是权威人物，也有一些是级别较低的人写的，但作者一般都是在这个题目上作出了相当贡献的人。

读者可从CNKI中国期刊全文数据库下载潘志庚教授撰写的《中国图形工程：2004》文献综述论文研读。

2. 小综述

文献综述的第二种写法是小综述，其典型代表就是毕业论文和科研开题论文第一部分“前言”部分的综述。

它事实上是一次和三次文献的混合体，作者并非想向读者全面介绍某学科的前沿，而只是想以此为由，介绍自己的学术观点。

这种综述的目的主要不是为了向其他人介绍前沿，而是为了推出自己的论述和模型，核心功能是说明现有的研究状况如何、缺陷在哪里、我准备作的贡献是什么。所以，这种综述并不强求非常全面细致，不要面面俱到，而应该侧重介绍与自己的研究直接相关的文献。也就是说，“述”是这种写法的核心。

总之，文献综述的写作既要有“综”，要有对文献资料的综合分析和归纳整理；更要有“述”，要有对综合整理后的文献比较专门的、全面的、深入的、系统的论述。作者更要对其中某一方面问题的历史背景、前人工作、争论焦点、研究现状和发展前景等内容提出自己的见解。“大综述”和“小综述”的区别，主要在于“综”的范围有多大、“述”的水平有多高而已。

（四）写综述时应注意的问题

（1）写文献综述时，不能一味告诉别人我读了什么，不能述而不评，必须说明研究者对研究状况的见解，并使之成为自己更广泛或深入研究的导引。

（2）在已有文献中，有些结论是相矛盾的，要仔细检查他们的不同点，尽可能对此作出解释。如果忽略这些不同点，或者对其简单地折衷，将会遗漏信息，不利于认清问题的复杂性。

（3）评述（特别是批评前人不足）时要引用原作者的原文（防止对原作者论点的误解），不要贬低别人抬高自己，不能从二手材料来判定原作者的“错误”。

（4）文献综述所用的文献，应主要选自学术期刊或学术会议的文章，其次是教科书或其他书籍。至于大众传播媒介，如报纸、广播、通俗杂志中的文章，一些数据、事实可以引用，但其中的观点不能作为论证问题的依据。

第四节　学位论文的基本构型和要素

一、学位论文的基本构型

学位论文可以有多种形式，但人们在长期的写作实践过程中，对论文的写作逐步总结出了一些特定规范，即序论、本论、结论的三段式基本构型。

（一）序论

序论是论文的开头部分，也有人将之称为“引言”、“绪论”、“前言”等，但其作用基本相同，主要是使别人对文章的价值有初步的了解。

序论部分的主要内容有：进行本研究的理由、目的、背景，通过本课题的研究希望解决什么问题，前人做了哪些工作，现在的知识空白；本研究的理论依据和实验基础，预期结果及其在相关领域里的地位、作用和意义；对他人成果的评价，包括前人对解决本课题采取过什么方法、解决到什么程度、哪些地方还有问题、需要哪些进一步工作等。此外，还应简要介绍一下本文作者所使用的研究方法和途径，得出了什么结论。

一般学术论文在序论中都是简要地提到本研究课题的现有知识空白，而不作系统的文献综述。但是在学位论文中，却要求对本研究主题范围内已有的文献进行评述，是作者对已有文献判断能力的综合反映，是学位论文的一项重要内容，必不可少。

序论部分要写得简明扼要，只阐述与论文密切相关的内容，占论文的比重较少，切忌冗长繁杂、写成心得体会或科研总结。如果序论部分缺少足够的综述材料，必须利用检索工具进行补充。

（二）本论

本论也称正文，是作者的重点论述部分，也是文章的主体和核心。文章价值的高低，主要取决于这一部分的内容。

本论部分应该详细阐述课题的研究经过和所采用的技术路线、方案方法、工具手段，以及观测实验的结果，特别是论证作者在论文中所提出的新发现、新思想、新观念、新见解，以及作者的独创性。作者应根据论题的性质，或正面立论，或批驳反面观点，或解决疑难问题，或介绍实验方法和过程等。所有必要的测试数据、观测结果、实际例证、插图表格等，都应在这一部分中列出来。这是前人所未做过的实验和未观测到的事实。

不同的论文，如理论性论文、实践性论文，其本论是不一样的。

1. 理论性论文

理论性论文的本论包括论点、论据、论证 3 部分，围绕论点提出论据、证明论点。这类文章，既可以围绕论点层层组织材料证明论点，也可以将论点分成几个分论点，围绕每一个分论点进行论述。一些学术论文所论述的观点比较复杂，有时需将上述两种方式互相结合。

2. 实践性论文

实践性论文则包括理论分析、实践手段和经过、实践结果分析和讨论等部分，阐述和证明理论分析中提出的假说。它要详细介绍实践的方式和过程，并说明具体的分析方法。

（1）理论分析：理论分析也叫基本原理，包括理论提出的基本依据，对所作的假设、提出的理论和基本观点进行的论证，对分析方法的说明。对于分析方法和计算方法，要写明哪些是已知的，哪些是自己改进的或创造的。

学位论文的理论分析部分具有高度的理论性，需要进行严密的论证和分析。有人总结出理论分析部分的要点是：假说，前提条件，分析的对象，适用的理论，分析的方法和计算的过程等。

（2）材料和方法：它的任务是将使用的材料、实验的原理和方法加以介绍。此部分内容在自然科学学位论文中尤为重要。

对于材料的说明，应当包括材料的性质、质量、来源、型号、精度和纯度、生产厂家、材料的选取和处理；对方法的描述主要包括说明实验的仪器、设备、条件，尤其对测试精度要作出检验和标定。

科学技术成果必须接受检验和重复实验，需要把实验的装置和条件写清楚，必要时可采用示意图、方框图、流程图来说明。

材料和方法的论述必须客观、具体、精确、真实，保证论文的科学性。如果采用的是已有的设计方案进行的实验，只需简单说明并注明文献出处即可；如果修改了已有的设计，则应说明修改的部分；如果是自己设计的，要详细说明设计方案、工作条件、操作步骤等，并附必要的设计图。

（3）结果和讨论：这一部分包括对实验结果的分析与比较，是论文的关键，被人称为“论文的心脏”。论文中的实验和理论分析的成败，均在这里进行讨论。结果是指实验中所得出的数据和观察到的现象；讨论是指从理论上对实验结果进行定性和定量的分析，并对其必然性作出解释，是作者根据实验结果发挥自己见解的部分。

（三）结论

结论部分是学位论文的总结，是作者根据实验和理论分析得到的对客观事物的新认识。它要对本论分析、论证的问题加以综合概括，引出基本观点，得出最终结论。结论必须是序论中提出的、本论中论证的、自然得出的结论。

这一部分应重点说明以下内容：本文研究结果说明了什么问题，得出了什么规律，解决了什么理论或实际问题；对前人有关该问题的看法作了哪些检验，哪些与本研究结果一致，哪些不一致，本文作了哪些修改、补充、发展、证实或否定；本研究的不足之处，或遗留未解决的问题，以及解决这些问题的关键点和今后的研究方向等。毕业论文最忌论证得并不充分就妄下结论。这就要求论文要首尾贯一，有一个严谨的、完善的逻辑构成。

上面所说的是毕业论文结构的基本型。这个基本型是一般常用到的，但不是一成不变的死板公式，作者可以根据研究内容灵活地变通处理。

二、学位论文的其他基本要素

除以上介绍的序论、本论、结论的三段式基本构型外，学位论文还包括其他的一些基本要素。

（一）标题

标题也叫题目，是学位论文的缩影和代表。标题要能反映文章的主旨、概括文章的主要内容，起到吸引别人注意力和阅读兴趣的作用。因此，标题必须确切、鲜明、简洁。

所谓“确切”就是标题应准确地表达论文中心内容，恰如其分地反映研究的范围和达到的深度；“鲜明”就是让人一看便知论文属于什么学科范畴；“简洁”是指学位论文的标题应该像商品标签一样简练。

从形式上看，学位论文的标题可分为问题式、陈述式、对比式等。

问题式是用提问的形式或者问题的形式作标题。其特点是在题目上就把问题提出来，引起读者注意。

陈述式是用陈述语言把要讨论的论题或作者的观点直接表述出来。这是论文中用得最多的一种形式。

对比式标题是把两种或两种以上的研究对象放在一起对比，以引起读者的兴趣。

（二）摘要

由于学位论文的全文较长，尤其是硕士论文和博士论文少则几万字、多则几十万字，如果不阅读全文，评委们很难在较短时间内对论文作出正确评价。摘要则弥补了这一不足。它把学位论文浓缩到很短的篇幅，使评委们在较短时间内了解论文全貌，有利于论文的答辩和评价。

国际标准化组织（ISO）在 ISO 214—1976（E）中把“摘要”一词定义为：“对文献内容的准确、扼要而不加注释或评论的简略陈述。”也就是把文章中的“主要内容”“摘录”出来而形成的简短文字。它在一次文献中叫“摘要”，在二次文献中叫“文摘”，可以独立成篇。好的摘要既要能反映全文的内容，又要文字简练。摘要能使读者迅速了解文章的主要内容，节省读者的时间。

写过摘要的许多人都有同感，即摘要比论文难写。他们可以把论文写得很好，但写摘要时却不知道应该怎样写，写什么。摘要和序论、结论有什么区别？下面，我们从 3 个方面对它们进行比较。

1. 摘要、序论、结论各自的作用

（1）摘要：其作用表现为 3 个方面：①为情报人员提供准确无误的文摘；②供计算机检索使用，缩短读者的检索时间，提高工作效率；③先把核心内容告诉读者，为读者选择文章提供捷径。

（2）序论：其作用在于先给读者提供一个简单概括的说明，使读者首先了解到该论文是在什么背景下、何时何地、采用什么手段方法完成的。

（3）结论：其作用则是给读者留下一个"水落石出"的结局，把结论告诉读者，使读者的阅读获得圆满结束，同时也为其做笔记卡片提供了便利。

2. 摘要、序论、结论各自的写作要求

（1）摘要：从内容上讲，必须写出论文的核心内容、研究对象、实验方法、实验结果、主要数据和现象、存在问题以及解决程度、主要论点、论据和结论。有些摘要还可写出该项研究成果的经济价值和意义。

（2）序论：则要写出本项研究工作的理由、目的、背景、前人工作程度、目前的研究现状和存在的问题、理论依据，以及该项研究工作在本学科中的地位、作用等。如有必要，还可写出该项研究工作的区域范围、合作单位和个人。

（3）结论：要说明研究工作最终得出了什么结果，该结果说明了什么问题和规律，作了哪些检验、修改和补充，该项研究还有哪些不足和遗留问题，解决的前景如何。

3. 三者之异同

（1）形式上，三者都是论文的组成部分，比较短，语言要求精练准确。摘要必须写出"摘要"二字，而序论和结论却不一定要写出"序论"、"结论"的字样。

（2）位置上，摘要位于题目和作者姓名之后序论之前，序论位于正文之前，结论位于正文之后参考文献之前。

（3）特点上，摘要侧重于 摘录 和 浓缩 ，序论侧重于 说明 和 介绍，结论侧重于 结果 和 讨论 。

（4）作用上，摘要可作为文摘单独使用，有时还可作为论文的"缩微"代替论文使用；序论只是论文的"注脚"，相当于论文的"帽子"，读者无法通过它看到论文的全貌和实质，因此不能单独使用；结论则给读者一个最后交待。

（5）内容上，摘要中极少有序论的内容，因摘要不叙述一般的论证过程，所以结论就构成了摘要的主要部分，但又不照抄结论。摘要是把结论的核心内容的浓缩，但不包括讨论。可以说，没有序论和结论，就写不出完整的摘要，而没有摘要依然能写出序论和结论。

（三）关键词

关键词是将论文中能表达论文内容特征和归属类别的关键性词语或术语选出来，列在正文开始之前。它是论文输入计算机的一种信息符号，便于检索。

一篇论文约选 3 ~ 7 个关键词。它不考虑文法上的结构，不一定表达一个完整的意思，只是几个名词、术语或词组。每一个关键词都是一个检索点。如《中国地球系统科学研究述要》一文的关键词是"地球"、"地球系统科学"、"研究"。

注意：同义词和化学分子式不能作关键词；关键词应另起一行排在摘要的左下方；如有可能，尽量用《汉语主题词表》等词表提供的规范词；为了国际交流，应标注与中文对应的英文关键词。

（四）参考文献

作者在撰写学位论文中肯定要参考大量文献资料，如别人的文章、数据、图表、材料、甚至论点等，这些文献在论文写作过程中不同程度地对作者形成观点、开拓思路、丰富论据、合理论证都产生过积极影响。为表示对他人的尊重，也表明作者的严谨态度，就要把所有参考过的文献在文章后面一一列出。这样做也便于读者了解此项研究领域里前人所做的工作，同时也为继续从事这项研究的人提供一些有益的参考资料。

参考文献的著录格式可参见图书、期刊。

（五）附录

附录是学位论文主体部分的补充项目。其内容包括：比正文更详细更原始的实验数据；一些重要公式的演绎、推导、证明过程；一些重要的仪器或装备的解释和说明；一些辅助性资料，如计算机框图或程序软件等；一些重要的统计表、曲线图等；一些不便列入正文的其他内容。

一篇论文可以没有附录，也可以有多个附录。

（六）注释

论文中引用其他作者的有关研究成果，除了要在文后的参考文献中一一列出外，还要严格标出原文的作者、题名、出处、时间、所引部分原文中的位置，同时还要采用标准的著录法。

目前引用文献的注释方式主要有夹注、脚注、篇末注 3 种。

夹注也称“文中注”，即将引用文献的出处直接标注在引文的后面。这种方式的好处是一目了然，读者读完引文后就知道出处，缺陷是容易破坏原文的结构和阅读节奏，且不易知道整篇文章引用引文的总体情况。

脚注也称“页下注”，在一页文章的最下面，即通常所称的地脚位置标出引文的出处。页下注的好处是清晰、明了，能知道该页文章中所引用的全部引文，缺点是引文字数不能太多，字数多了以后，版面的排列容易受到影响。

篇末注，也称“文后注”，是在一篇文章或一章、一节内容的最后标出该部分所有引文的出处。篇末注的好处是能清晰地展示整篇文章（或一个章节文章）引用的文献的出处，同时可以不受字数多少的限制。其缺点是读者如果看完引文后要立即翻阅出处的话，不够方便。期刊、图书大多采用页下注或篇后注的方式。

（七）其他

除以上介绍的基本要素外，论文还包括：署名、指导教师、原创性声明、致谢等。

第五节　学位论文的写作与修改

一、谋篇布局

（一）什么是谋篇布局

所谓谋篇布局，指的是在动笔之前，就要为整个论文作好宏观的规划，设计好一个严谨的框架和结构，拟出一个比较详细的有 2～3 个层次的写作提纲，用一定的方式把观点和材料合理地安排和组织起来。

谋篇布局包含两方面的内容，一是指论文的体式布局和章节结构，如体裁形式、结构线索、开头结尾、章节段落，类似于“章法”；二是指论文的内在联系和组织，如观点和材料、部分和整体之间的逻辑关系，文章发展的脉络和层次等，类似于古人所说的“文气”。二者互为表里，相辅相成。没有章法，文章的结构就会混乱不堪，失去形式上的整体美。没有文气，文章就会显得无气势、无神韵，没有打动人的力量。所以说，文章的谋篇布局包括了文章的思想内容和结构形式两个方面的问题。

（二）谋篇布局的方法

论文的谋篇布局有一定的规律可循，又有一定的程序。不论是叙述还是议论，是简单列举还是综合归纳，都要注意逻辑上的循序渐进，以反映事物发展的客观规律。

郭有献等在《学位论文写作指导》一书中提出了谋篇布局的基本方法。

1. 梳理思路、精心构思

首先要理清事物的发展顺序或逻辑联系。例如对于一个事件的调查，要弄清事件的前因后果和来龙去脉，理顺它本身的发展过程。其次是要梳理作者自己的认识和判断，使自己对事物有一个清晰的认识和正确的判断。最后是确定文章的思路，即确定表述的逻辑关系，使思维活动的进展具有严密的逻辑性。

例如，论文中陈述的原因必然导致一个结果，后面的情况是前面情况的自然发展，论据应该能够说明论点，中心论题与分论题之间应该是有机的组合等。

2. 编写提纲、安排布局

编写提纲是安排布局的文字体现，安排布局则是编写提纲的思想指导。安排布局实际是构思筹划过程，是对论文作全面的规划。如先写什么、后写什么，论点是否正确、材料是否充分，脉络层次是否清晰，逻辑关系是否合理，论证的角度是否恰当，首尾怎样贯通，前后如何照应，哪些内容是文章的重点、哪些内容只是陪衬或补充。

提纲的写法一般可分为“纲领式”和“细目式”两种。纲领式比较粗略，只写出总论点和分论点，分出几个大的标题和段落，表明层次的划分。纲目式比较详细，它要求进一步写出各分论点的论据材料和论证方法，写明文章的具体结构，如开头、结尾、过渡、照应等。

二、论文写作

这既是学位论文的最后一道工序，同时也是前面提到的几项准备工作的延续。从某一个角度来说，写作的过程，其实也是继续研究的过程。

在写作之前，研究者应将一切经过理论分析的材料，主要是第一手材料，其中包括考察、观察、测量的记录和数据，试验或实验结果，鉴定、测试、分析、计算结果，以及有关的图、表、照片等，根据它们的内容，依一定的系统分类编排，以备写稿时用。做好了这些工作，便可动笔写作了。

（一）撰写初稿

初稿的写作，可参照下列方法进行。

（1）自然顺序：按照提纲上排列的顺序，从开头到结尾、从序论到本论到结论的写法。先写材料，后综合分析，然后提出作者的观点。这是论文写作的一般顺序，符合人们的思维习惯，也符合作者认识客观事物的基本规律，具有较强的说服力。

（2）本论优先：先写好本论、结论，然后再回过头来写摘要、序论。这是因为，本论是作者科研成果的集中反映，是作者在科研过程中思考最多的深思熟虑的问题，写起来比较顺手。同时，在本论和结论写好后，再写摘要和序论就有了内容，因为摘要和序论中都要求提出问题、提示结论和论文要点。

（3）一气呵成：这是就写作时间而言的一种写法。不管是自然顺序还是本论优先，动笔之后不要间断，一口气写完为止。这种写法适宜于较短论文的写作，如学士论文。对于硕士和博士论文，因篇幅较长，则不宜采用这种写法。

（4）分段写作：从时间上说，一篇大的论文不可能一口气写完，总要分阶段一部分一部分地写。从内容上说，根据自己的构思，把论文划分成若干个长短不同的部分，然后选择自己觉得最成熟的部分来写。

学位论文的组织编排有着与其他文章不同的特点，其层次之间既有内在联系，又有相对的独立性，所以分段写作不会太影响论文整体的畅通。

（二）写作要点

（1）在论文的具体写作过程中，要求做到语言准确、精练，行文流畅，这是学术论文的基本要求。学位论文的写作，在文从字顺、语言规范、逻辑严谨等方面的要求上，和一般文章的写作基本相同，区别在于学位论文必须在论点、论据、论证、论述等方面多下工夫。

(2) 在行文准确的基础上要适当注意论文的文采。因为论文也是供他人阅读的，好的文采能增加论文的可读性，扩大论文的传播范围。恰当地引用名人名言、典故，尽可能多地选用同义词、反义词等能增加文章的可读性。因此，各种词典在写作过程中将具有较大的作用，对一些不清楚或容易混淆的字词，要勤查字词典解决。

(3) 在写作时还要注意标点符号、计量单位、数字的用法，要求采用国家标准。目前，我国已经颁布了《出版物上数字用法的规定》（GB/T 15835—1995）、《标点符号用法》（GB/T 15834—1995）、《国际单位制及其应用》（GB 3100—1993）等国家标准，在论文写作时必须遵守。这些国家标准，在《作者编辑常用标准及规范》（中国标准出版社 1997 年版）等工具书中均有收录，应认真学习。

(4) 在论文写作中还要注意提炼中心句。为了方便读者对论文的阅读，论文中的每一段落应该有一中心句。该句能准确反映该段的主旨和核心内容，使读者对该段的内容有概括性的了解。中心句一般位于段落的开头或结尾。

三、论文修改

在初稿写作过程中，往往考虑不够周全，或者写作中过程又产生了新的想法或发现了新的材料等，都需要对论文进行修改。修改的目的是使论文臻于完善。在论文修改之前，首先要多读文章，才能发现文章存在的问题；也可以请老师或同学阅读，发现论文中存在的问题。

(1) 修改观点：观点是论文的重要组成部分。如果观点不明晰，或论据说明的是另外的论点，那文章中的观点就要进行调整。观点的修改一般只能是微调，如果全部否定观点的话，文章就要重新撰写。观点的修改既包括对论点的增加或删减，也包括对观点的订正。但无论是哪一方面，都要使文章显得论点突出、明了。

(2) 增删材料：增删材料是检查论文中的材料是否清楚地说明了观点。材料是为观点服务的。如果材料不足以说明观点，就必须增加材料；如果材料过多，使文章显得繁琐、累赘，就必须删减材料。如果发现有更好的材料说明观点，就必须更换或增加材料。总之，材料必须不多不少，恰到好处地说明观点。

(3) 调整结论：文章的结论要能简要反映全文的内容。如果文章的结论不能准确反映文章的内容，或文章的结论不足以反映文章的内容，则结论同样要进行调整。

(4) 锤炼字句、润色文字：修改的另一个重要方面是锤炼字句、润色文字。写作过程中不可避免地会出现一些病句，或重复啰唆的语句，通过修改能纠正错误或提高文章质量。此外，改正错别字、更换一些更好的词语也是修改过程中的工作。

习　题

1. 何谓学位论文？国家学位条例对学士、硕士、博士论文有何规定和要求？

2. 论文选题非常重要，试对书中介绍的选题方法中，举例加以说明。

3. 如何发挥信息检索工具在论文资料收集中的作用？

4. 为什么要写文献综述？结合所学专业，自选或教师指定选题，撰写一篇本专业领域中某分支学科或某一重要专题的文献综述报告。

5. 学位论文的基本构型和基本要素包括哪些？哪些比较重要和难写？

6. 为什么要谋篇布局？怎样谋篇布局？

7. 从学位论文库中检索一篇与本专业相关的学位论文，通过阅读，深刻体会学位论文的撰写格式和要求。

参考文献

[1] 孙延蘅．论信息素质教育［J］．山东师范大学学报：人文社会科学版，2002，47（4）：114-116.

[2] 陈爱璞．信息素质概念研究［J］．郑州大学学报：哲学社会科学版，2003，36（6）：151-153.

[3] 赵立桢．试论信息检索的意义及作用［J］．沈阳农业大学学报：社会科学版，2003，5（4）：388-390.

[4] 毛燕梅．机检中制定检索提问式的技巧［J］．情报杂志，2000，19（6）．

[5] 吴成芳．计算机检索用词选择方法探讨［J］．情报探索，1996（3）．

[6] 王小卿．DIALOG 联机检索与 Internet 网络检索的比较与应用［J］．情报科学，2003，21（9）．

[7] 邓章飞．现代信息检索［M］．武汉：华中理工大学出版社，1999.

[8] 赵飞，吕瑞花．科技文献检索与 Internet［M］．北京：国防工业出版社，2000.

[9] 焦玉英，符绍宏，何绍华．信息检索［M］．武汉：武汉大学出版社，2001.

[10] 邓要武，王星华．科技信息检索［M］．北京：北方交通大学出版社，2001.

[11] 肖珑．数字信息资源的检索与利用［M］．北京：北京大学出版社，2003.

[12] 张帆．信息存储与检索［M］．北京：高等教育出版社，2003.

[13] 马张华．信息组织［M］．2 版．北京：清华大学出版社，2003.

[14] 沈固朝．网络信息检索：工具·方法·实践［M］．北京：高等教育出版社，2004.

[15] 李谋信．信息资源检索［M］．北京：机械工业出版社，2004.

[16] 许家梁．信息检索［M］．北京：国防工业出版社，2004.

[17] 叶鹰．信息检索：理论与方法［M］．北京：高等教育出版社，2004.

[18] 贺志刚，李修波．现代信息检索［M］．济南：山东大学出版社，2003.

[19] 余向春．化学文献及查阅方法［M］．3 版．北京：科学出版社，2003.

[20] 周文荣．信息资源检索与利用［M］．北京：化学工业出版社，2000.

[21] 林燕．现代科技信息检索［M］．北京：机械工业出版社，2003.

[22] 王均林，武志朝，王进杰．新编科技信息检索与利用（修订版）［M］．郑州：河南科学技术出版社，2003.

[23] 郭有献，等．学位论文写作指导［M］．北京：北京邮电大学出版社，1999.

[24] 信息检索利用技术编写组．信息检索利用技术［M］．成都：四川大学出版社，2001.

[25] 朱鸽昀，李琳．现代信息检索技术的发展概况［J］．医学信息，1999，12（11）：27-29.

[26] 张宝泉．网络信息资源的类型及利用［J］．德州学院学报，2003，19（1）．

[27] 徐家坤．搜索引擎的实用检索技巧［J］．科技情报开发与经济，2003，1（1）．

[28] 海军．网络信息检索浅谈［J］．现代情报，2002（2）．

[29] 徐建华，伍宪，胡燕菘．国外六个著名搜索引擎的特征和评析［J］．现代图书情报技术，2001（1）．

[30] 崔勇. 浅谈人大《复印报刊资料》的特点及开发利用 [J]. 乌鲁木齐职业大学学报, 2003, 12 (3).

[31] 安结.《中文科技期刊数据库》网络版检索软件的使用 [J]. 文献信息论坛, 2004 (2).

[32] 李玲, 杨桂珍. 我国两大中文期刊全文数据库之比较研究 [J]. 现代情报, 2004 (5).

[33] 王芸, 汪人山. 四大中文电子图书数据库的特色分析 [J]. 上海高校图书情报工作研究, 2004 (4).

[34] 袁培国. 中文社会科学引文索引的研究评价作用 [J]. 山西大学学报 (哲学社会科学版), 2003, 26 (1).

[35] 杨建林, 孙明军. 利用引文索引数据挖掘学科交叉信息 [J]. 情报学报, 2004, 23 (6).

[36] 夏立娟, 陈陶. 基于 Web 的 ISI 三大引文索引数据库引文检索方法 [J]. 情报学报, 2003, 21 (6).

[37] 黄筱玲.《剑桥科学文摘》数据库及其检索 [J]. 图书馆理论与实践, 2003 (1).

[38] 邓发云, 杨平鲜. 剑桥科学文摘数据库的使用与技巧 [J]. 现代图书情报技术, 2003, 104 (6): 93-94.

[39] 陈光, 王桂清. 美国《化学文摘》光盘数据库检索方法及实例 [J]. 中华医学图书情报杂志, 2003, 12 (1): 42-44.

[40] 刘先朝, 江德宝. 科学研究与开发中的信息用户及其信息需求 [J]. 武汉工业大学学报, 1999, 21 (1): 77-79.

[41] 张明雯. 科学发现的创新意蕴 [J]. 自然辩证法研究, 2003, 19 (9): 34-37.

[42] 张新君. 试对科学发现、技术发明、技术创新进行比较分析 [J]. 宁夏科技—科技创新, 2001, 6: 15-17.

[43] 李琴. 信息检索与科学发现 [J]. 情报检索, 2003, 10: 91-92.

[44] 蔡瑛. 信息资源与社会科学研究创新 [J]. 东岳论丛, 2004, 25 (5).

[45] 荣毅虹, 梁战平. 基于文献的发现 [J]. 情报学报, 2002, 21 (4): 386-390.

[46] 马明, 武夷山. Don R Swanson 的情报学学术成就的方法论意义与启示 [J]. 情报学报, 2003, 22 (3): 259-266.

[47] Don R Swanson, Neil R Smalheiser. An Interactive System for Finding Complementary Literature: a Stimulus to Scientific Discovcry [J]. Artificial Intelligence, 1997, 91: 183-203.

[48] Don R Swanson, Neil R Smalheiser. Implicit Text Linkages between Medline Records: Using Arrowsmith as an Aid to Scientific Discovery [J]. Library Trends, 1999, 48 (1): 48-59.

[49] Nancy Sprague, Mary Beth Chambers. Full-text Databases and the Journal Cancellation Process: a Case Study [J]. Serials Review, 2000, 26 (3): 19-32.

[50] Martha E Williams. Highlights of the Online Database Industry and the Internet: 2000 [J]. Information Today, 2000, 1-5.

参考网站

［1］信息素质在线资源指南，http：//www. cas. usf. edu/lis/il.
［2］中国地质大学图书馆，http：//www. lib. cug. edu. cn.
［3］武汉大学图书馆，http：//www. lib. whu. edu. cn/dzzy/index. asp.
［4］北京大学图书馆，http：//www. lib. pku. edu. cn.
［5］清华大学图书馆，http：//www. lib. tsinghua. edu. cn.
［6］华中科技大学图书馆，http：//www. lib. hust. edu. cn/index. nsf/index？openform.
［7］东南大学图书馆，http：//www. lib. seu. edu. cn/database/default. asp.
［8］国家科技图书文献中心，http：//www. nstl. gov. cn/index. html.
［9］中国科学院国家科学数字图书馆，http：//www. csdl. ac. cn.
［10］CNKI 资源介绍，http：//www. wh. cnki. net/index. htm.
［11］CALIS 统一检索系统在线帮助，http：//uss. calis. edu. cn/uspportal/Help. aspx.
［12］中文科技期刊数据库在线帮助，http：//202. 114. 9. 5：8080/help. htm.
［13］搜索引擎直通车，http：//www. se-express. com/index. htm.
［14］http：//www. lib. stu. edu. cn/html/wxjs.
［15］http：//emuch. net.
［16］http：//www. dialog. com.
［17］http：//www. oclc. org.
［18］万方数据库，http：//www. wanfangdata. com. cn.
［19］CGRS 全文检索系统帮助，CGRS_ WEB_ 5. 1_ HELP. doc.
［20］中国科学文献数据库服务系统，http：//sdb. csdl. ac. cn.
［21］中文社会科学引文索引，http：//www. cssci. com. cn.